工程数值计算

主　编　郜志英
副主编　李　瑞　张立元

清华大学出版社
北京交通大学出版社
·北京·

内容简介

本教材面向工科类本科生、研究生及需要用数值方法解决计算问题的工程技术人员，以分析和解决复杂工程问题为目标。在教材内容上，既涵盖对测试与计算数据进行综合处理的误差分析、插值、回归、积分和微分等数值计算方法，也包括对代数方程和方程组、常微分方程和偏微分方程等复杂数学模型进行求解的数值计算方法。在教材组织上，通过工程引例与实际工程案例，从问题描述、问题分析、问题求解及程序代码四个方面呈现了完整的“工程数值计算”技术路径，是一本贯彻“数学-力学-工程”的研究型课程主线，侧重于工程性与应用性，具有鲜明特色的教材。

图书在版编目（CIP）数据

工程数值计算/郜志英主编．—北京：北京交通大学出版社：清华大学出版社，2020.4
ISBN 978-7-5121-4201-5

Ⅰ．①工…　Ⅱ．①郜…　Ⅲ．①工程数学-数值计算-教材　Ⅳ．①O241

中国版本图书馆 CIP 数据核字（2020）第 066874 号

工程数值计算
GONGCHENG SHUZHI JISUAN

责任编辑：韩素华
出版发行：清 华 大 学 出 版 社　　邮编：100084　　电话：010-62776969
　　　　　北京交通大学出版社　　邮编：100044　　电话：010-51686414
印 刷 者：北京时代华都印刷有限公司
经　　销：全国新华书店
开　　本：185 mm×260 mm　　印张：13.75　　字数：361 千字
版 印 次：2020 年 4 月第 1 版　　2020 年 4 月第 1 次印刷
印　　数：1~3 000 册　　定价：49.00 元

本书如有质量问题，请向北京交通大学出版社质监组反映。对您的意见和批评，我们表示欢迎和感谢。
投诉电话：010-51686043，51686008；传真：010-62225406；E-mail：press@bjtu.edu.cn。

自　　序

从开始承担工程数值计算这门课程的教学以来，编写这本教材的想法在脑海中已经萦绕了两年多，初衷在于想为机械专业或其他工科类专业学生提供一本“用数值计算方法解决工程问题”的参考教材，不同于数学类教材，希望更侧重于工程化和实用性。

提笔写序言，斟酌良久却难以落笔成文，心里忐忑不安。很想让读者体会到编著这本教材的“初心”，又恐词不达意；也很贪心地想让读者被序言吸引去翻阅正文，但严重缺乏信心。反复查阅其他教材的序言写法，千人千言，看得越多心里越没底，后来心想也别参考啦，就老老实实围绕“学”与“教”来谈谈自己的所历、所感、所悟吧。

1998 年，作为一名机械专业的大二学生，尚未涉及专业领域的知识，我们学习了一门课程——数值计算方法，印象是老师讲得很好，板书很漂亮。2000 年，依然是机械专业，硕博连读一年级学生，必修的数学课程是矩阵论与数值分析，两门课都是“腕级”教师，200 多人的大平房阶梯教室里座无虚席，回首来看，也颇为当时大家的求知欲与热情所惊呆。关于数值分析的考试，我印象深刻的是，有一次有一道题是数值迭代求解，我当时幼稚地想：迭代次数多，精度更高，于是“画蛇添足”地多迭代了几次，导致这道题被扣分，当时颇为不解并耿耿于怀了若干年，直到多年后自己从事这门课的教学才真正理解了那时的我到底错在哪里。回顾十多年的科研经历，如果没学过这两门课，现在我的科研计算工作要如何进行，真心难以想象。纵观周围的同事们，大到飞行器的有限元计算，小到纳米材料的分子动力学模拟，分分钟离不开这些数学基础。

2005 年博士毕业后，从“学”变成了“教”，先是在北京航空航天大学做博士后，期间承担理论力学的教学，2007 年博士后出站到北京科技大学工作，在教学一线先后承担本科生课程现代设计方法、机械振动和工程数值计算，以及研究生课程机械动力学、振动理论及应用和非线性动力学的教学工作。对于老师这样一个角色，并不仅仅是“教”，事实上真正的闭环反馈是“教-学-教”，十多年来始终心存敬畏，尽可能地将自己的工程实践案例引入到教学中；也心怀感恩，因为能够不断地从课程教学中汲取营养反馈到自己的科研中。比如，“非线性回归”在冷连轧过程加工硬化曲线和新型材料应力-应变本构模型中的应用；“样条插值”在工业大数据处理与分析中的应用；“常微分方程数值求解”在非线性振荡器设计、车辆的悬架与座椅减振问题中的应用；“偏微分方程数值求解”在涡激及梁板壳连续体振动中的应用等，不胜枚举。

尤其是从 2017 年被委以重任，面向机械工程专业学生讲授工程数值计算课程。工程数值计算在我校 2010 版教学计划中是专业选修课，为契合“新工科建设”与“工程教育专业认证”对人才培养目标的定位，工程数值计算在我校 2017 版教学计划中成为机械工程和车辆工程专业学生的平台必修课。这意味着，从 2017 年开始，我们教学团队需要完成双版教学计划的过渡衔接与课程体系的组织建设工作，到 2020 年过渡完毕。2014～2016 级学生按照 2010 版教学计划执行，作为专业限选课要求全部学生学习，每年约 270 人；2017～2019 级学生按照 2017 版教学计划的平台必修课学习，每年约 300 人。作为课程负责人，面对教学计划重构、学生人数众多、课程学时有限与教学内容组织的重重困难，压力之大不言而喻，所幸团队小伙伴们都是毕业于国内外一流高校的博士，聪明、靠谱、责任心强，更重要的是对于数值计算方法在工程实际中的应用都有着深切的感受和独到的理解，教务老师更是不厌其烦地帮着解决选课、排课与调课的诸多繁重任务。

经过三年时间，在团队老师的共同努力下，工程数值计算这门课程顺利完成了衔接与过渡，进入一个新的阶段，我们必须面对最大也是最重要的一个痛点，即需要尽快解决更有针对性的教材问题。在这几年的教学实践中，每每在课堂上跟学生说“咱们这门课以课堂 PPT 讲义为主进行学习”，抑或有学生问“老师，我想进行预习或复习，用哪本参考书合适”，心里发虚直冒冷汗。好吧，是时候下定决心做这件事了，编著一本面向机械类及其他工科类专业学生的“可学、好用、便查”的教材，可以“教之者有纲、学之者有据”。如果有学生对课堂上未消化的知识点通过教材研读后“豁然开朗”，我想我一定会有老母亲般“学习使我妈快乐”的心境，甚慰；或者如果有工程技术或科研人员通过教材中的案例获得解决问题的思路，我估计会有一种抵达“诗与远方”的虚荣心与愉悦感。

还有一点点忐忑之处，尽管团队成员多年在工程与科学计算中浸染，要论数值计算方法在实际问题中的应用也会如数家珍，像实验数据的误差分析、材料本构的回归模型、间接参数的近似估计、高维离散问题的求解、振动响应的数值计算，等等，但毕竟非数学专业背景出身，严谨性也许会有欠缺，谬误之处也在所难免，恳请读者不吝指出以便及时更正。

写到这里，不知道有没有表达清楚自己为什么要编著这本教材，如果未能了然，也实为能力所限，非不尽心，万请读者体谅。

北京科技大学　郜志英

2020 年 3 月

前　　言

在我国高等教育全面开展“新工科建设”的背景下，需要以专业领域的工程问题为核心，引导学生应用计算机语言编写程序，对方程、微分和积分等复杂数学模型进行数值求解，对测试与计算数据进行综合处理，培养学生分析和解决复杂工程问题的能力。此外，按照“工程教育专业认证”的相关要求，对于机械、车辆等工科类专业，要求将数值计算领域知识作为必修课程内容覆盖全体学生，成为通识教育的重要组成部分，以培养大学生的计算思维和能力为目标。

现有参考教材和教辅材料多侧重于“数学”与“算法”层面，或数学性太强，或计算机语言性太强，缺乏实际的工程案例。本书面向工科类本科生、研究生及需要用数值方法解决计算问题的工程技术人员，主要有以下几个特点。

（1）突出机械、车辆及其他工科类专业的工程应用实际案例（如凸轮设计、材料本构关系、梁的设计与校核、受力与做功、振动问题等），以培养学生分析和解决复杂工程问题为导向。

（2）增加“知识链接”，一方面强调与已学方法（微积分、微分方程、线性代数）的联系、区别与衔接，突出为什么要学习数值方法，正是用于解决以前所学解析方法没有办法求解的问题；另一方面介绍一些数学家和算法发展的背景故事，强化学生对于数值计算方法发展的驱动力与继承性。

（3）在涵盖传统教学内容的基础上，根据工程经验与科学前沿需求，对知识结构进行更加合理的组织和编排，贯彻“数学-力学-工程”的研究型课程主线，将各部分基础理论知识与重要的工程应用相关联，更有利于学生对于由工程系统到力学描述，再到数学模型的抽象过程的理解和应用。

（4）基于 MATLAB 开发相应算法的参考程序，一方面通过程序设计更加深刻地理解现象和“是什么”的问题，另一方面学生可以根据实际问题在基本程序基础上进行二次设计开发，培养学生解决问题的能力。

（5）针对若干典型的工程问题，从问题描述、问题分析、问题求解及程序代码四个方面呈现了完整的“分析与解决复杂工程问题”的技术路径，能够引领学生在面对具体工程问题时如何思考和着手解决。

本书分为 7 章，第 1 章是绪论，对工程问题进行概述，并介绍基于物理实验和数学模型的工程问题分析路线；第 2 章是数值计算的误差分析，这部分内容未列入绪论而单独成章，涵盖的内容包括误差的来源、表示、传播及影响；第 3 章是数据的插值与回归，无论是物理实验数据、数学模拟数据还是工业大数据，都需要通过恰当的插值与回归算法找到因素间的内在变化规律，为解释工程现象和解决工程问题提供有价值的参考，本章运用比较学的方法对各种不同算法的构造与特点进行比较，可以方便读者根据具体问题的需求选择合适的插值与回归算法；第4章是数值积分与数值微分，同样循序渐近地介绍各类数值积分与数值微分方法的算法思路来源及特点；第5章是代数方程与方程组的数值求解，主要针对解析方法无法求解的复杂非线性方程、方程组及高维线性方程组等描述和表征工程问题的数学模型，提供合适有效的数值解法；第6章是微分方程的数值求解，包括高阶非线性常微分方程、常微分方程组及偏微分方程的求解；第7章是数值计算在工程问题中的典型应用。以上各章内容都提供相关的 MATLAB 程序实现代码供读者参考。

本书由郜志英建立框架、编写并统稿，李瑞和张立元审核校稿。其中，张杰参与了第1章的编写；孔宁和张勃洋参与了第3章的编写；李瑞和曾新喜参与了第4章的编写；张立元参与了第5章的编写；廖茂林参与了第6章的编写。同时感谢研究生董展翔、樊轲和田波等同学对习题部分的整理工作。

本书的编著工作得到北京科技大学教育教学改革基金项目的资助，属于“北京科技大学校级规划立项教材”，在此深表感谢。本书在编写过程中参考了很多国内外专家和同行的著作，尤其是《工程数值方法》（第6版，Steven C. Chapra，Raymond P. Canale 著，于艳华等译，清华大学出版社）的部分习题与工程引例，以及《计算方法及 MATLAB 实现》（郑勋烨编著，国防工业出版社）的部分算例，特此致谢。

受作者水平与能力所限，不足之处在所难免，恳请读者指正。

编　者

2020年3月

目　　录

第1章 绪　　论

工程（engineering）是将数学、物理、化学等自然科学的理论应用到具体各行业生产部门中形成的各学科的总称，根据行业属性又可细分为机械工程、电子工程、控制工程、流体工程、能源与动力工程等不同领域，如图1-1所示。

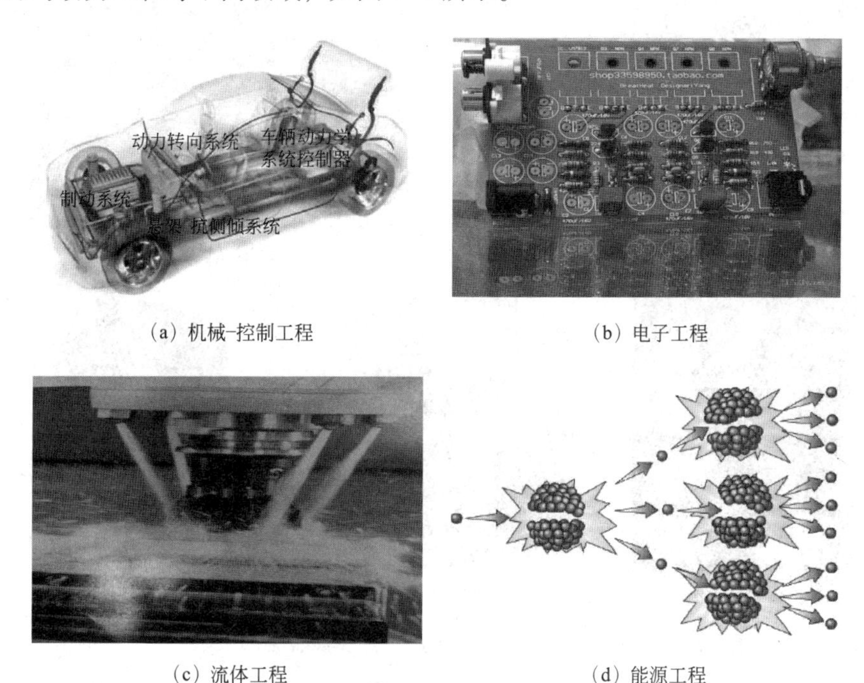

（a）机械-控制工程　（b）电子工程

（c）流体工程　（d）能源工程

图1-1　典型的工程领域

工程问题是来自不同领域实际生产过程中的具体问题。对于不同的工程问题，通常的解决方法包括两种。

（1）根据需要设计合理的实验方案与途径，经过多次反复实验，通过相应的传感器（如机械系统中的力传感器、位移传感器、速度传感器、加速度传感器等）获取所需要的实验数据，然后对实验数据进行处理和分析。

（2）基于不同的学科领域知识（如力学类、电学类、热学类、流体类、控制类等）建立描述变量之间关系的数学模型（方程或方程组），对于简单模型可以通过解析方法或图解方法求解，大多数的工程问题模型则需要通过构造合适的数值计算方法并编写相应的算法程序进行计算。

1.1 典型工程案例

1.1.1 典型工程问题一：凸轮机构设计

凸轮机构是由凸轮、从动件和机架三个基本构件组成的常见运动结构（见图 1-2）。凸轮一般为主动件，是一个具有曲线轮廓或凹槽的构件，从动件的运动规律取决于凸轮的轮廓线或凹槽的形状。

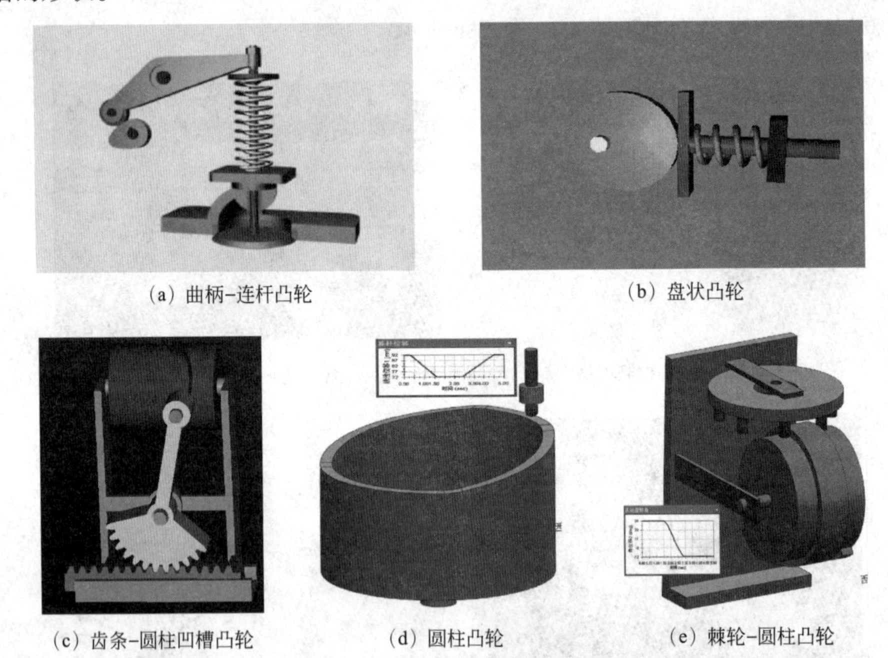

(a) 曲柄-连杆凸轮　(b) 盘状凸轮

(c) 齿条-圆柱凹槽凸轮　(d) 圆柱凸轮　(e) 棘轮-圆柱凸轮

图 1-2　不同形式的凸轮机构示意图

凸轮机构结构简单、紧凑，可以实现复杂的运动规律，只要适当地设计凸轮的轮廓曲线或凹槽形状，就可以使从动件得到预期的运动规律。因此，凸轮机构广泛地应用于轻工、纺织、食品、交通运输、机械传动等领域。

【问题描述】　以图 1-2（d）所示的圆柱凸轮设计为例。

（1）某圆柱凸轮底圆半径 R，凸轮的上端面不在同一平面上，需根据从动件位移变化进行设计制造。

（2）将下端面圆周 n 等分，旋转一周，第 i 个分点对应柱高 y_i，为了数控加工，需要计算出圆周上任一点的柱高。

【分析思路】　要得到任一点的柱高，思考两个问题：

（1）以角位置为自变量，任意给定某角位置处对应的柱高如何计算？

（2）可否利用已知的数据点得到圆柱凸轮端面上柱高轮廓近似曲线函数？

当回答这两个问题后，圆柱凸轮机构的设计也就得到了解决。

1.1.2　典型工程问题二：典型材料本构关系

材料是人类赖以生存和发展的物质基础，是国民经济建设、国防建设和人民生活水平提高的内核需求。典型工程材料包括四大类：金属与合金材料、高分子材料、陶瓷与玻璃材料、复合材料。工程设计的一个重要步骤就是选择合适的材料制造工程构件，这就要求了解材料的应力-应变本构关系。

材料的应力-应变本构关系可分为两大类：第一类与时间无关，包括弹性和塑性两种；第二类与时间有关，包括无屈服的黏弹性和有屈服的黏塑性两种。黏塑性材料本构模型可以描述材料在高温下的流动应力曲线，可以用来预测材料黏塑性变形过程，并以此来优化材料的加工工艺参数，因此需要建立准确的材料本构模型。

【问题描述】　以某材料的黏塑性本构方程为例。

（1）考虑变形温度、应变速率和应变的影响。

（2）设应力关于变形温度 T、应变速率 $\dot{\varepsilon}$ 和应变 ε 的函数可表示为：

$$\sigma = A\varepsilon^{\lambda_1}\dot{\varepsilon}^{\lambda_2}e^{-(\lambda_3 T+\lambda_4 \varepsilon)} \tag{1-1}$$

其中 A，λ_1，λ_2，λ_3，λ_4 为待定系数。

【分析思路】　要得到应力-应变本构方程，需要确定待定系数。

（1）设计和加工试样，选取拉伸试验机，如图 1-3 所示。

（2）确定试验工况方案，获取不同变形温度、不同应变速率及不同应变下的应力值。

（3）将已知数据点代入式（1-1）非线性本构模型，求解待定系数即可得到描述该材料黏塑性特性的本构参数。

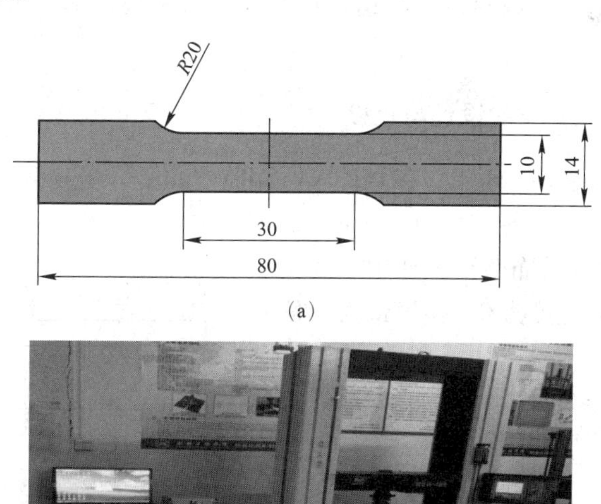

(a)

(b)

图 1-3　材料力学性能试验及拉伸试验机

1.1.3　典型工程问题三：做功计算

在工程问题中，受测量环境和测量条件的限制，很多物理量不能直接测得，需要通过对其他物理量的间接计算而得，如不规则图形的面积计算、作用力大小和方向时刻变化的做功计算、非均匀分布载荷的合力计算等。

【问题描述】　如图1-4所示，石块在力的拖动下从 x_0 移动到 x_n，力的大小和方向随石块位置而变化，试计算所做的功。

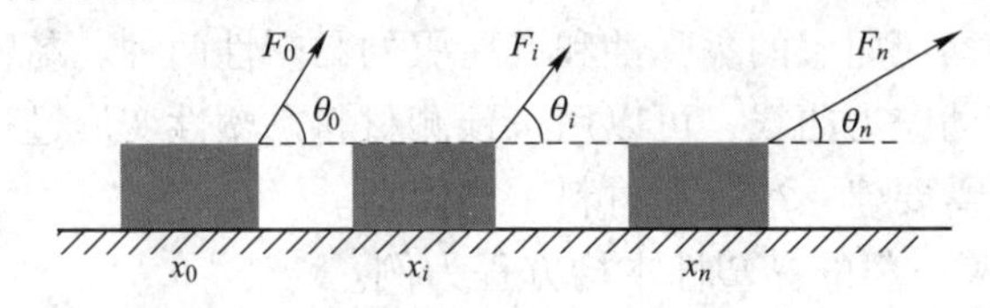

图1-4　石块在外力作用下的位置移动

【分析思路】　由于力的大小和方向随石块所处的位置而变化，所做的功可以通过各微段位移的微功求和所得。

（1）各微段 dx 的微功可以表示为：

$$\mathrm{d}W=F(x_i)\cdot\cos[\theta(x_i)]\cdot\mathrm{d}x \tag{1-2}$$

（2）从 x_0 移动到 x_n 的过程中所做的功为：

$$W=\int_{x_0}^{x_n}F(x_i)\cdot\cos[\theta(x_i)]\cdot\mathrm{d}x \tag{1-3}$$

其中力的大小和方向由数据点给定，则运用适当的数值算法求解积分式（1-3），即可得到所做的功。

1.1.4　典型工程问题四：梁的设计与校核

【问题描述】　如图1-5所示，一端固定一端简支的梁，受到分布载荷的作用，试求该梁挠度最大的位置。

【分析思路】　梁在分布载荷的作用下发生挠曲变形，在约束端处挠度为0，挠度最大的位置在梁上的某个位置。

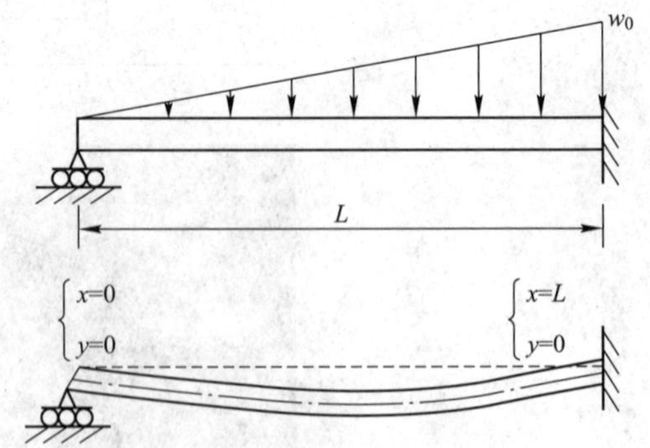

图1-5　梁的载荷与挠度曲线

（1）根据材料力学知识，可得在图1-5中约束和载荷条件下的挠度曲线方程为：

$$y=f(x)=\frac{w_0}{120EIL}(-x^5+2L^2x^3-L^4x) \tag{1-4}$$

式中：EI——梁的抗弯刚度；

w_0——三角形线性荷载的最大值；

L——梁的长度。

（2）令式（1-4）的导函数等于0，得到以下非线性方程：

$$-5x^4+6L^2x^2-L^4=0 \tag{1-5}$$

解上述方程即可得到 y 的极大值对应的位置，也即该梁挠度最大的位置。

需要进一步说明的是：若工程中某梁的约束和载荷条件复杂，得到的非线性方程为非多项式的复杂方程形式，其解析求解存在困难时就需要通过数值方法来进行求解，因此工程数值计算方法对于求解该类问题具有典型的应用价值。

1.1.5　典型工程问题五：质量–弹簧–阻尼系统的振动

工程中很多机械系统可以等效为质量–弹簧–阻尼系统，其振动问题通过对质量–弹簧–阻尼系统的受力分析进行建模与求解。

【问题描述】　图1–6（a）为机床；图1–6（b）为安装于梁上的电机。求二者在垂直方向上的振动规律。

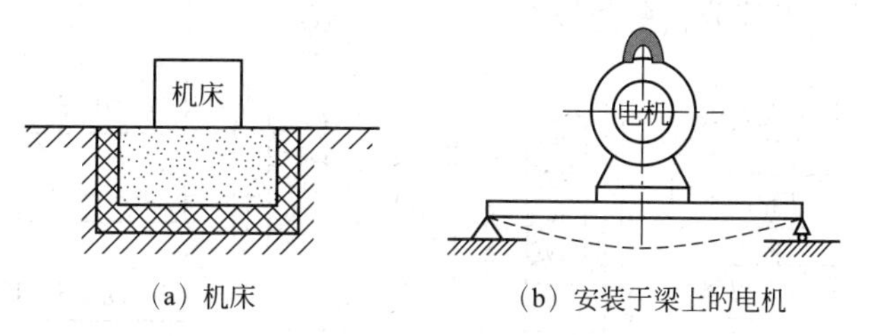

图1–6　可简化为单自由度质量–弹簧–阻尼系统振动问题

【分析思路】　机床与电机在垂直方向上的振动均可简化为单自由度质量–弹簧–阻尼系统进行分析，其示意图如图1–7所示。

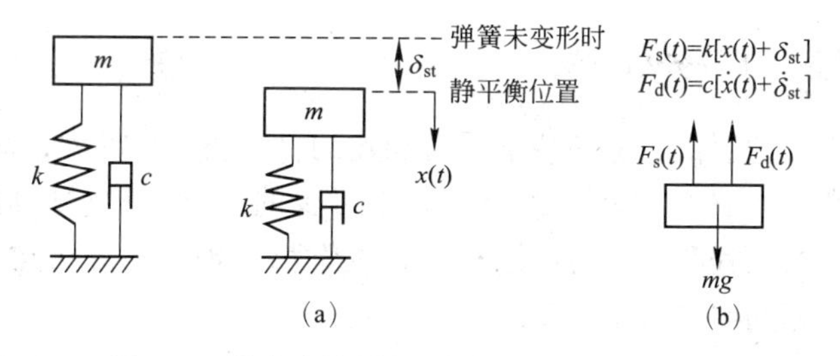

图1–7　单自由度质量–弹簧–阻尼系统示意图

（1）通过图1–7所示的等效力学模型示意图，根据受力分析得到其数学模型为：

$$m[\ddot{x}(t)+\ddot{\delta}_{st}]=mg-k[x(t)+\delta_{st}]-c[\dot{x}(t)+\dot{\delta}_{st}] \tag{1-6}$$

（2）由静平衡条件 $k\delta_{st}=mg$ 及 $\ddot{\delta}_{st}=\dot{\delta}_{st}=0$ 可得垂直方向自由振动微分方程：

$$m\ddot{x}(t)+c\dot{x}(t)+kx(t)=0 \tag{1-7}$$

（3）对于式（1–7）给出的二阶常系数齐次线性微分方程，运用微积分所学“常微分方程的求解”可以得到其通解：

$$x(t)=e^{\alpha t}(c_1\cos\beta t+c_2\sin\beta t) \tag{1-8}$$

式中 α，β 由系统参数 m，k，c 确定，c_1，c_2 由初始条件决定。

需要指出的是：实际工程问题的描述通常是一个多维、高阶、变系数、非齐次、非线性的常微分方程，运用现有手段无法得到其解析解，则必须利用数值计算方法进行求解。

1.2 工程问题的分析方法

1.2.1 基于物理实验的工程分析方法

物理学的概念、规律和理论的建立、发现与形成，都以物理实验为基础并经过实践的检验，历史上每次重大的技术革命都来源于物理学的重大突破。物理实验的思想、方法和技术已广泛应用于工程问题与生产实践之中，成为推动科学技术发展的强有力工具。

基于物理实验进行工程分析的思路如图1-8所示。

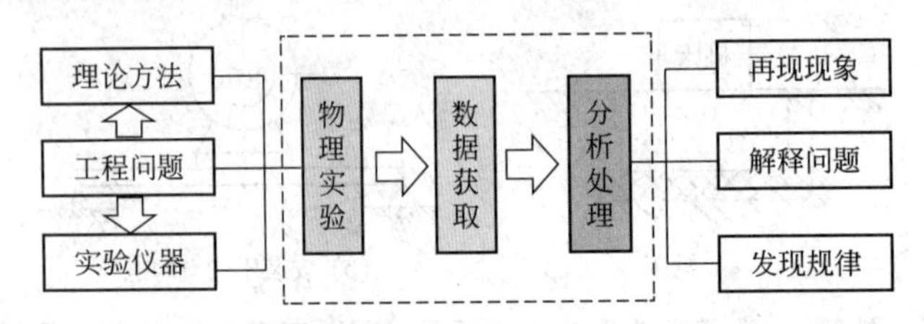

图1-8 基于物理实验进行工程分析的思路

对实验数据进行分析处理是基于物理实验对工程问题进行研究的重要环节，包括实验过程的误差分析、测量结果的误差评定、实验数据的规律描述等问题。

1.2.2 基于数学模型的工程分析方法

数学模型是运用数理逻辑方法和数学语言构建的科学或工程模型，而建立数学模型是沟通实际工程问题与数学工具之间联系的一座必不可少的桥梁。针对机械、电子、控制、流体、能源等不同领域的工程问题，运用已有的相关学科的理论和方法建立相应的数学模型，是分析和解决复杂工程问题的基础。

数学模型是真实系统的一种抽象，所表达的内容可以是定量的，也可以是定性的，但必须以定量的方式体现出来，或是用字母、数字和其他数学符号构成的等式或不等式，或是用图表、图像、框图、数理逻辑等来描述系统的特征及其内部联系或与外界联系的模型。通过数学模型，可以研究和掌握系统运动规律，实现对实际系统的分析、设计、预报、预测及控制。建立和应用数学模型的步骤如图1-9所示。

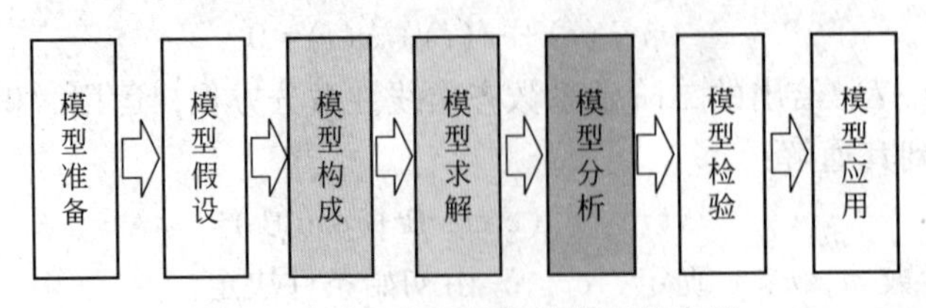

图1-9 建立和应用数学模型的步骤

（1）模型准备。首先要了解问题的实际背景，明确建模目的，搜集必需的各种信息，尽量弄清对象的特征。

（2）模型假设。根据对象的特征和建模目的，对问题进行必要的、合理的简化，用精确的语言作出假设，是建模至关重要的一步。如果对问题的所有因素一概考虑，无疑是一种有勇气但方法欠佳的行为，所以高超的建模者能充分发挥想象力、洞察力和判断力，善于辨别主次，而且为了使处理方法简单，应尽量使问题线性化、均匀化。

（3）模型构成。根据所作的假设分析对象的因果关系，利用对象的内在规律和适当的数学工具，构造各个量间的等式关系或其他数学结构，然后应用微积分、概率统计、图论、数学规划等数学工具进行分析。不过我们应当牢记，建立数学模型是为了让更多的人明了并能加以应用，因此工具越简单越有价值。

（4）模型求解。可以采用解方程、画图形、证明定理、逻辑运算、数值计算等各种传统的和现代的数学方法，特别是计算机技术。一个实际问题的解决往往需要纷繁复杂的计算，许多时候还需要将系统运行情况用计算机模拟出来，因此熟悉编程语言与程序设计在现代工程问题分析中尤为重要。

（5）模型分析。对模型解答进行数学上的分析，"横看成岭侧成峰，远近高低各不同"。能否对模型结果作出细致精确的分析，决定了模型能否达到更高的档次。此外，误差分析和数值稳定性分析也是必要环节。

（6）模型检验。数学上分析的结果反过来应用于现实问题，并用实际的现象、数据与之比较，检验模型的合理性和适用性。

（7）模型应用。取决于问题的性质和建模的目的。

针对不同的专业背景，运用不用的理论方法，建立不同的数学模型，根据模型的特点和复杂程度，使用不同的求解方法进行计算，是分析或解决复杂工程问题的路线。因此，基于数学模型进行工程分析的思路如图 1-10 所示。

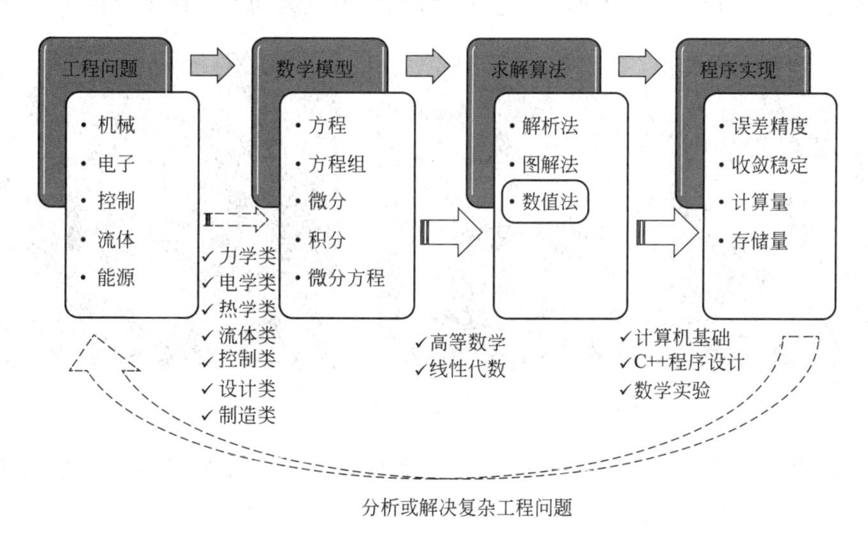

图 1-10 基于数学模型进行工程分析的思路

1.2.3 物理实验与数学模型相结合的工程分析方法

现代工程问题的分析与解决，既离不开基于数学模型的正向分析途径，也离不开基于物理实验的反向分析途径，需要将物理实验与数学模型相结合，形成研究工程问题的逻辑闭环。

以激振破岩问题为例，其工程分析闭环如图 1-11 所示。

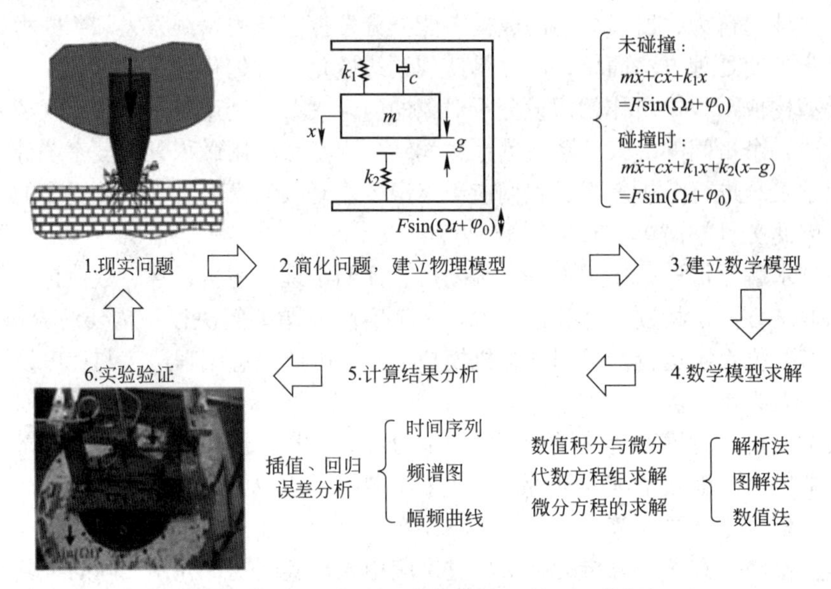

图 1-11　典型工程问题（激振破岩）的工程分析闭环

按照该逻辑闭环对“某医用胶囊机器人”进行研究。

（1）问题描述：通过胶囊内窥镜技术进行消化道检测，可以缓解采用有线式内窥镜检测设备给病人带来的巨大痛苦。鉴于此，进一步考虑在已有胶囊内窥镜技术的基础上，通过给胶囊内部添加激振部件，实现胶囊在消化道内部的自推进运动（见图 1-12）。

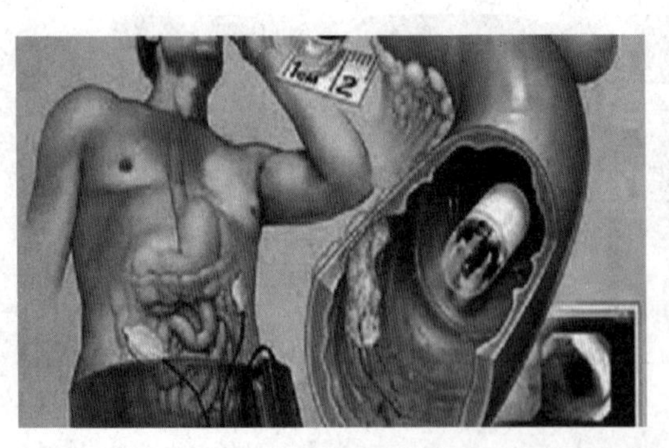

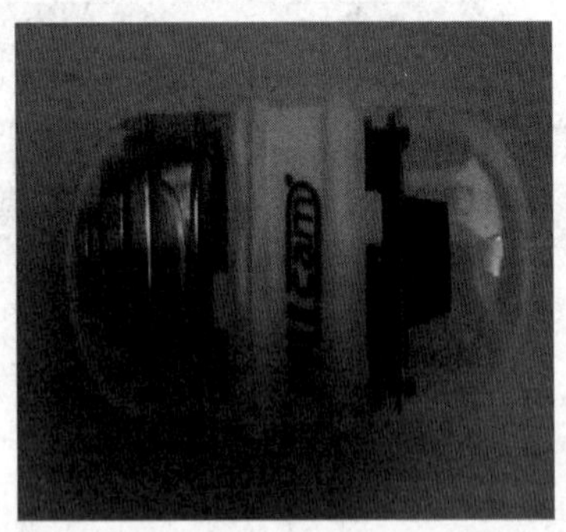

图 1-12　胶囊机器人应用环境及结构示意

（2）模型建立：将激振胶囊系统简化为一个具有二自由度的动力学模型，如图 1-13 所示。

对其进行受力分析，基于牛顿第二运动定律建立数学模型，即用两个二阶常微分方程构成的微分方程组来描述和预测整个胶囊的运动状态。

（3）模型求解与分析：运用某数值算法对数学模型求解，计算结果如图 1-14 所示。图中虚线为胶囊整体的位移-时间曲线，实线为胶囊内部激振质量块的位移-时间曲线。由此可见，胶囊在内部激振力的作用下可以实现自我推进。

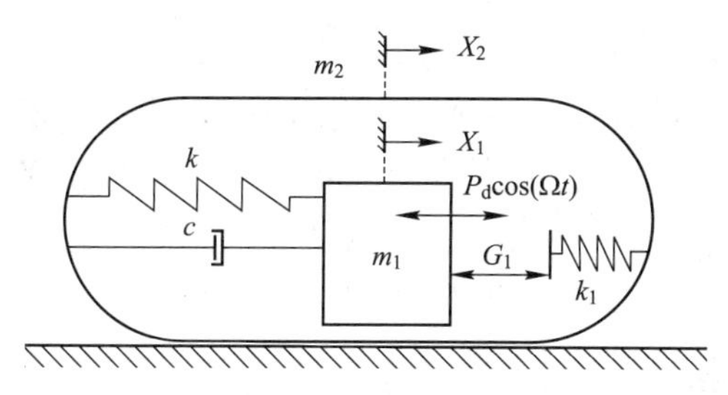

图 1-13　胶囊机器人的简化动力学模型

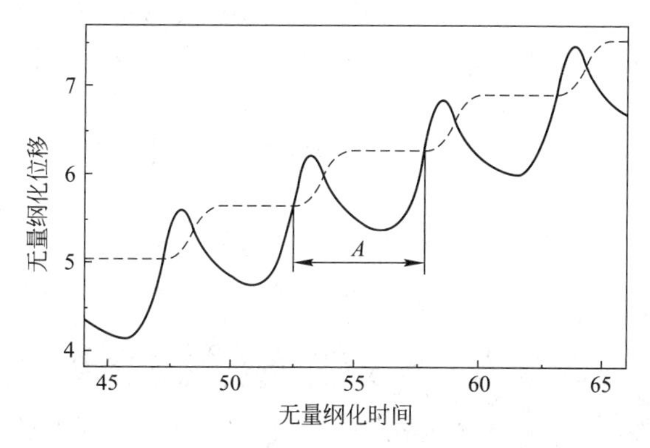

图 1-14　胶囊机器人数学模型的求解结果

（4）物理实验验证：搭建对应的实验装置（见图 1-15），进行实验测试，以验证数值模拟结果的正确性。

图 1-15　胶囊机器人的实验装置

1.3　基于 MATLAB 的程序设计基础

随着计算机技术的飞速发展，各种仿真算法和计算理论的成熟，越来越多的科学研究与工程设计问题需要利用计算机语言进行程序设计与数值计算。计算机程序（computer program）是控制计算机执行某个任务的一组指令，为满足不同领域各种应用程序的编写要求，大多数计算机高级编程语言具有丰富的功能，如 FORTRAN 语言和 C 语言，有些工程师可能会涉及所有这些功能，但大多数人仅需要执行面向工程的数值计算功能。

为了适应工程计算的要求，许多公司推出了一系列的软件，其中美国 Math Works 公司的 MATLAB 以其环境友好、编程简单和丰富的函数库等优势受到广大用户的喜爱，用户可以方便地进行程序设计、数值计算、图形绘制、输入输出和文件管理等各项操作，目前已发展成为国际公认的标准化计算软件，并随着各应用领域的发展而不断完善。本书提供的所有参考程序均以 MATLAB 为环境进行编写，因此有必要介绍基于 MATLAB 的程序设计基础，包括语言环境、操作方式、语言基础、流程控制及图形绘制五个部分，以方便读者快速高效地掌握和应用这一实现工程数值计算的重要软件工具。

1.3.1 MATLAB 语言环境

MATLAB 是 Matrix Laboratory 的缩写，即矩阵实验室，是由美国 Math Works 公司发布的主要面向科学计算、数据可视化、系统仿真及交互式程序设计的高科技计算环境，是一种解释性的计算机语言。

MATLAB 因其独特的优点备受高校师生、科研人员和工程技术人员的喜爱，几乎成为计算仿真的必学软件。

(1) MATLAB 操作简单，用户界面非常友好，区块分割易于查看，除默认的设置外，用户可根据自己的喜好调整窗口位置与大小。

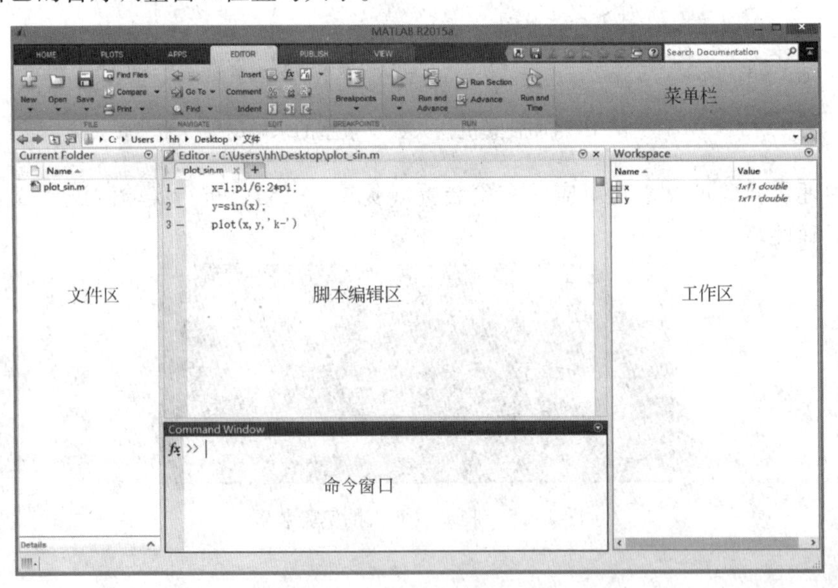

图 1-16　MATLAB 操作界面

其中，工作区存放导入和生成的数据（变量），文件区可以通过变换路径访问各个文件夹，菜单栏集成了 MATLAB 自身强大的功能。在默认情况下，新建一个脚本文件（m 文件），脚本编辑区会出现在图中指定位置。

(2) MATLAB 语法与 C 语言非常接近，如果有 C 语言的基础，掌握 MATLAB 编程和开发是非常简单的，而相对于 C 语言，MATLAB 以矩阵为基本数据单位，比起 C 语言更加高效，更加契合科研人员的应用。

(3) MATLAB 内部函数库提供了极其丰富的函数，可以方便实现各种情形下的科学计算与数据处理。这些内置函数涵盖了很多最新研究成果，经过优化与容错处理，稳定性好，出错率低，由于不需要编写底层函数，还可以节省出大量时间去做一些验证性的工作。

（4）MATLAB 具有强大的数据可视化功能，能够快速进行二维/三维图像的绘制，并且可以对图形进行编辑操作，如上颜色、标注、设置坐标轴等。

（5）MATLAB 具有针对各个领域的数十个功能强大的工具箱（见图 1-17），可以通过学习使用工具箱从而避免编写成百上千行的代码。不仅如此，工具箱的源代码支持可读与修改，我们可以通过对源程序的修改或构造变成自己的新工具箱。

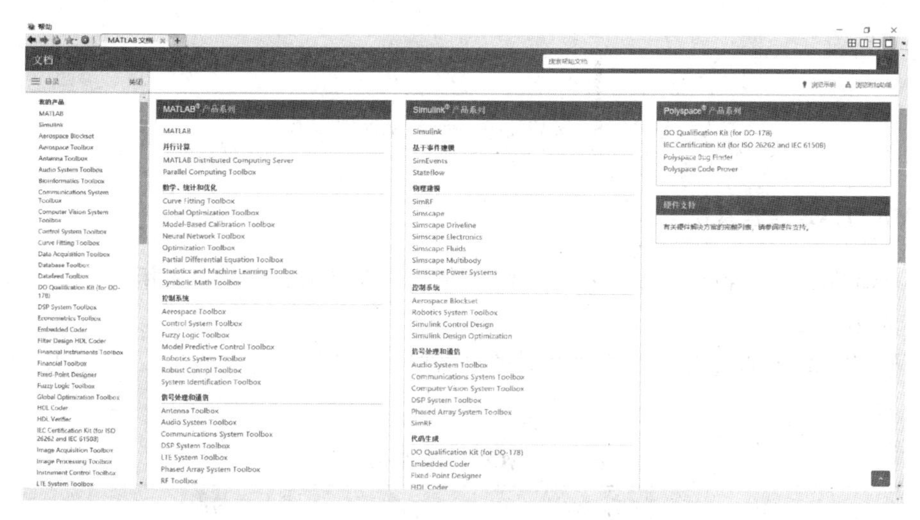

图 1-17 MATLAB 工具箱文档

（6）MATLAB 具有非常方便的外部程序接口，可以与 FORTRAN、C/C++等做数据链接，可以非常方便地使用 MATLAB 与其他语言或软件进行交互，发挥各自优势，提高效率。作为脚本语言，m 文件支持编译后转化为可执行文件，独立于 MATLAB 运行。

1.3.2 MATLAB 操作方式

MATLAB 的操作方式分为两种，即命令操作方式和文件操作方式。

命令操作方式也称为“交互式操作方式”或“人机对话方式”。这种操作方式可以在 MATLAB 命令窗口中键入或修改命令并观察结果，当用户输入数据或键入 MATLAB 指令时，计算机将实时接受、及时处理，给出计算结果，并等待人工的下一步操作。因为在完成任务过程中的每一步都需人工键入命令，所以一旦数据有误或某一指令输入有错，也可以重新调出此前的操作指令进行修改后重新执行。

文件操作方式也称为“批处理操作方式”，是以文件方式（filename. m）编写程序并保存在磁盘内，然后在 MATLAB 环境中执行。其中 m 文件分为命令文件和函数文件两种。命令文件又称脚本文件，在编辑器区域进行编写，并以后缀名（. m）保存；函数文件的文件名须以英文字母开头，并以（. m）后缀名保存，需要注意的是，函数名应该与文件名相同，MATLAB 中函数文件编写界面如图 1-18 所示。

文件操作方式自动性强，在顺利的情况下（机器运行正常、程序编写无误……），程序中的一批指令能自动地逐个被执行，无须人工干预。程序中的各条指令是按先后顺序被 MATLAB 所执行，各条指令执行的顺序与它们在程序中的顺序是完全相同的。

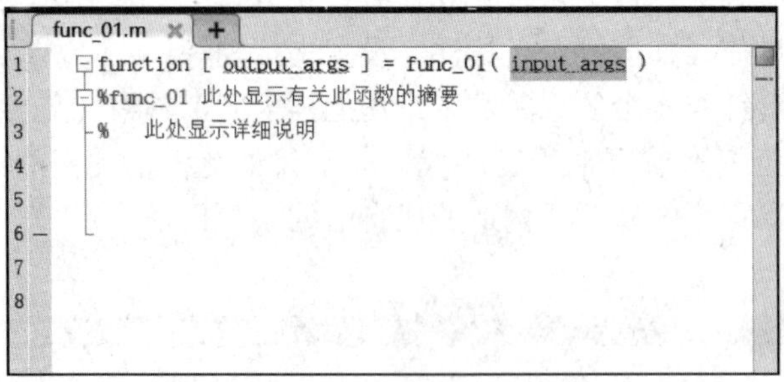

```
func_01.m
1  function [ output_args ] = func_01( input_args )
2  %func_01 此处显示有关此函数的摘要
3  %   此处显示详细说明
4
5
6 -
7
8
```

图 1-18　MATLAB 中函数文件编写界面

1.3.3　MATLAB 语言基础

MATLAB 基础语言包括常用函数、通用命令、内部常数，变量、数组与矩阵，字符串，运算符，表达式等。

(1) MATLAB 中的常用函数（见表 1-1）、常用通用命令（见表 1-2）、常用内部常数（见表 1-3）。

表 1-1　MATLAB 常用函数

函数名	功能	函数名	功能	函数名	功能
abs（x）	绝对值	gcd（x，y）	最大公因数	imag（z）	复数 z 的虚部
sqrt（x）	开平方	exp（x）	自然指数	real（z）	复数 z 的实部
conj（z）	共轭复数	log（x）	以 e 为底的对数	fix（x）	舍去小数取整
round（x）	四舍五入	log10（x）	以 10 为底的对数	rem（x，y）	x 除以 y 的余数
floor（x）	负方向取整	pow2（x）	以 2 为底的指数	lcm（x，y）	最小公倍数
rat（x）	化为分数	log2（x）	以 2 为底的对数		

表 1-2　MATLAB 常用通用命令

命令	功能	命令	功能
who	列出在工作空间中已有的变量	home	光标移到命令窗口的左上角
whos	列出驻留变量并给出维数及性质	clf	删除图形窗口的内容
clear	删除内存中的变量（数据）	↑	调出刚才使用过的命令
clc	删除命令窗口的内容	quit	退出 MATLAB

表 1-3　MATLAB 常用内部常数

函数名	返回值	函数名	返回值
ans	默认变量名，保存最近的结果	i，j	虚数单位
eps	浮点相对精度	inf	无限值
realmax	最大浮点数	NaN	不合法的数值，非数值
realmin	最小浮点数	computer	计算机类型
pi	圆周率	version	MATLAB 版本字符串

（2）MATLAB 中的变量、数组与矩阵。

MATLAB 中的变量名的第一个字符必须是一个英文字母，最多可包括 31 个字符，如 x1、x2、alpha、beta 等；变量名可由字母、数字和下画线混合组成，但不包括空格和标点；需要注意的是，命名时需严格区分英文字母的大小写。

变量名的常用赋值语句为“变量名=数据”，如“theta=pi/2”。

MATLAB 中的数组只需要用空格或逗号间隔数组元素，再用方括号括起来，如：X=[2 3 5 7 11]。常用的创建数组的方法有 3 种：

- 增量法：x=i：j（增量为 1）或 x=i：k：j（增量为 k）；
- 利用 linspace（a，b，N）生成等差数组；
- 利用 logspace（a，b，N）生成等比数组。

MATLAB 创建矩阵的常用方法如下。

① 直接输入法。在方括号内输入矩阵各元素，每一行相邻元素间用空格和逗号隔开，相邻两行之间用分号分隔。

② 函数生成法。使用现有的矩阵生成命令生成矩阵（见表 1-4）。

表 1-4　MATLAB 常用矩阵生成命令

命令	返回值	命令	返回值
C=[ ]	产生空阵	B=zeros（3，4）	产生 3×4 阶全“0”矩阵
r=rand	产生随机数	D=ones（3，4）	产生 3×4 阶全“1”的矩阵
R=rand（3，4）	3×4 阶随机矩阵	X=magic（3）	产生 3 阶幻方
E=eye（3）	3 阶单位矩阵		

③ 矩阵编辑器。在编辑区编写程序进行调试运行，得到矩阵。

④ 数据文件法。使用现有的工程数据文件或计算结果数据文件中的矩阵。

（3）MATLAB 中创建字符串的方法有单引号创建或用 char 函数创建，如 Country=' China ' 或 Country=char（' China '）。

（4）MATLAB 的运算符包括算术运算符、关系运算符和逻辑运算符（见表 1-5）。

表 1-5　MATLAB 的常用运算符

算术运算符	功能	关系运算符	功能	逻辑运算符	功能
+	加	<	小于	&（and）	与
-	减	<=	小于等于	|（or）	或
^	幂	>	大于	~（not）	非
*	乘	>=	大于等于		
/	右除	==	等于		
\	左除	~=	不等于		

（5）MATLAB 中的表达式由变量、运算符、函数、数字组成，常用的赋值方法为“变量名=表达式”，如 theta=pi/4、x=sin（theta）、P=1+2 * x+3 * x^2+4 * x^3 等。

1.3.4 MATLAB 流程控制

MATLAB 流程控制结构包括条件控制和循环控制。其中，条件控制结构包括“if 结构”和“switch 结构”；循环控制结构包括“for 结构”和“while 结构”。此外，还包括 countinue 和 break 两种流控制命令使得运算继续或中断。

1. 条件控制结构：if

if 结构一般有 3 种形式，如图 1-19 所示。在计算时，当条件式 i（i=1，2，3，…，n。n 表示条件式个数）满足时，只计算该条件式下的表达式，而不计算其他表达式。

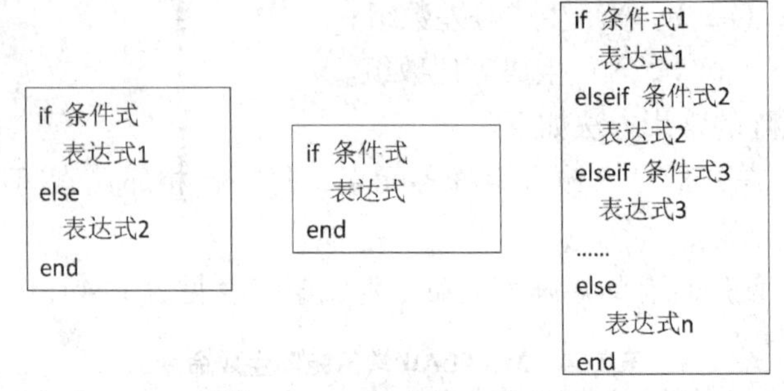

图 1-19　if 结构的 3 种形式

分析图 1-20 所示的程序输出结果：已知 a=20、b=10，不满足条件 a<b，因此执行 else 下的表达式“disp（' a>b '）”，则输出内容为：a>b

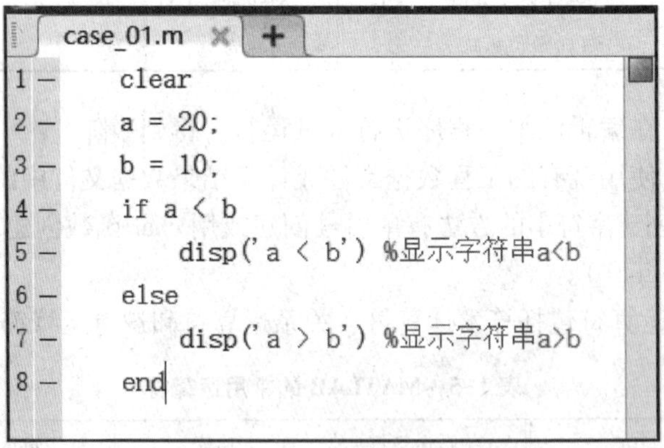

```
case_01.m
1 -     clear
2 -     a = 20;
3 -     b = 10;
4 -     if a < b
5 -         disp('a < b') %显示字符串a<b
6 -     else
7 -         disp('a > b') %显示字符串a>b
8 -     end
```

图 1-20　if 条件语句的应用

2. 条件控制结构：switch

在执行 switch 结构时，计算 switch 后的表达式，当计算结果满足 switch 后的哪个 case 时，就执行该 case 下的状态，其他状态不执行，如图 1-21 所示。

分析图 1-22 所示的程序输出结果：在运行程序后，根据提示需要输入一个数 s，这里任意输入 s=45，然后执行 switch 后的语句，计算 45 除以 5 的余数，为 0，满足第一个 case，因此执行该 case 下的语句，输出内容为：45 是 5 的倍数。

```
switch 表达式
  case value1
      状态1
  case value2
      状态2
  ……
  otherwise
      状态n
end
```

图 1-21 swithch 条件控制结构的形式

```
case_01.m
1 -    clear
2 -    s = input(' input n=');
3 -    switch mod(s,5)
4 -        case 0
5 -            fprintf('%d是5的倍数\n',s)
6 -        otherwise
7 -            fprintf('%d不是5的倍数\n',s)
8 -    end
```

图 1-22 switch 条件语句的应用

3. 循环控制结构：for 和 while

for 结构与其他语言中的 for 循环结构是相同的，循环体的执行次数由数组决定，其结构如图 1-23（a）所示，并且 for 循环是可以多重嵌套的。

while 结构的循环次数是不固定的，由表达式决定，当表达式满足时，循环体就会被执行，其结构如图 1-23（b）所示。

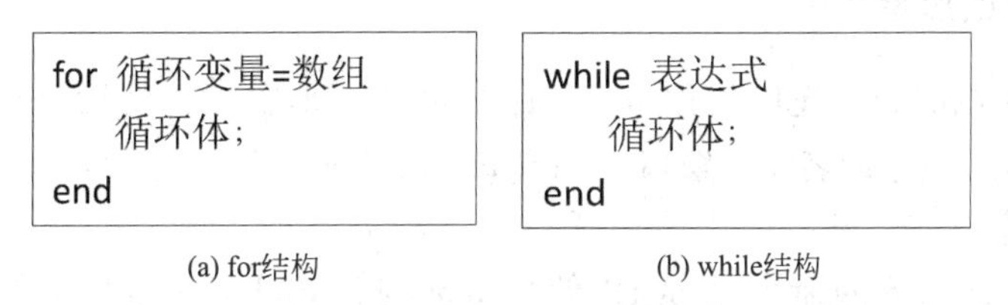

(a) for结构 (b) while结构

图 1-23 循环控制结构

4. 流控制命令：continue

continue 通常用于 for 或 while 循环语句中，与 if 语句一起使用，达到跳过本次循环，去执行下一轮循环的目的。

分析图 1-24 所示的程序输出结果：已知 a=3，b=6，数组 i=［1，2，3］，语句 b=b+1 在 3 次循环中均执行，因此 b=6+1+1+1=9，当 i=1<2 时，a=a+2 不执行，当 i=2，3 时，该语句执行，因此 a=3+2+2=7，计算完成后，i=3。

```
case_01.m
1 -   a = 3;
2 -   b = 6;
3 -   for i = 1:3
4 -       b = b+1;
5 -       if i<2
6 -           continue %当if条件满足时不再执行后面语句
7 -       end
8 -       a = a+2; %当i<2时不执行该语句
9 -   end
```

图 1-24 continue 流控制命令语句的应用

5. 流控制命令：break

break 通常用于 for 或 while 循环语句中，终止执行 for 或 while 循环，不执行循环中在 break 语句之后显示的语句。

分析图 1-25 所示的程序输出结果：已知 a=3，b=6，数组 i= [1，2，3]，当 i=1 时，执行 b=b+1 得到 b=7，然后进行判断，因为 i=1<2，循环中断，因此 a=3 不变，i=1。

```
case_01.m
1  a = 3;
2  b = 6;
3  for i = 1:3
4      b = b+1;
5      if i<2
6          break %当if条件满足时不再执行循环
7      end
8      a = a+2;
9  end
```

图 1-25　break 流控制命令语句的应用

1.3.5　MATLAB 图形绘制

在 MATLAB 绘图时，首先应使用 figure 命令创建图形窗口，然后进行图形绘制，命名时，按照创建的先后顺序命名图形窗口，如 figure 1，figure 2，…。

1. 二维绘图命令

常用的绘制二维图形的命令是 plot，使用 plot 时，MATLAB 会自动打开一个图形窗口 figure1，常用的绘图命令有以下几个。

(1) plot (y) ——以 y 的值为纵坐标，y 的下标为横坐标。

(2) plot (x，y) ——以 x 为横坐标，以 y 为纵坐标。

(3) plot (x1，y1，x2，y2，…) ——同时绘制多条曲线。

(4) plot (x，y，s) ——以 x 为横坐标，以 y 为纵坐标，s 为类型说明参数，表示所绘图形的性质，是由线型、颜色或顶点标记组合而成的字符串，由单引号括起。s 常见的参数设置见表 1-6。

表 1-6　MATLAB 的绘图表示符号

符号	线型	符号	颜色	符号	颜色	符号	标记	符号	标记
-	实线	r	红	g	绿	+	十字号	x	叉号
--	虚线	b	蓝	k	黑	o	小圆圈	s	小正方形
-.	点画线	c	青	y	黄	*	星号	d	菱形
:	点连线	w	白	m	洋红	.	小黑点		

其他常用的二维绘图命令见表 1-7。

此外，还有如 fplot 和 ezplot 等绘图命令对二维隐函数的图像进行绘制。

需要注意的是，x 和 y 均为向量，且长度相等，若 x 和 y 是维数相等的矩阵时，按列与列对应绘图。

表 1-7 MATLAB 的其他常用二维绘图命令

命令	返回值	命令	返回值
area	填充的二维图形	plotyy	双轴图
bar	条形图	polar	极坐标图
pie	饼图	pareto	帕累托图
errorbar	误差条图	stem	火柴杆图
scatter	散点图	stairs	阶梯图
hist	直方图	rose	玫瑰花图
loglog	对数坐标图	semilog	半对数坐标图

分析图 1-26（a）所示的程序：该程序表示用 pie 函数生成饼状图。由向量 x 可知将总数分为 1+3+5+7+9=25 份，每一份占比 4%，根据 1∶3∶5∶7∶9 绘制饼状（见图 1-26（b）），然后使用 explode ［0 1 0 0 0］将第二部分凸出（见图 1-26（c））。

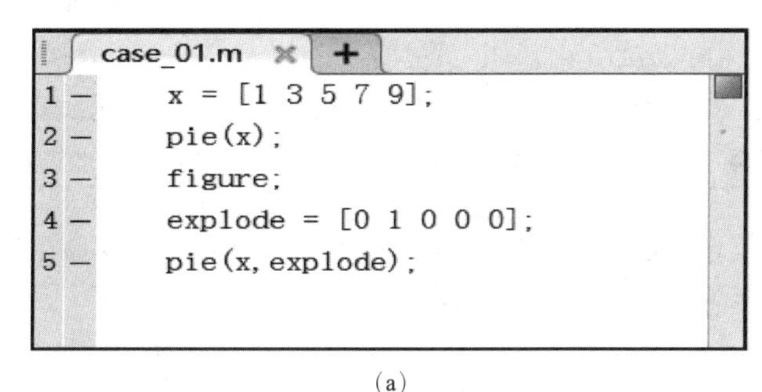

```
case_01.m
1 -    x = [1 3 5 7 9];
2 -    pie(x);
3 -    figure;
4 -    explode = [0 1 0 0 0];
5 -    pie(x,explode);
```

（a）

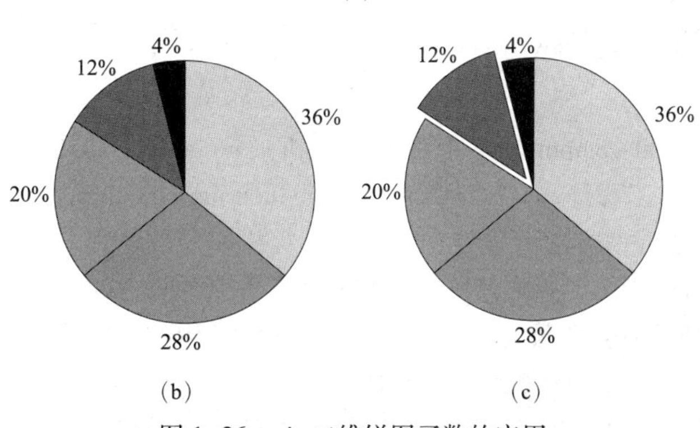

（b） （c）

图 1-26 pie 二维饼图函数的应用

2. 三维绘图命令

常用的三维图形绘制命令见表 1-8。

表 1-8 三维图形绘制命令

命令	功能	命令	功能
plot3（x，y，z，…）	x，y，z 为维数相同的向量	surf（x，y，z，…）	曲面图调用格式
stem3（x，y，z，…）	三维火柴杆图	contour（x，y，z，…）	等高线调用格式
mesh（x，y，z，…）	网线图调用格式	meshgrid（x，y）	格点矩阵生成函数

3. 图形处理

使用二维/三维绘图命令后，有时图形格式等不能满足使用需求，因此需要对所生成图形进行处理，常见的图形处理有图形标注、坐标轴控制、窗口分割、其他重要命令、菜单操作等。

(1) 图形标注。常见的图形标注有坐标轴标注：xlabel（'string'）、图形标题：title（'string'）、文本标注：text（x，y，'string'）、图例标注：legend（'string1'，'string2'）。

(2) 坐标轴控制。对于坐标轴常见的编辑有设置坐标轴区间：axis（［xmin，xmax，ymin，ymax］）、z 坐标轴缩放：zoom、坐标轴网格：grid on/off、坐标轴封闭：box on/off。

(3) 窗口分割。在一个图形窗口中显示几幅图形，对几个函数进行比较。使用命令 subplot（m，n，i）把图形窗口分割为 m 行 n 列子窗口，并选定第 i 个窗口为当前窗口。

(4) 其他重要命令。

表 1-9　MATLAB 其他图形操作命令

命令	功能
hold 命令（hold on/off）	图形保持
colormap 命令（colormap（［R，G，B］））	色彩控制
colorbar 命令	显示颜色标尺

(5) 菜单操作。菜单栏的 File、Edit、View、Insert、Desktop 等命令均可对生成图形进行编辑处理。

1.4　课程任务与目标

数值计算（numerical computing）也称数值分析（numerical analysis）、计算方法（computing method）、科学与工程计算（scientific and engineering computing）等，其核心是研究科学与工程计算所使用的数值方法的设计、分析与计算机实现的学科。工程数值计算则是在数值计算的基础上，面向应用，强调实践，侧重于讨论数值计算方法在工程计算中的应用。

如前所述，工程问题通常可以通过物理实验或数学模型的方法来进行分析，前者通过对实验获取数据的插值和回归揭示规律，或者通过微分与积分计算发现问题；后者则集中于求解代数方程和方程组、微分方程与方程组等不同类型的数学模型，以获得模型中隐含的信息与规律。因此，工程数值计算的培养目标包括以下两点。

(1) 掌握物理实验数据或计算模拟数据的处理方法，熟悉各类面向工程数学模型求解的数值计算方法的构造思路和优缺点，具备分析问题的能力。

(2) 熟练使用计算机语言进行数值算法的程序代码编写及二次开发，具备解决问题的能力。

第 2 章　数值计算的误差分析

【引例：伞兵降落问题】　求伞兵降落过程中速度与时间的关系 $v(t)$。

【问题描述】　受到线性阻力（阻力与速度成正比）的自由下落伞兵，其下降速度会逐渐增加，并达到一个稳定值，如图 2-1 所示。试计算该过程中任意时刻的速度值。

(a)

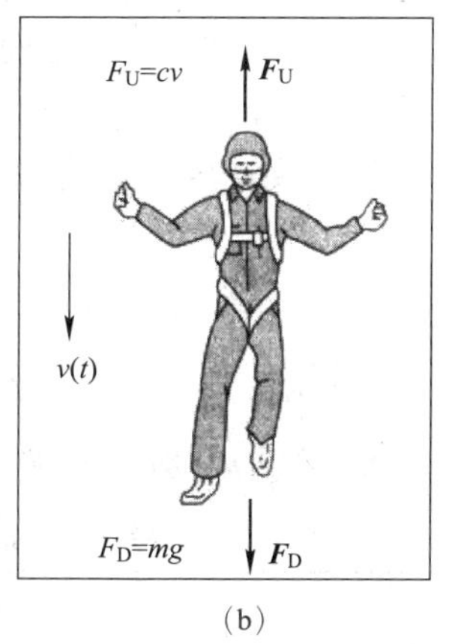

(b)

图 2-1　伞兵降落过程及受力示意图

【分析思路】　对该问题的研究首先需要基于受力分析得到各要素之间的关系，也即建立关于速度的数学模型，再对数学模型进行求解得到任意时刻的速度值。

（1）模型建立：建模的基础是牛顿第二运动定律，即

$$F=ma \tag{2-1}$$

由运动分析 $a=\frac{\mathrm{d}v}{\mathrm{d}t}$ 及受力分析 $F=F_{\mathrm{D}}-F_{\mathrm{U}}=mg-cv$，可得

$$mg-cv=m\frac{\mathrm{d}v}{\mathrm{d}t} \tag{2-2}$$

因此可得关于速度的数学模型为一个一阶常微分方程：

$$\frac{\mathrm{d}v}{\mathrm{d}t}+\frac{c}{m}v=g \tag{2-3}$$

（2）模型求解：该问题是最简单的一阶常系数线性非齐次常微分方程，可以利用高等数学中相关知识得到其解析解

$$v(t)=\frac{mg}{c}(1-\mathrm{e}^{-\frac{c}{m}t}) \tag{2-4}$$

利用上式可以计算得到任意时刻的速度值。

【知识链接 2-1】 高等数学：一阶常微分方程的解

线性齐次方程：$\frac{\mathrm{d}y}{\mathrm{d}x}+P(x)y=0 \Rightarrow$ 通解：$y=C\mathrm{e}^{-\int P(x)\mathrm{d}x}$

线性非齐次方程：$\frac{\mathrm{d}y}{\mathrm{d}x}+P(x)y=Q(x)$

通解：$y=C\mathrm{e}^{-\int P(x)\mathrm{d}x}+\mathrm{e}^{-\int P(x)\mathrm{d}x}\cdot\int Q(x)\mathrm{e}^{\int P(x)\mathrm{d}x}\mathrm{d}x$

若不用解析法求解，公式（2-3）中含有微分项，将其表示为$\frac{\mathrm{d}v}{\mathrm{d}t}=\lim\limits_{\Delta t\to 0}\frac{\Delta v}{\Delta t}$，当 Δt 足够小时，可以写为

$$\frac{\mathrm{d}v}{\mathrm{d}t}\approx\frac{\Delta v}{\Delta t}=\frac{v_{i+1}-v_i}{t_{i+1}-t_i} \tag{2-5}$$

将其代入式（2-3），可以得到速度的迭代格式为

$$v(t_{i+1})=v(t_i)+\left[g-\frac{c}{m}v(t_i)\right](t_{i+1}-t_i) \tag{2-6}$$

基于初始条件，利用式（2-6）亦可求解任意时刻的速度值。

比较式（2-4）和式（2-6），所得的伞兵降落速度的解析解与数值解结果见表 2-1。

表 2-1 伞兵降落速度的解析解与数值解结果比较

t/s		0	2	4	6	8	10	12
v/(m/s)	解析	0	16.40	27.77	35.64	41.10	44.87	47.49
	数值	0	19.60	32.00	39.85	44.82	47.97	49.96

由表 2-1 可见，数值迭代计算结果与解析计算结果存在一定的差异，也即误差。

【思考】

（1）误差是怎么产生的？与哪些因素有关？

（2）如何对误差进行描述？怎么减小误差？

2.1 误差的来源

误差指近似值与精确值的差别，其中精确值指精确反映实际情况的值，而近似值指近似反映实际情况的值，通过观测或计算获得。根据图 1-10 所示的基于数学模型进行工程分析的思路，误差来源主要包括四个部分，即建模误差、观测误差、方法误差和舍入误差，如图 2-2 所示。

（1）建模误差。数学模型是对具体问题忽略次要因素进行抽象而获得的，本身即是问题的近似，由此产生的误差称为“建模误差”。

（2）观测误差。数学模型中包含的参数由人为观测或工具测量获得，有时候受到所处环

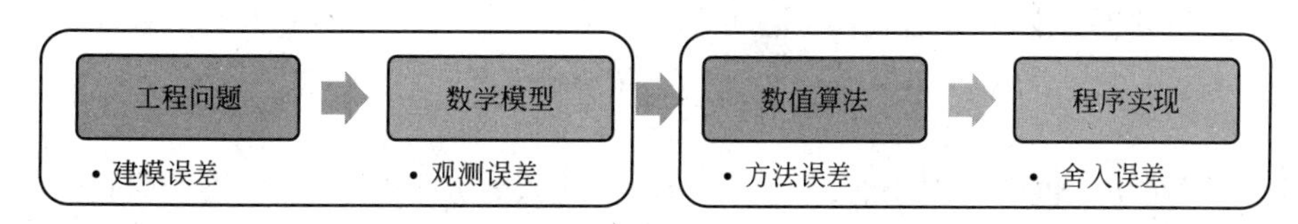

图 2-2　误差的来源

境或条件的影响，如温度、密度、长度、时间、电压、重力加速度等，与实际数据存在误差，由此产生的误差称为“观测误差”。

（3）方法误差。算法中包含的计算公式本身是一种求解的近似公式，如泰勒级数展开式等，由此产生的误差称为“方法误差”，也称为“截断误差”。

（4）舍入误差。由于计算时的四舍五入，或者计算机的字长有限而使原始数据只能用有限位数表示，由此产生的误差称为“舍入误差”。

在任何科学计算中其解的精确性总是相对的，而误差则是绝对的。从下面这个例子来了解误差产生的原因。

【算例 2-1】　单摆运动的周期问题。

【问题描述】　某单摆运动的受力分析示意如图 2-3 所示，摆长为 l，不计其质量，摆端小球质量为 m，摆动过程中不考虑阻力，单摆往复运动一个周期需要多长时间？

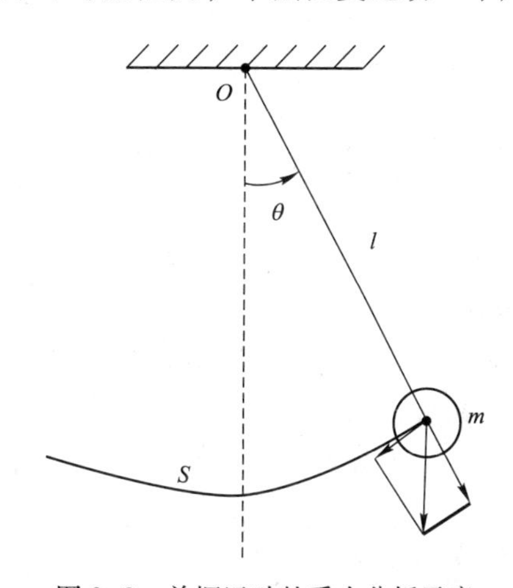

图 2-3　单摆运动的受力分析示意

【分析思路】　同样以牛顿第二运动定律为建模基础，建立单摆切向运动方程。

解：（1）切向加速度：

$$a_t = \alpha l = l\frac{\mathrm{d}^2\theta}{\mathrm{d}t^2} \tag{2-7}$$

（2）切向受力分析：

$$F = mg\sin\theta \tag{2-8}$$

可得描述单摆运动的数学模型为：

$$\frac{\mathrm{d}^2\theta}{\mathrm{d}t^2}+\frac{g}{l}\sin\theta = 0 \tag{2-9}$$

考虑将式中 $\sin\theta$ 展开为级数形式：

$$\sin\theta=\theta-\frac{\theta^3}{3!}+\frac{\theta^5}{5!}-\frac{\theta^7}{7!}+\cdots \tag{2-10}$$

当单摆做微幅摆动，也即 θ 很小时，有 $\sin\theta\approx\theta$，代入式（2-9），数学模型简化为一个二阶常系数线性齐次常微分方程，可以用解析法求解，得到其运动规律为：

$$\theta(t)=c_1\cos\omega t+c_2\sin\omega t=A\sin(\omega t+\varphi) \tag{2-11}$$

【知识链接 2-2】 高等数学：二阶线性齐次常微分方程的解

二阶线性齐次方程：$y''+py'+qy=0$

设 $y=Ye^{st}$ 并代入方程，得到其特征方程：$s^2+ps+q=0$

求解特征方程：$s_{1,2}=\dfrac{-p\pm\sqrt{p^2-4q}}{2}$

方程的通解取决于特征根的形式，若为一对共轭纯虚根：$s_{1,2}=\pm\omega i$

则其通解为：$y(t)=c_1\cos\omega t+c_2\sin\omega t$

其中 $\omega=\sqrt{g/l}$，则该单摆的运动周期为

$$T=\frac{2\pi}{\omega}=2\pi\sqrt{\frac{l}{g}} \tag{2-12}$$

可见该单摆运动周期与小球质量无关，与摆长的平方根成正比，与重力加速度的平方根成反比。

【讨论】

（1）建模误差。建模过程中忽略了空气阻力与摩擦力。

（2）观测误差。重力加速度和摆长的观测值。

（3）方法误差。在式（2-10）中进行了级数的截断，以将不可解析求解的二阶非线性微分方程简化为二阶线性微分方程求解。

【知识链接 2-3】 高等数学：泰勒级数的展开

$$f(x)=f(x_0)+f'(x_0)(x-x_0)+\frac{1}{2!}f''(x_0)(x-x_0)^2+\cdots+\frac{1}{n!}f^{(n)}(x_0)(x-x_0)^n+\frac{1}{(n+1)!}f^{(n+1)}(\xi)(x-x_0)^{n+1}$$

截断误差即为余项：$R_n(x)=\dfrac{1}{(n+1)!}f^{(n+1)}(\xi)(x-x_0)^{n+1}$

（4）舍入误差。在计算机运算中，一方面数值计算的数可能是无穷小数，另一方面在做加、减、乘、除及开方等运算时结果只能保留一定的位数，需要用到“有效数字”。

【知识链接 2-4】 工科物理实验：有效数字的概念

有效数字：从一个数的左边第一个非 0 数字起，到末位数字止，所有的数字都是这个数的有效数字，可以表示为

$$x^*=\pm10^m\times a_1.\,a_2a_3\cdots a_n$$

也即 x^* 具有 n 位有效数字。

2.2　误差的表示

设某参量的精确值（或真值）为 x，近似值为 x^*，则定义近似值与精确值之差的绝对值为“绝对误差”。即

$$e=|x-x^*|=|\Delta x| \tag{2-13}$$

但有时仅用绝对误差并不能准确衡量精确程度，测量地球质量误差 1 kg 和买 2 kg 肉误差 1 kg 显然不可同日而语。因此，有必要引入“相对误差”，即

$$e_r=\left|\frac{x-x^*}{x}\right|=\left|\frac{\Delta x}{x}\right| \tag{2-14}$$

由于在工程问题的观测和计算中，我们并不能准确地知道其真值，所以绝对误差和相对误差实际无法计算，因此使用绝对误差限和相对误差限来对误差进行表示。

若某参数近似值的有效数字表示为 $x^*=\pm 10^m\times a_1.a_2a_3\cdots a_n$，由于四舍五入的原则，“绝对误差限”通常取为

$$\varepsilon(x^*)=\frac{1}{2}\times 10^{m-n+1} \tag{2-15}$$

“相对误差限”的上限估计为

$$\varepsilon_r(x^*)=\frac{\varepsilon(x^*)}{|x^*|}\leqslant\frac{1}{2a_1}\times 10^{1-n} \tag{2-16}$$

2.3　误差的传播

误差会在计算过程中积累并传播，成千上万次的运算可能导致巨大的“湮灭效应”，真实解变得不复可寻，如神经网络学习中的“梯度消失”和“梯度爆炸”导致计算不收敛问题。

1996 年 6 月，欧洲航天局的阿丽亚娜 V 型火箭发射失败（见图 2-4），据事故调查结果显示：失败主因在于传播开来的误差控制不当所致。

通常工程问题中因变量的影响因素复杂，可以表示为多元函数的形式，即

$$y=f(x_1,x_2,\cdots,x_n) \tag{2-17}$$

若其中各自变量的近似值分别为 x_1^*，x_2^*，…，x_n^*，则因变量的近似值为

$$y^*=f(x_1^*,x_2^*,\cdots,x_n^*) \tag{2-18}$$

即自变量若有误差，相应的函数值也会有误差，这种现象称为“误差的传播”。

1. 误差在四则运算中的传播

设两个参量 x_1，x_2 的近似值为 x_1^*，x_2^*，绝对误差限分别为 $\varepsilon(x_1^*)$，$\varepsilon(x_2^*)$，则经过四则运算的函数值的绝对误差限为

$$\varepsilon(x_1^*\pm x_2^*)=\varepsilon(x_1^*)+\varepsilon(x_2^*) \tag{2-19}$$

图 2-4 阿丽亚娜 V 型火箭发射失败

$$\varepsilon(x_1^* x_2^*) = |x_1^*|\varepsilon(x_2^*) + |x_2^*|\varepsilon(x_1^*) \tag{2-20}$$

$$\varepsilon\left(\frac{x_1^*}{x_2^*}\right) = \frac{|x_1^*|\varepsilon(x_2^*) + |x_2^*|\varepsilon(x_1^*)}{|x_2^*|^2} \tag{2-21}$$

【证明略】 类似于微分法则的证明。

2. *误差在一元可微函数中的传播*

设自变量 x 的近似值为 x^*，绝对误差限为 $\varepsilon(x^*)$，则一元可微函数 $f(x)$ 近似值的绝对误差限为

$$\varepsilon[f(x^*)] = |f'(x^*)| \cdot \varepsilon(x^*) \tag{2-22}$$

【证明略】 将一元可微函数做泰勒级数展开并忽略高阶无穷小项。

2.4 误差的影响

2.4.1 病态问题

初值的微小扰动有可能引发解的巨大误差，也即所谓的“差之毫厘，谬以千里”，如蝴蝶效应和多米诺骨牌。这种敏感依赖于输入误差的问题称为“病态问题”，即输入数据的微小扰动引发输出解的巨大误差。

函数值的绝对增量和相对增量分别表示为

$$\Delta y = f(x_1,x_2,\cdots,x_n) - f(x_1^*,x_2^*,\cdots,x_n^*) \approx \sum_{i=1}^{n} \frac{\partial f(x_1,x_2,\cdots,x_n)}{\partial x_i}\Delta x_i \tag{2-23}$$

$$\delta y = \frac{\Delta y}{y} \approx \sum_{i=1}^{n} \frac{\partial f(x_1,x_2,\cdots,x_n)}{\partial x_i}\cdot\frac{x_i}{y}\cdot\delta x_i \tag{2-24}$$

其中 $\delta x_i = \dfrac{\Delta x_i}{x_i}$。

可见，函数值的误差不仅取决于自变量的误差与自变量的值，还取决于函数的值及函数的导数值。

2.4.2　条件数

以一元函数为例，定义函数值相对误差限与自变量相对误差限的比值为条件数，可以表示为

$$C_p = \left|\frac{xf'(x)}{f(x)}\right| \tag{2-25}$$

【证明】

$$C_p = \frac{\varepsilon_r[f(x^*)]}{\varepsilon_r(x^*)} = \frac{\dfrac{\varepsilon[f(x^*)]}{|f(x^*)|}}{\dfrac{\varepsilon(x^*)}{|x^*|}} = \frac{\dfrac{|f'(x^*)|\varepsilon(x^*)}{|f(x^*)|}}{\dfrac{\varepsilon(x^*)}{|x^*|}} = \left|\frac{x^*f'(x^*)}{f(x^*)}\right| = \left|\frac{xf'(x)}{f(x)}\right| \tag{2-26}$$

条件数是一个无量纲的数，一般可用条件数的大小判断“病态问题”，条件数很大的问题称为坏条件问题或病态问题。当 $C_p>10$ 时通常认为问题是病态问题；反之，若 $C_p<1$ 则认为是良态的。

2.4.3　数值稳定性

由误差传播公式可知，原始初值的微小误差会在计算过程中传播。在一个算法的计算过程中，误差在计算过程中不增长，称算法是“数值稳定”的，否则为“数值不稳定”的。

【算例 2-2】　定积分 $I_n = \int_0^1 \frac{x^n}{x+5}\mathrm{d}x$ 的计算。

解：对给定的定积分进行变换，可以得到

$$\begin{aligned} I_n &= \int_0^1 \frac{x^n}{x+5}\mathrm{d}x \\ &= \int_0^1 \frac{x^n + 5x^{n-1} - 5x^{n-1}}{x+5}\mathrm{d}x \\ &= \int_0^1 \left[x^{n-1} - \frac{5x^{n-1}}{x+5}\right]\mathrm{d}x \\ &= \frac{1}{n} - 5I_{n-1} \end{aligned} \tag{2-27}$$

【算法 1：正向迭代法】　由 $I_n = \dfrac{1}{n} - 5I_{n-1}$ 进行逐步迭代，即

$$I_0^* \to I_1^* \to I_2^* \to \cdots \to I_n^* \to \cdots \tag{2-28}$$

其中初始迭代点：

$$I_0^* = \int_0^1 \frac{1}{x+5} \cdot \mathrm{d}x \approx 0.182\ 321\ 56 \tag{2-29}$$

【算法 2：倒向迭代法】 由 $I_{n-1} = \frac{1}{5}\left(\frac{1}{n} - I_n\right)$ 进行逐步迭代，即

$$I_n^* \to I_{n-1}^* \to \cdots \to I_{14}^* \to I_{13}^* \to \cdots \to I_2^* \to I_1^* \to I_0^* \tag{2-30}$$

根据关系式

$$\frac{1}{6}\int_0^1 x^n \mathrm{d}x \leqslant \int_0^1 \frac{x^n}{x+5} \cdot \mathrm{d}x \leqslant \frac{1}{5}\int_0^1 x^n \mathrm{d}x \tag{2-31}$$

可得

$$I_n \in \left[\frac{1}{6(n+1)}, \frac{1}{5(n+1)}\right] \tag{2-32}$$

若取 $n=14$，$I_{14} \in \left[\frac{1}{90}, \frac{1}{75}\right]$，近似取其上下限的中值，则有初始迭代点

$$I_{14}^* \approx 0.012\ 222\ 22 \tag{2-33}$$

比较算法 1 和算法 2 的数值稳定性，如图 2-5 所示。可见，正向迭代是“数值不稳定”算法，倒向迭代是“数值稳定”算法。数值不稳定的原因在于计算误差在正向迭代过程中被逐渐放大，在倒向迭代过程中被逐渐缩小，也即

（1）对于 $I_n = \frac{1}{n} - 5I_{n-1}$；$e_0 = |I_0 - I_0^*|$，$e_n = |-5| e_{n-1} = 5^n e_0$

（2）对于 $I_{n-1} = \frac{1}{5}\left(\frac{1}{n} - I_n\right)$；$e_n = |I_n - I_n^*|$，$e_0 = \left|-\frac{1}{5}\right| e_1 = \left(\frac{1}{5^n}\right) e_n$

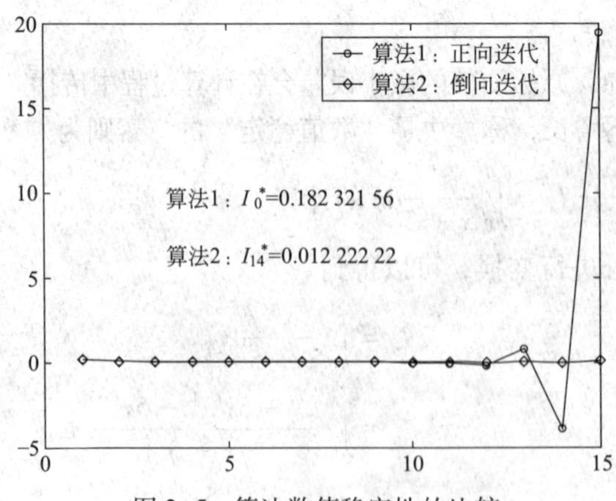

图 2-5　算法数值稳定性的比较

2.4.4　误差影响的防治

数值计算中对于误差有一套“望闻问切”的方法，需要掌握几个基本原则，以尽可能避免有效数字的损失。

1. 原则 1：避免两个相近数相减

当两个相近数相减时，会导致有效数字位数的损失。为避免两个相近数相减导致的计算误差，通常采用一些精细变形公式，将“相减”变为“相加”或其他形式。

常用精细计算公式如下。

（1）根式函数型（$x\gg1$）

$$\sqrt{x+1}-\sqrt{x}=\frac{1}{\sqrt{x+1}+\sqrt{x}} \tag{2-34}$$

$$\sqrt{x+\frac{1}{x}}-\sqrt{x-\frac{1}{x}}=\frac{2}{x\left(\sqrt{x+\frac{1}{x}}+\sqrt{x-\frac{1}{x}}\right)} \tag{2-35}$$

（2）指数函数型（$x\approx0$）

$$\frac{e^{2x}-1}{2}=\frac{e^{x}\sinh 2x}{2\cosh x} \tag{2-36}$$

其中 $\sinh 2x=\frac{e^{2x}-e^{-2x}}{2}$；$\cosh x=\frac{e^{x}+e^{-x}}{2}$

（3）对数函数型（$x\gg1$）

$$\ln(x+1)-\ln x=\ln\frac{x+1}{x} \tag{2-37}$$

$$\ln(x-\sqrt{x^2-1})=-\ln(x+\sqrt{x^2-1}) \tag{2-38}$$

（4）三角函数型（$x\approx0$）

$$1-\cos 2x=2\sin^2 x \tag{2-39}$$

【算例 2-3】　求解 $x^2-16x+1=0$。

解：常规计算公式：$x_1=8+\sqrt{63}=15.94$；$x_2=8-\sqrt{63}=8-7.94=0.06$

精细计算公式：$x_1=8+\sqrt{63}=15.94$；$x_2=\frac{1}{x_1}=\frac{1}{15.94}\approx0.0627$

可见由精细计算公式得到的结果有 3 位有效数字，而常规计算公式仅有 1 位有效数字。

【算例 2-4】　计算 $1-\cos 2°$。

解：常规计算公式：$1-\cos 2°\approx1-0.9994=0.0006$

精细计算公式：$1-\cos 2°=2\sin^2 1°\approx2\times0.0175^2=0.0006092$

可见由精细计算公式得到的结果有 4 位有效数字，而常规计算公式仅有 1 位有效数字。

2. 原则 2：注意运算次序，避免大数吃小数

当机器运算时，数量级小的数与数量级大的数相加时可能被视为 0。因此，在计算时应该先计算小数的加和，再加到大数上。若不注意运算次序，四舍五入忽略掉相当多的小数，可能造成这些小数积少成多得到的大数丢失，引起巨大误差。

【算例 2-5】　$x=101+\delta_1+\delta_2+\cdots+\delta_{100}$，$0.1\leqslant\delta_i\leqslant0.4$。

解：方法 1：顺序计算（$x\approx101$）

方法 2：小数先求和 $\left(10\leqslant\sum_{i=1}^{100}\delta_i\leqslant40,\ x\in[111,\ 141]\right)$

3. 原则 3：避免小除数和大乘数

当计算 $y=\frac{x_1}{x_2}$ 时，根据误差在除法算式中的传播，函数的绝对误差限可以表示为

$$\varepsilon(y^*)=\frac{|x_1^*|\varepsilon(x_2^*)+|x_2^*|\varepsilon(x_1^*)}{|x_2^*|^2} \tag{2-40}$$

则会出现以下情况。

（1）若 x_2 很小或接近于 0，函数值的误差可能很大。

（2）小除数会导致函数值的数量级很大，可能引起计算机“溢出”而终止计算。

当计算 $y=x_1x_2$ 时，根据误差在乘法算式中的传播，函数的绝对误差限可以表示为

$$\varepsilon(y^*)=|x_1^*|\varepsilon(x_2^*)+|x_2^*|\varepsilon(x_1^*) \tag{2-41}$$

则会出现以下情况。

（1）若 x_1 或 x_2 的值很大，函数值的误差就可能很大。

（2）大乘数也会导致函数值的数量级很大，可能引起计算机“溢出”而终止计算。

4. 原则 4：尽可能减少运算次数

舍入误差对计算结果影响很大，通过有效减少运算次数，能够降低舍入误差的影响。

【算例 2-6】 求解一元 5 次多项式 $p(x)=x^5-3x^4+2x^3+4x^2-x+1$。

方法 1：顺序计算（15 次乘法，5 次加法）

方法 2：秦九韶-霍纳算法（5 次乘法，5 次加法）

解：

$$\begin{aligned}p(x)&=x^5-3x^4+2x^3+4x^2-x+1\\&=(x-3)x^4+2x^3+4x^2-x+1\\&=((x-3)x+2)x^3+4x^2-x+1\\&=(((x-3)x+2)x+4)x^2-x+1\\&=((((x-3)x+2)x+4)x-1)x+1\end{aligned} \tag{2-42}$$

当 $x=3$ 时，运用秦九韶-霍纳算法，经过 5 次乘法，5 次加法，可得 $p(x)=88$。

【知识链接 2-5】 我国古代数学家——秦九韶

秦九韶是一位既重视理论又重视实践，既善于继承又勇于创新的科学家。他在《数书九章》中概括了中国传统数学的主要成就，尤其是系统地总结和发展了高次方程的数值解法与一次同余问题的解法，对数学发展产生了广泛的影响。

秦九韶算法（1247 年）是一种将一元 n 次多项式的求值问题转化为 n 个一次式的算法，即使在现代利用计算机解决多项式的求解问题时，秦九韶算法依然是最优的算法。在西方被称作霍纳算法（1819 年），是以英国数学家霍纳命名的。

$$\begin{cases}u_n=a_n\\u_k=u_{k+1}x+a_k,(k=n-1,\cdots,1,0)\\u_0=p(x)\end{cases}$$

$$\Downarrow$$

$$p(x)=a_nx^n+a_{n-1}x^{n-1}+\cdots+a_2x^2+a_1x+a_0$$

秦九韶（1202—1261）

2.5　误差分析的 MATLAB 程序实现

【M2-1】　伞兵降落问题数值解与解析解的比较。

```
>> clear;
>> m=68.1;g=9.8;c=12.5;T=50;
>> % Case1 解析解
>> dt1=0.01;
>> t1=0:dt1:T;
>> for i=1:length(t1)
>>     v1(i)=m* g/c* (1-exp(-c/m* t1(i)));
>> end
>> % Case2 数值解:时间步长为 2
>> dt2=2;v0=0;
>> t2=0:dt2:T;
>> v2(1)=v0;
>> for i=1:length(t2)-1
>>     v2(i+1)=v2(i)+(g-c/m* v2(i))* dt2;
>> end
>> % Case3 数值解:时间步长为 1
>> dt3=1;v0=0;
>> t3=0:dt3:T;
>> v3(1)=v0;
>> for i=1:length(t3)-1
>>     v3(i+1)=v3(i)+(g-c/m* v3(i))* dt3;
>> end
>> % Case4 数值解:时间步长为 0.5
>> dt4=0.5;v0=0;
>> t4=0:dt4:T;
>> v4(1)=v0;
>> for i=1:length(t4)-1
>>     v4(i+1)=v4(i)+(g-c/m* v4(i))* dt4;
>> end
>> plot(t1,v1,'k-',t2,v2,'r-',t3,v3,'b-',t4,v4,'g-')
```

【M2-2】　条件数：病态问题与良态问题的比较。

```
>> clear;
>> x1=-2:0.01:2;
>> for i=1:length(x1)
>>     y1(i)=x1(i)^10;
```

```
>> end
>> subplot(2,1,1);
>> plot(x1,y1,'k-');
>> x2=0:0.01:4;
>> for i=1:length(x2)
>>     y2(i)=sqrt(x2(i));
>> end
>> subplot(2,1,2);
>> plot(x2,y2,'k-');
```

【M2-3】 数值计算的稳定性：正向迭代与倒向迭代的比较。

```
>> clear;
>> N=50;
>> % 算法 1 正向迭代法
>> I0=log(1.2);
>> % I0=0.18232156;
>> I(1)=I0;
>> for i=2:N+1
>>     I(i)=1/(i-1)-5* I(i-1);
>> end
>> % 算法 2 倒向迭代法
>> J0=(1/(5* (N+1))+1/(6* (N+1)))/2;
>> J(N+1)=J0;
>> for j=N:-1:1
>>     J(j)=1/5* (1/(j)-J(j+1));
>> end
>> figure;
>> plot(1:N+1,I,'ro-',1:N+1,J,'bd-')
```

【M2-4】 倒向迭代中初始迭代点的取值上下限讨论。

```
>> clear;
>> n=6;
>> x=0:0.01:1;
>> for i=1:length(x)
>>     f(i)=x(i)^n/(x(i)+5);
>>     y1(i)=x(i)^n/6;
>>     y2(i)=x(i)^n/5;
>> end
>> plot(x,f,'k-',x,y1,'r--',x,y2,'b--')
```

习题

1. $x_1^*=1.0021$；$x_2^*=0.032$；$x_3^*=385.6$。估计下列各近似数的误差限：

（1）$x_1^*+x_2^*+x_3^*$

（2）$x_1^* \cdot x_2^*$

2. 为使下列各数近似值的相对误差限不超过 1×10^{-3}，问各近似值分别应取几位有效数字？

（1）1/3

（2）$\sqrt{101}$

（3）2/101

3. 分别用下面的两种近似公式计算 e^{-5}的值。

（1）$e^{-x}=1-x+\frac{x^2}{2!}-\frac{x^3}{3!}+\cdots$

（2）$e^{-x}=\frac{1}{e^x}=\frac{1}{1+x+\frac{x^2}{2!}+\frac{x^3}{3!}+\cdots}$

并将计算结果与真值 $6.737\,947\times10^{-3}$进行比较（用20项来计算级数），每加入一个新项后，分别计算绝对误差和相对误差。

4. 真空自由落体运动的运动距离 s 和时间 t 的关系是 $s=gt^2/2$，设重力加速度 g 是准确的，而时间 t 的测量有±0.1 s 的误差。当时间增加时，距离 s 的绝对误差和相对误差是增加还是减少？请证明。

5. 针对下面各种情况，计算其条件数，并讨论其为良态问题还是病态问题。

（1）$f(x)=\sqrt{|x-1|}+1$（当 $x=1.000\,01$ 时）

（2）$f(x)=e^{-x}$（当 $x=10$ 时）

（3）$f(x)=\sqrt{x^2+1}-x$（当 $x=300$ 时）

（4）$f(x)=\frac{e^{-x}-1}{x}$（当 $x=0.001$ 时）

（5）$f(x)=\frac{\sin x}{1+\cos x}$（当 $x=1.000\,1\pi$ 时）

6. 用麦克劳林级数近似计算

$$\cos x=1-\frac{x^2}{2!}+\frac{x^4}{4!}-\frac{x^6}{6!}+\frac{x^8}{8!}-\cdots$$

确定所需的项数，以使计算 $x=0.3\pi$ 时 $\cos x$ 的近似值精度达到 1×10^{-8}。

7. 公式 $x=\sqrt{a+1}-\sqrt{a}$ 与 $x=\frac{1}{\sqrt{a+1}+\sqrt{a}}$是等价的，如果 $a=1\,000$，请按4位有效数字计算近似值，最终结果各有多少位有效数字？并将结果与精确值0.015 807 437…进行比较，计算其绝对误差和相对误差。

8. 用秦九韶-霍纳算法计算 $p(x)=5x^4-x^3+2x^2-3x-1$ 在 $x=2$ 时的值。

9. 对于受到线性阻力（阻力与速度成正比）的自由下落的伞兵，其下降速度会逐渐增加，但最后将达到一个稳定值。设伞兵质量为80 kg，阻力系数为12 kg/s，重力加速度为9.8 m/s²，试：建立计算下落速度的数学模型，并计算下落速度的稳定值（计算结果保留3

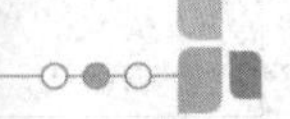

位有效数字)。

10. 可以用 Stefan-Boltzmann 定律估计一个表面的能量辐射率 H（单位：W），计算公式如下

$$H=Ae\sigma T^4$$

式中：A——表面积，m^2；

e——刻画物体表面辐射特性的辐射率；

σ——普适常数，称为 Stefan-Boltzmann 常数，$5.67\times10^{-8}\text{W}\cdot\text{m}^{-2}\cdot\text{K}^{-4}$；

T——热力学温度，K。

对于一个 $A=0.15\ \text{m}^2$，$e=0.90$，$T=(650\pm20)$ K 的钢盘，确定计算 H 时的误差。将得到的结果与准确误差进行比较。当 $T=(650\pm40)$ K，其他数据保持不变时，重复上面的计算，并对结果进行解释。

11. 如图 2-6 所示，一个导弹以初速度 v_0 离开地面，v_0 与垂直方向的角度为 ϕ_0。最大期望高度为 αR，其中 α 为期望系数，R 为地球半径。存在以下关系式

$$\sin\phi_0=(1+\alpha)\sqrt{1-\frac{\alpha}{1+\alpha}\left(\frac{v_e}{v_0}\right)^2}$$

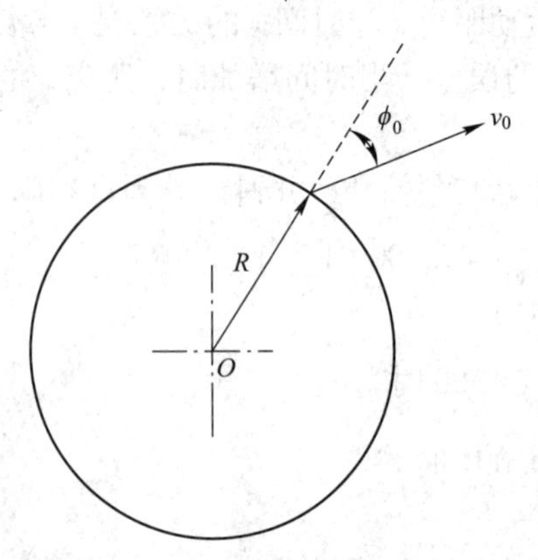

图 2-6　习题 11 示意图

式中：v_e——导弹的逃逸速度。

我们期望发射的导弹能够以±2%的准确度达到设计的最大高度。如果 $v_e=2v_0$，$\alpha=0.25$，确定 ϕ_0 的取值范围。

第 3 章　数据的插值与回归

【引例 3-1：炮弹发射问题】 已知炮弹发射后的运行轨迹 $(x_i, y_i)(i=0, 1, \cdots, n)$ 如图 3-1所示，求炮弹轨迹函数。

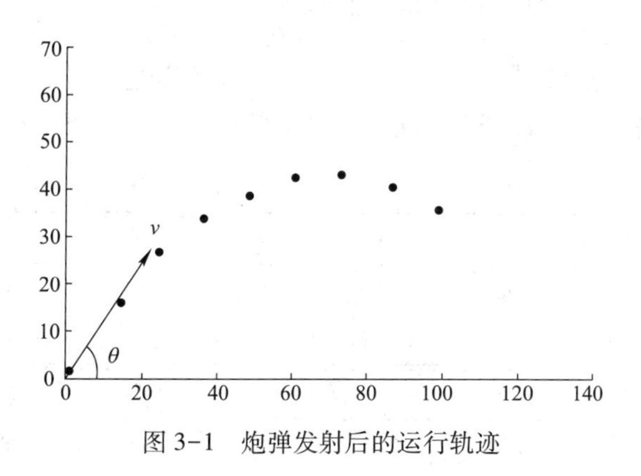

图 3-1　炮弹发射后的运行轨迹

（1）若已知炮弹发射后的运行轨迹方程为式（3-1），确定方程中的未知参数：θ（发射角）和 v（初速度）。

$$y = x\tan\theta - \frac{g}{2v^2\cos^2\theta}x^2 \tag{3-1}$$

（2）求得炮弹发射后的运行轨迹函数 $y=f(x)$。

【问题描述】 以一定的初速度 v 将物体抛出，在空气阻力可以忽略的情况下，炮弹只受到重力的作用，运动轨迹是连续的，若能够得到轨迹函数 $f(x)$，则可以计算非观测点处炮弹的位置。

【分析思路】 问题（1）虽然已知解析表达式，但是使用很不方便；问题（2）轨迹坐标之间没有明显的解析表达式，需要根据实验观测或其他方法来确定与自变量的某些值相对应的函数值。为了解决上述问题，需要建立一个简单的便于计算和处理的近似函数表达式。

函数逼近为我们提供了解题思路，它是针对离散数据的一种数据处理方式。常用的两种方法为插值（interpolation）和回归（regression）。

（1）插值：指在离散数据的基础上补插连续函数，使得这条连续曲线通过全部给定的已知离散数据点，如图 3-2（a）所示。利用插值法，可通过函数在有限个点处的取值状况估算出函数在其他点处的近似值。

（2）回归：利用一系列数据点确定一个函数，按照一定的误差准则要求，使得已知离散数据点与确定函数的误差最小，回归函数不需严格满足数据点条件，如图 3-2（b）所示。

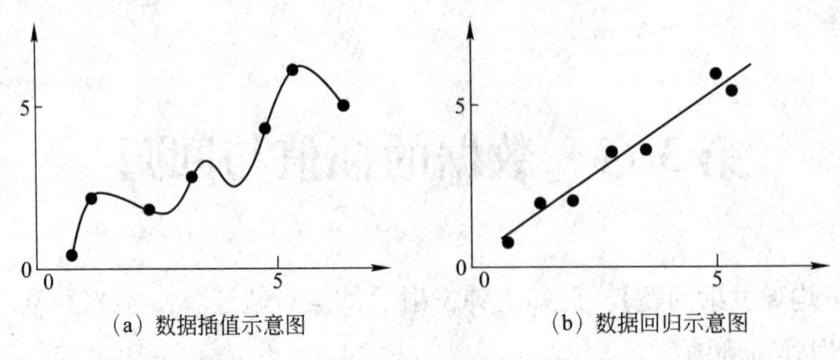

图 3-2　数据插值与数据回归的示意图

【引例 3-2：凸轮机构设计】　（见 1.1.1 节典型工程问题）

已知某圆柱凸轮底圆半径 $R=300$ mm，将底部圆周 18 等分，分点号与柱高 y_i 见表 3-1。

表 3-1　圆柱凸轮分点及其所对应的柱高

点号	0	1	2	3	4	5	6	7	8
角/(°)	0	20	40	60	80	100	120	140	160
柱高/mm	50.3	52.5	51.4	45.1	32.7	18.9	9.22	5.96	6.22
点号	9	10	11	12	13	14	15	16	17
角/(°)	180	200	220	240	260	280	300	320	340
柱高/mm	10.3	14.7	19.2	23.6	28.1	32.5	36.9	41.4	45.8

（1）为了数控加工，需要计算出任意角位置的柱高，如 35°、110°、250°对应的柱高。

采用不同的插值函数，得到任意指定角度的凸轮柱高，如图 3-3（a）和（b）所示。

（2）为了更好地描述此凸轮机构，需要得到圆柱凸轮端面上柱高轮廓近似曲线函数。

采用不同的回归函数，得到轮廓的近似函数表达式，如图 3-3（c）和（d）所示。

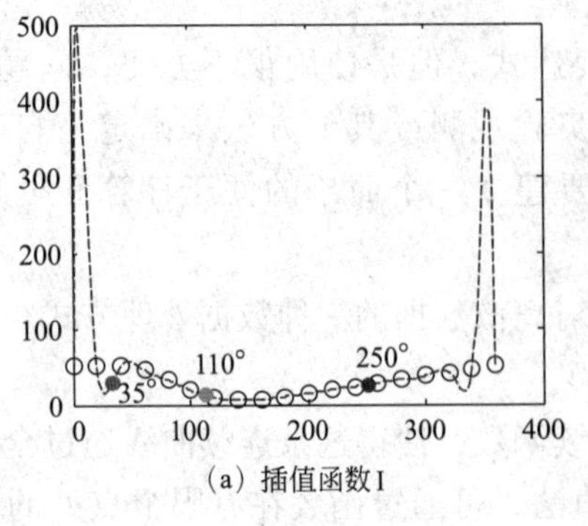

（a）插值函数Ⅰ

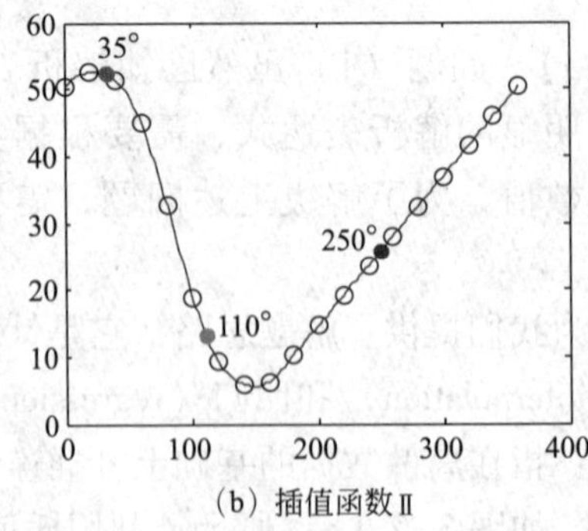

（b）插值函数Ⅱ

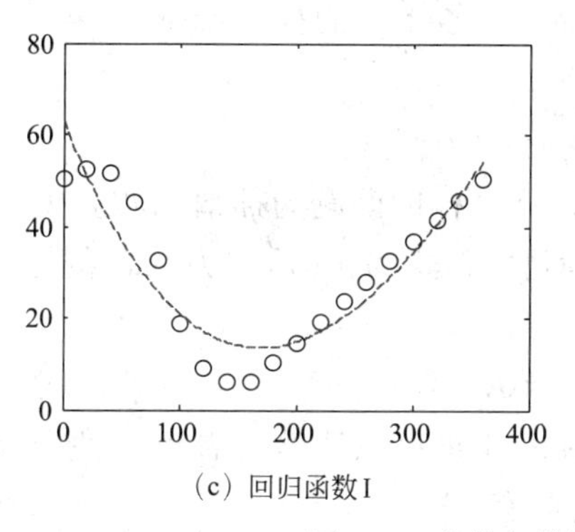

（c）回归函数Ⅰ

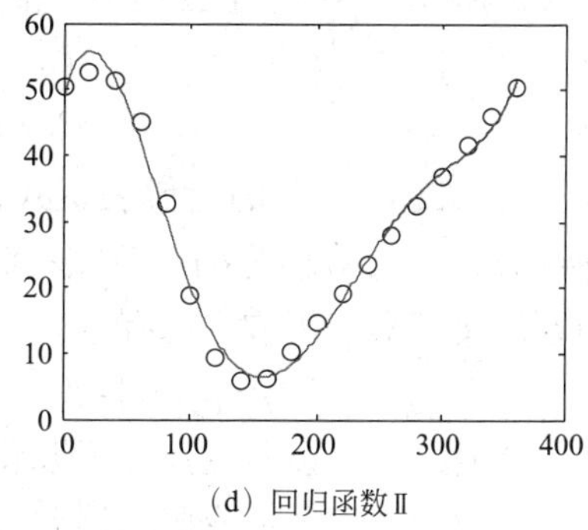

（d）回归函数Ⅱ

图3-3　凸轮机构设计：插值与回归

由图3-3可以看到，对数据点进行插值和回归时可以使用不同的插值函数和回归函数，得到的结果也是完全不同的，那么如何更加正确、有效地构造符合要求的函数就尤为重要。

3.1　数据的插值

构造某个简单函数作为不便于处理或计算函数的近似，然后通过处理简单函数获得相应的近似结果，当要求近似函数满足给定的离散数据点条件时，这种处理方法称为插值法，或者说函数插值是基于函数的离散数据点建立简单的数学模型。

若某未知函数 $y=f(x)$ 的 $n+1$ 个数据观测点见表3-2，试找一个函数 $y=p_n(x)$ 满足已知的数据点（见图3-4），即

$$y_i=p_n(x_i)\quad (i=0,1,2,\cdots,n) \tag{3-2}$$

表3-2　某函数的数据观测点数值

数据点	M_0 (x_0, y_0)	M_1 (x_1, y_1)	M_2 (x_2, y_2)	…	M_{n-1} (x_{n-1}, y_{n-1})	M_n (x_n, y_n)
自变量	x_0	x_1	x_2	…	x_{n-1}	x_n
因变量	y_0	y_1	y_2	…	y_{n-1}	y_n

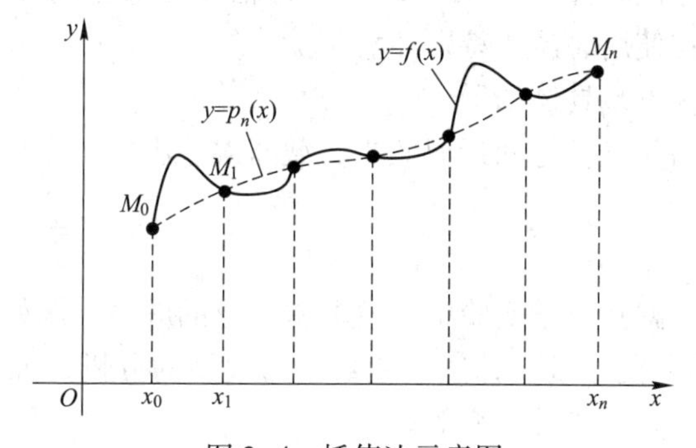

图3-4　插值法示意图

用式（3-2）所给函数估计数据点之间（或之外）的插值点 $x^*(\neq x_i)$ 处的函数值 y^*，即

$$y^*=p_n(x^*) \tag{3-3}$$

函数 $y=p_n(x)$ 作为函数 $y=f(x)$ 的近似表达式，称这样的问题为插值问题。$f(x)$ 称为被插值函数；点 $x_i(i=0,1,2,\cdots,n)$ 称为插值节点；满足关系式的 $p_n(x)$ 称为 $f(x)$ 的插值函数。

由插值问题定义可知，在节点处有

$$y_i-p_n(x_i)=0 \quad (i=0,1,2,\cdots,n) \tag{3-4}$$

而在其余点处，一般来说就会存在误差，从图 3-4 也可以清楚地看到这种误差的存在。这个误差称为插值函数的插值余项或截断误差，即有

$$R_n(x)=f(x)-p_n(x) \tag{3-5}$$

插值法分为内插和外推两类，如图 3-5 所示。

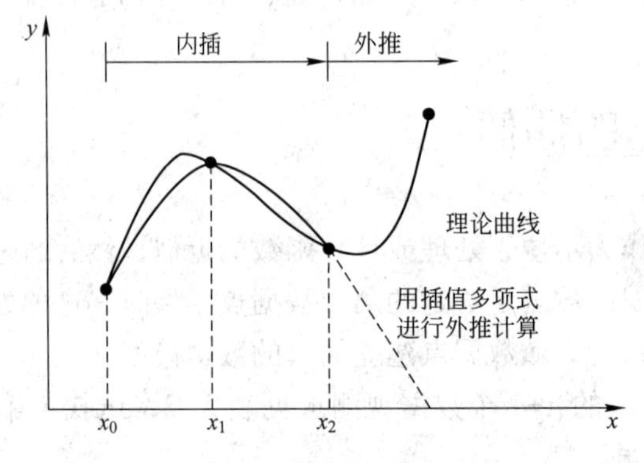

图 3-5　内插与外推示意图

对于插值节点 $x_i(i=0,\ 1,\ \cdots,\ n)$，存在

$$a\leqslant x_0<x_1<x_2<\cdots<x_n\leqslant b$$

区间［a，b］称为插值区间。

（1）内插。估计插值区间内数据点的值，即根据数据点 $x_i(i=0,\ 1,\ 2,\ \cdots,\ n)$ 估计数据点之间的值，称内插。内插一般可以获得比较准确的结果，距节点越近，精度越高。

（2）外推。根据数据点 $x_i(i=0,\ 1,\ 2,\ \cdots,\ n)$ 估计插值区间以外的值，称外推。外推值的误差可能会很大，在使用时需要特别注意。

插值法具有突出的优点，具体如下。

（1）在给定的范围内具有较好的近似效果，截断误差小。

（2）具有一定的平滑性。

（3）表达式简单，易于计算。

因此，插值在工程实践和科学实验中有着非常广泛的应用。例如，信息技术中的图像重构（见图 3-6）、机械零件的外观设计、实验数据与模型的分析、天文观测数据、地理信息数据的处理、社会经济现象的统计分析等。

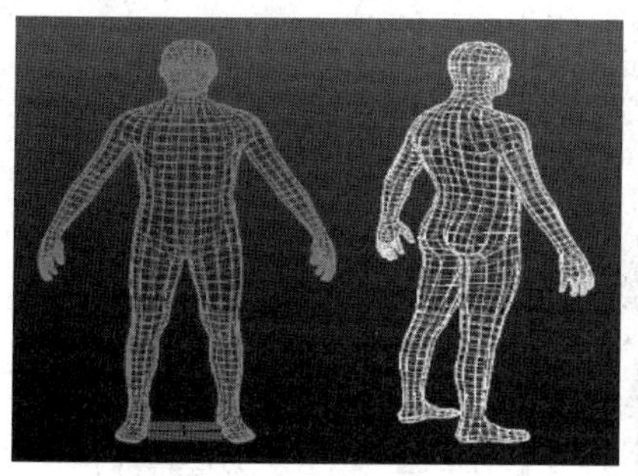
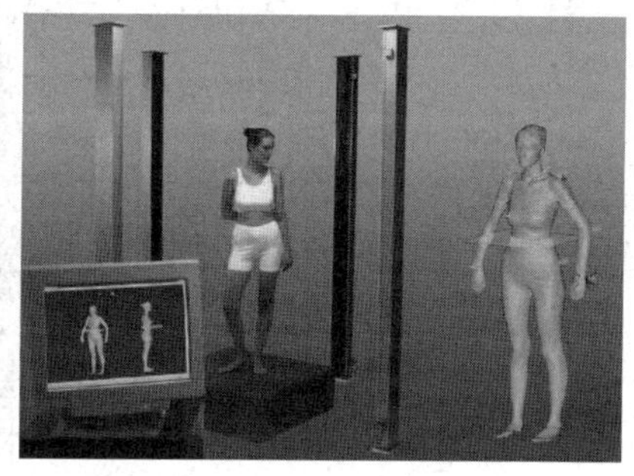

图3-6　插值法的应用——基于三维扫描数据的图像信息重构

由于插值函数$p_n(x)$的选择不同，就产生不同类型的插值。主要有以下类型。

（1）多项式插值函数：待定系数法、拉格朗日插值法、牛顿插值法。

（2）分段低次多项式插值函数：分段线性插值法、分段3次厄米特插值、分段3次样条插值。

（3）三角插值函数等。

【知识链接3-1】　插值法的历史

刘焯（公元6世纪）

牛顿（公元17世纪）

拉格朗日（公元18世纪）

- 公元6世纪我国的刘焯把等距2次内插（抛物线内插）应用于天文计算；
- 公元17世纪，牛顿（Newton）和格雷格里（Gregory）建立了等距节点上的一般插值公式；
- 公元18世纪，拉格朗日（Lagrange）给出了更一般的非等距节点插值公式。

多项式因其形式简单，数学性能好，是最常用的插值函数。设函数$y=f(x)$在区间$[a, b]$上有插值节点x_0，x_1，x_2，…，x_n，对应的函数值为y_0，y_1，y_2，…，y_n，构造一个n次代数多项式

$$p_n(x)=a_0+a_1x+a_2x^2+\cdots+a_nx^n \tag{3-6}$$

使得

$$p_n(x_i)=y_i \quad (i=0,1,2,\cdots,n) \tag{3-7}$$

即满足在$n+1$个节点上插值多项式$p_n(x)$和被插值函数$y=f(x)$的取值相等。

【讨论】　针对构造的n次多项式插值函数，需要验证其存在且唯一。

对$n+1$个数据点，插值多项式最高次数应为n，可以写出$n+1$个方程，即

$$\begin{cases}a_0+a_1x_0+a_2x_0^2+\cdots+a_nx_0^n=y_0\\a_0+a_1x_1+a_2x_1^2+\cdots+a_nx_1^n=y_1\\\vdots\\a_0+a_1x_n+a_2x_n^2+\cdots+a_nx_n^n=y_n\end{cases}\tag{3-8}$$

其中待定系数 a_0，a_1，…，a_n的系数行列式称为范德蒙（Vandermonde）行列式，可以写为

$$|A|=\begin{vmatrix}1 & x_0 & x_0^2 & \cdots & x_0^n\\1 & x_1 & x_1^2 & \cdots & x_1^n\\\vdots & \vdots & \vdots & & \vdots\\1 & x_n & x_n^2 & \cdots & x_n^n\end{vmatrix}=\prod_{n\geqslant i>j\geqslant 0}(x_i-x_j)\quad(x_i\neq x_j)\tag{3-9}$$

由于节点互异，所以$|A|\neq 0$，由克莱姆法则可知方程组（3-8）有唯一的一组解 a_0，a_1，…，a_n，也就是插值多项式（3-6）存在且唯一。

【知识链接 3-2】 线性代数：克莱姆法则

设线性代数方程组：

$$\begin{cases}a_{11}x_1+a_{12}x_2+\cdots+a_{1n}x_n=b_1\\a_{21}x_1+a_{22}x_2+\cdots+a_{2n}x_n=b_2\\\qquad\vdots\\a_{n1}x_1+a_{n2}x_2+\cdots+a_{nn}x_n=b_n\end{cases}$$

的系数矩阵行列式

$$D=\begin{vmatrix}a_{11} & a_{12} & \cdots & a_{1n}\\a_{21} & a_{22} & \cdots & a_{2n}\\\vdots & \vdots & & \vdots\\a_{n1} & a_{n2} & \cdots & a_{nn}\end{vmatrix}\neq 0$$

克莱姆（1704—1752）

则该线性方程组有且仅有唯一解：$x_1=\dfrac{D_1}{D}$，$x_2=\dfrac{D_2}{D}$，…，$x_n=\dfrac{D_n}{D}$

其中 D_j 表示把系数行列式 D 中第 j 列的元素用常数项代替后得到的行列式。

3.1.1 待定系数法

待定系数法是确定插值多项式函数时常用的一种方法。低阶代数多项式的比较分析见表 3-3，下面举例说明利用待定系数法求解插值多项式系数的算法思路。

表 3-3 低阶代数多项式分析

名称	表达式	图示	特点
1 次多项式（线性）	$p_1(x)=a_0+a_1x$		● 2 个数据点 ● 2 个待定系数

续表

名称	表达式	图示	特点
2 次多项式（抛物线）	$p_2(x)=a_0+a_1x+a_2x^2$		● 3 个数据点 ● 3 个待定系数
3 次多项式	$p_3(x)=a_0+a_1x+a_2x^2+a_3x^3$		● 4 个数据点 ● 4 个待定系数

【算例 3-1】　数据点见表 3-4，用待定系数法确定相应的插值函数。

表 3-4　给定数据点

i	0	1	2
x_i	1	4	6
y_i	0	1. 386 294	1. 791 759

解： 对于这 3 个数据点，插值多项式最高次数为 2，建立代数多项式函数并代入数据点的值，解出待定系数。

第 1 步：假设 2 次多项式插值函数（式中有 3 个待定系数）

$$p_2(x)=a_0+a_1x+a_2x^2$$

第 2 步：求解待定系数。代入数据点的值，得到待定系数方程组并求解

$$\begin{cases} a_0+a_1+a_2=0 \\ a_0+4a_1+16a_2=1.386\,294 \\ a_0+6a_1+36a_2=1.791\,759 \end{cases}$$

写成矩阵形式为：

$$\begin{bmatrix} 1 & 1 & 1 \\ 1 & 4 & 16 \\ 1 & 6 & 36 \end{bmatrix}\begin{bmatrix} a_0 \\ a_1 \\ a_2 \end{bmatrix}=\begin{bmatrix} 0 \\ 1.386\,294 \\ 1.791\,759 \end{bmatrix}$$

运用克莱姆法则，求得唯一解为

$$\begin{cases} a_0=-0.669\,590 \\ a_1=0.721\,464 \\ a_2=-0.051\,873 \end{cases}$$

插值函数曲线和数据点如图 3-7 所示。

【讨论】　假定某多项式函数

$$f(x)=\sum_{i=0}^{n}a_ix^i \tag{3-10}$$

其中 $a_i=(-1)^i\sqrt{i+1}$。讨论待定系数法求解多项式系数是否适用所有阶次的多项式问题。

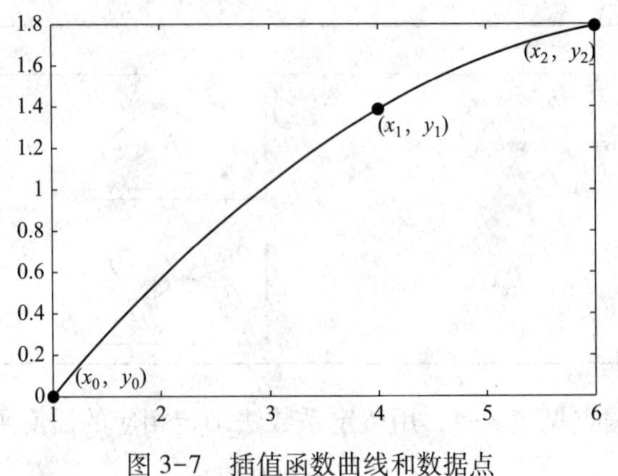

图 3-7　插值函数曲线和数据点

分别取 $n=5$ 和 $n=50$ 进行分析。

（1）$n=5$：在插值区间［0，1］内等间隔取 6 个观测数据点，采用 5 次插值多项式函数，结果如图 3-8 所示。

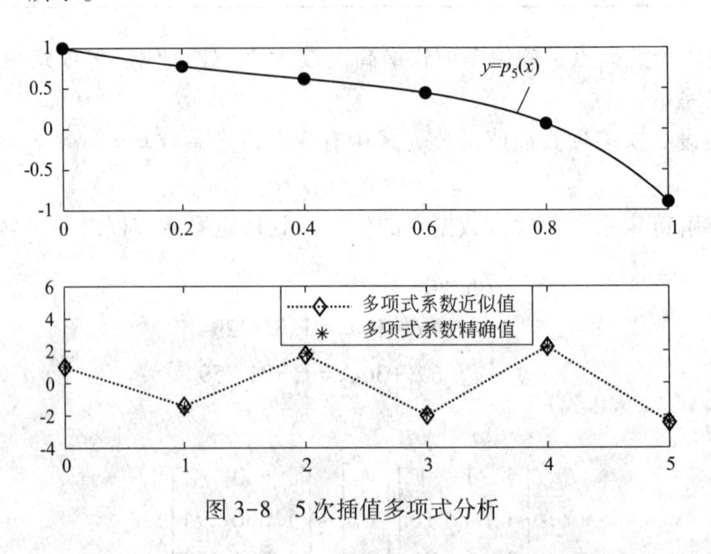

图 3-8　5 次插值多项式分析

（2）$n=50$：在插值区间［0，1］内等间隔取 51 个观测数据点，采用 50 次插值多项式函数，结果如图 3-9 所示。

比较图 3-8 和图 3-9 可知：随着插值节点数的增多，插值多项式函数的幂次数升高，则计算结果越偏离实际情况。原因在于：虽然系数行列式矩阵理论上是非奇异的，但实际计算时在某种给定的机器精度下获得的矩阵可能是接近奇异的，系数行列式矩阵的各列向量越来越接近“线性相关”，导致无法求解或解的精度不高，以致系统计算报错，如图 3-10 所示。

综合来看，运用待定系数法求解多项式插值函数存在一些不足之处，具体如下。

（1）需要解线性方程组，当数据点越多，方程组的规模越大，计算量越大。

（2）高次函数的待定系数方程组系数矩阵近似奇异，无法求解，或者解的精度不高。

（3）增加数据点时多项式的次数也要增加，需要重新计算，效率较低。

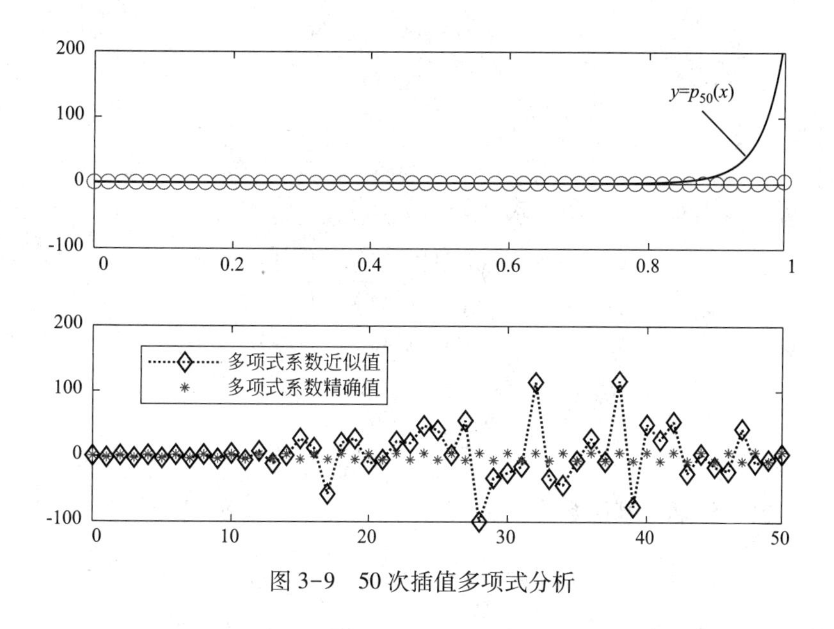

图 3-9 50 次插值多项式分析

```
Warning: Matrix is close to singular or badly scaled.
         Results may be inaccurate. RCOND = 8.406 935e-20.
```

图 3-10 高次多项式函数待定系数法求解时的系统报错

因此，需要思考如何避免和解决这些不足之处。最简单的办法就是在确定插值多项式系数时避免求解线性代数方程组，而使用其他的多项式函数形式。

对于该问题，拉格朗日插值法和牛顿插值法提供了新的解决思路。

3.1.2 拉格朗日插值法

拉格朗日插值多项式是一种在形式上不同于式（3-6）的插值多项式，这种多项式形式的明显优点是无需求解方程组，只要给出 $n+1$ 个互异节点及对应的函数值，便能直接写出这种形式的插值多项式。

1. 线性拉格朗日插值

已知函数 $y=f(x)$ 在节点 x_0 和 x_1 处的函数值为 y_0 和 y_1，求满足条件的线性插值函数。

第 1 步：建立 1 次多项式函数

$$L_1(x) = a_0+a_1x \tag{3-11}$$

第 2 步：代入已知数据点的值，满足条件

$$\begin{cases} L_1(x_0)=a_0+a_1x_0=y_0 \\ L_1(x_1)=a_0+a_1x_1=y_1 \end{cases} \tag{3-12}$$

第 3 步：由等式变换和消元，得到

$$\begin{cases} a_0 = \dfrac{x_1 y_0 - x_0 y_1}{x_1 - x_0} \\ a_1 = \dfrac{y_1 - y_0}{x_1 - x_0} \end{cases} \tag{3-13}$$

第 4 步：将上式代入原 1 次多项式（3-11），得

$$\begin{aligned} L_1(x) &= \frac{x_1 y_0 - x_0 y_1}{x_1 - x_0} + \frac{y_1 - y_0}{x_1 - x_0} x \\ &= \frac{x_1 y_0 - x_0 y_1 + x y_1 - x y_0}{x_1 - x_0} \\ &= \frac{x - x_1}{x_0 - x_1} y_0 + \frac{x - x_0}{x_1 - x_0} y_1 \end{aligned} \tag{3-14}$$

第 5 步：定义线性插值基函数

$$l_0(x) = \frac{x - x_1}{x_0 - x_1};\ l_1(x) = \frac{x - x_0}{x_1 - x_0} \tag{3-15}$$

满足标准正交条件，即

$$\begin{cases} l_0(x_0) = 1;\ l_0(x_1) = 0 \\ l_1(x_0) = 0;\ l_1(x_1) = 1 \end{cases} \tag{3-16}$$

则线性拉格朗日插值函数可以表示为基函数的线性组合，即

$$L_1(x) = l_0(x) y_0 + l_1(x) y_1 \tag{3-17}$$

【知识链接 3-3】 线性代数：正交与正交基

对于两个 n 维列向量：$\boldsymbol{X} = [x_1,\ x_2,\ \cdots,\ x_n]^{\mathrm{T}}$，$\boldsymbol{Y} = [y_1,\ y_2,\ \cdots,\ y_n]^{\mathrm{T}}$

若满足：$\boldsymbol{X}^{\mathrm{T}} \boldsymbol{Y} = x_1 y_1 + x_2 y_2 + \cdots + x_n y_n = 0$

则称向量 $\boldsymbol{X}$ 与 $\boldsymbol{Y}$ 相互正交。

在 n 维欧氏空间中，由一组向量组成的正交向量组称为正交基，由一组单位向量组成的正交基称为标准正交基。

【算例 3-2】 已知被插值函数 $f(x) = \sin x$，其插值节点及函数值见表 3-5。

表 3-5 插值节点及函数值

i	0	1
x_i	0	π/6
y_i	0	1/2

试运用拉格朗日插值基函数构造线性插值多项式。

解： 第 1 步：构造插值基函数

$$\begin{cases} l_0(x) = \dfrac{x - x_1}{x_0 - x_1} = 1 - \dfrac{6}{\pi} x \\ l_1(x) = \dfrac{x - x_0}{x_1 - x_0} = \dfrac{6}{\pi} x \end{cases}$$

第 2 步：线性拉格朗日插值函数

$$L_1(x)=l_0(x)y_0+l_1(x)y_1=\frac{3}{\pi}x$$

线性插值函数与被插值函数的比较如图 3-11 所示。

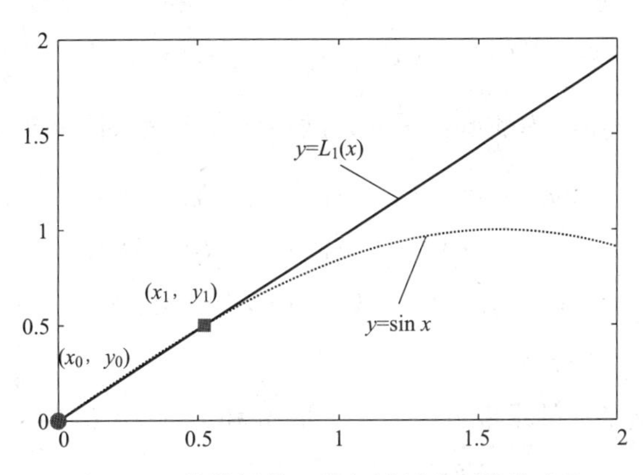

图 3-11　线性插值函数与被插值函数的比较

【算例 3-3】　已知被插值函数 $f(x)=\sqrt{x}$，其插值节点及函数值见表 3-6。

表 3-6　插值节点及函数值

i	0	1
x_i	100	121
y_i	10	11

试运用拉格朗日插值基函数构造线性插值多项式，并计算 $x=115$ 时的函数值，即 $\sqrt{115}$。

解：第 1 步：构造插值基函数

$$\begin{cases} l_0(x)=\dfrac{x-x_1}{x_0-x_1}=\dfrac{121-x}{21} \\ l_1(x)=\dfrac{x-x_0}{x_1-x_0}=\dfrac{x-100}{21} \end{cases}$$

第 2 步：线性拉格朗日插值函数

$$L_1(x)=l_0(x)y_0+l_1(x)y_1=\frac{x+110}{21}$$

第 3 步：求解目标值

$$\sqrt{115}\approx L_1(115)=\frac{115+110}{21}\approx 10.7143$$

第 4 步：误差估计

为了验证拉格朗日插值法的准确性，根据参考值 $\sqrt{115}=10.7238$（小数点后保留 4 位），可计算得到绝对误差和相对误差分别为

$$\begin{cases} e=0.0095 \\ e_r=0.0886\% \end{cases}$$

2. 2 次拉格朗日插值

已知函数 $y=f(x)$ 在节点 x_0，x_1，x_2 处的函数值分别为 y_0，y_1，y_2，求满足条件的 2 次插值函数。

第 1 步：构造 2 次拉格朗日函数

$$L_2(x)=l_0(x)y_0+l_1(x)y_1+l_2(x)y_2 \tag{3-18}$$

其中 $l_0(x)$，$l_1(x)$，$l_2(x)$ 为插值基函数，满足标准正交条件，即

$$\begin{cases} l_0(x_0)=1; & l_0(x_1)=0; & l_0(x_2)=0 \\ l_1(x_0)=0; & l_1(x_1)=1; & l_1(x_2)=0 \\ l_2(x_0)=0; & l_2(x_1)=0; & l_2(x_2)=1 \end{cases} \tag{3-19}$$

第 2 步：确定插值基函数形式

以 $l_0(x)$ 为例说明基函数的求取方法。当 x 取 x_1 和 x_2 时，$l_0(x)=0$，也即

$$l_0(x)=\lambda_0(x-x_1)(x-x_2) \tag{3-20}$$

又当 x 取 x_0 时，$l_0(x)=1$，则有

$$\lambda_0=\frac{1}{(x_0-x_1)(x_0-x_2)} \tag{3-21}$$

将式（3-21）代入式（3-20），整理得到

$$l_0(x)=\frac{(x-x_1)(x-x_2)}{(x_0-x_1)(x_0-x_2)} \tag{3-22}$$

同理可得另外两个基函数，即

$$\begin{aligned} l_1(x)&=\frac{(x-x_0)(x-x_2)}{(x_1-x_0)(x_1-x_2)} \\ l_2(x)&=\frac{(x-x_0)(x-x_1)}{(x_2-x_0)(x_2-x_1)} \end{aligned} \tag{3-23}$$

则 2 次拉格朗日插值函数可以表示为基函数的线性组合，即

$$L_2(x)=\frac{(x-x_1)(x-x_2)}{(x_0-x_1)(x_0-x_2)}y_0+\frac{(x-x_0)(x-x_2)}{(x_1-x_0)(x_1-x_2)}y_1+\frac{(x-x_0)(x-x_1)}{(x_2-x_0)(x_2-x_1)}y_2 \tag{3-24}$$

【算例 3-4】 已知被插值函数 $f(x)=\sin x$，其插值节点及函数值见表 3-7。

表 3-7 插值节点及函数值

i	0	1	2
x_i	0	$\pi/6$	$\pi/2$
y_i	0	1/2	1

试运用拉格朗日插值基函数构造 2 次插值多项式。

解：第 1 步：构造插值基函数

$$\begin{cases} l_0(x)=\dfrac{(x-x_1)(x-x_2)}{(x_0-x_1)(x_0-x_2)}=\dfrac{12}{\pi^2}\left(x-\dfrac{\pi}{6}\right)\left(x-\dfrac{\pi}{2}\right) \\ l_1(x)=\dfrac{(x-x_0)(x-x_2)}{(x_1-x_0)(x_1-x_2)}=-\dfrac{18}{\pi^2}x\left(x-\dfrac{\pi}{2}\right) \\ l_2(x)=\dfrac{(x-x_0)(x-x_1)}{(x_2-x_0)(x_2-x_1)}=\dfrac{6}{\pi^2}x\left(x-\dfrac{\pi}{6}\right) \end{cases}$$

第 2 步：2 次拉格朗日插值函数

$$L_2(x)=l_0(x)y_0+l_1(x)y_1+l_2(x)y_2=\frac{7}{2\pi}x-\frac{3}{\pi^2}x^2$$

2 次插值函数与被插值函数的比较如图 3-12 所示。

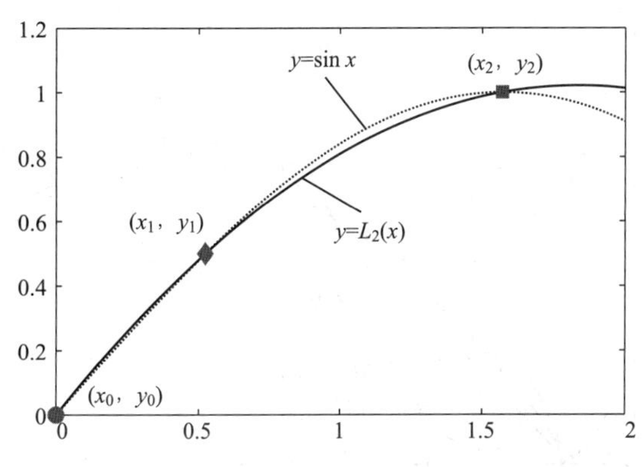

图 3-12　2 次插值函数与被插值函数的比较

【算例 3-5】　已知被插值函数 $f(x)=\ln x$，其插值节点及函数值见表 3-8。

表 3-8　插值节点及函数值

i	0	1	2
x_i	1	4	6
y_i	0	1. 386 294	1. 791 759

试运用拉格朗日插值基函数构造 2 次插值多项式，并计算 $x=2$ 时的函数值，即 ln 2。

解：第 1 步：构造插值基函数

$$\begin{cases} l_0(x)=\dfrac{(x-4)(x-6)}{(1-4)(1-6)}=\dfrac{1}{15}(24-10x+x^2) \\ l_1(x)=\dfrac{(x-1)(x-6)}{(4-1)(4-6)}=-\dfrac{1}{6}(6-7x+x^2) \\ l_2(x)=\dfrac{(x-1)(x-4)}{(6-1)(6-4)}=\dfrac{1}{10}(4-5x+x^2) \end{cases}$$

第 2 步：2 次插值函数

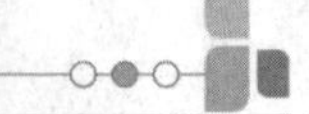

$$L_2(x)=l_0(x)y_0+l_1(x)y_1+l_2(x)y_2$$
$$=-\frac{1}{6}(6-7x+x^2)\times 1.386\ 294+\frac{1}{10}(4-5x+x^2)\times 1.791\ 759$$

第 3 步：求解目标值

$$\ln 2\approx L_2(2)\approx 0.565\ 8$$

第 4 步：误差估计

为了验证拉格朗日插值法的准确性，根据参考值 ln 2 = 0.693 1（小数点后保留 4 位），可计算得到绝对误差和相对误差分别为

$$\begin{cases}e=0.127\ 3\\ e_r=18.37\%\end{cases}$$

【讨论】 进一步得到线性插值函数、2 次插值函数与被插值函数，如图 3-13 所示。

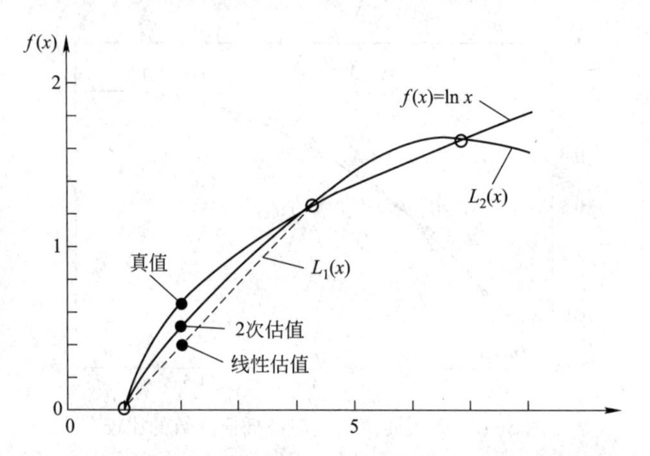

图 3-13 线性插值函数、2 次插值函数与被插值函数的比较

可见无论线性插值还是 2 次插值，对于该函数的插值误差都比较大，思考以下问题。

（1）如何提高插值计算的精度？通过增加插值节点数和插值函数的次数，是否可以提高插值计算的精度？

（2）依据线性插值和 2 次插值多项式基函数的特点和构造方法，可否推广得出 n 次拉格朗日插值多项式的基函数表达式？

3. n 次拉格朗日插值多项式

对 2 个、3 个插值节点的待定系数法和拉格朗日插值基函数构造法进行比较，见表 3-9。

表 3-9 待定系数法和拉格朗日插值基函数构造法的比较

名称	表达式	特点
待定系数法	$p_1(x)=a_0+a_1x$，$p_2(x)=a_0+a_1x+a_2x^2$	形式简单直观，需要求解代数方程组
拉格朗日插值基函数构造法	$L_1(x)=l_0(x)y_0+l_1(x)y_1$	● 不需要求解代数方程组，避免出现病态问题；
	$L_2(x)=l_0(x)y_0+l_1(x)y_1+l_2(x)y_2$	● 结构复杂，但有明显规律，可推广到高次多项式

根据基函数构造法的规律特点，可以推广得到

$$L_3(x)=\frac{(x-x_1)(x-x_2)(x-x_3)}{(x_0-x_1)(x_0-x_2)(x_0-x_3)}y_0+\frac{(x-x_0)(x-x_2)(x-x_3)}{(x_1-x_0)(x_1-x_2)(x_1-x_3)}y_1$$
$$+\frac{(x-x_0)(x-x_1)(x-x_3)}{(x_2-x_0)(x_2-x_1)(x_2-x_3)}y_2+\frac{(x-x_0)(x-x_1)(x-x_2)}{(x_3-x_0)(x_3-x_1)(x_3-x_2)}y_3 \tag{3-25}$$

继续推广，$n+1$ 个互异数据点的 n 次拉格朗日插值多项式可以写为

$$L_n(x)=\sum_{j=0}^{n} l_j(x)y_j \tag{3-26}$$

其中插值基函数

$$l_j(x)=\frac{(x-x_0)\cdots(x-x_{j-1})(x-x_{j+1})\cdots(x-x_n)}{(x_j-x_0)\cdots(x_j-x_{j-1})(x_j-x_{j+1})\cdots(x_j-x_n)} \tag{3-27}$$

满足表 3-10 的标准正交条件。

表 3-10　拉格朗日插值基函数的标准正交条件

	x_0	x_1	…	x_n
$l_0(x)$	1	0	…	0
$l_1(x)$	0	1	…	0
⋮	⋮	⋮		⋮
$l_n(x)$	0	0	…	1

可简写为

$$l_j(x_k)=\begin{cases}1, & j=k\\0, & j\neq k\end{cases}\quad (j,k=0,1,2,\cdots,n) \tag{3-28}$$

插值函数满足插值条件：

$$L_n(x_i)=y_i\quad (i=0,1,2,\cdots,n) \tag{3-29}$$

【算例 3-6】　已知被插值函数 $f(x)=\sin x$，其插值节点及函数值见表 3-11。

表 3-11　插值节点及函数值

i	0	1	2	3	4
x_i	0	$\pi/6$	$\pi/4$	$\pi/3$	$\pi/2$
y_i	0	1/2	$\sqrt{2}/2$	$\sqrt{3}/2$	1

试运用拉格朗日插值基函数构造 4 次插值多项式，并计算 $x=\pi/12$ 时的函数值，即 $\sin(\pi/12)$。

解：第 1 步：构造插值基函数

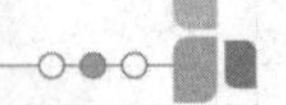

$$\begin{cases} l_0(x)=\dfrac{144}{\pi^4}\left(x-\dfrac{\pi}{6}\right)\left(x-\dfrac{\pi}{4}\right)\left(x-\dfrac{\pi}{3}\right)\left(x-\dfrac{\pi}{2}\right) \\ l_1(x)=\dfrac{-1\ 296}{\pi^4}x\left(x-\dfrac{\pi}{4}\right)\left(x-\dfrac{\pi}{3}\right)\left(x-\dfrac{\pi}{2}\right) \\ l_2(x)=\dfrac{2\ 304}{\pi^4}x\left(x-\dfrac{\pi}{6}\right)\left(x-\dfrac{\pi}{3}\right)\left(x-\dfrac{\pi}{2}\right) \\ l_3(x)=-\dfrac{1\ 296}{\pi^4}x\left(x-\dfrac{\pi}{6}\right)\left(x-\dfrac{\pi}{4}\right)\left(x-\dfrac{\pi}{2}\right) \\ l_4(x)=\dfrac{144}{\pi^4}x\left(x-\dfrac{\pi}{6}\right)\left(x-\dfrac{\pi}{4}\right)\left(x-\dfrac{\pi}{3}\right) \end{cases}$$

第 2 步：4 次插值多项式函数

$$L_4(x)=l_0(x)y_0+l_1(x)y_1+l_2(x)y_2+l_3(x)y_3+l_4(x)y_4$$

第 3 步：求解目标值

$$\sin(\pi/12)\approx L_4(\pi/12)\approx 0.258\ 6$$

第 4 步：误差估计

为了验证拉格朗日插值法的准确性，根据参考值 $\sin(\pi/12)=0.258\ 8$（小数点后保留 4 位），可计算得到绝对误差和相对误差分别为

$$\begin{cases} e=0.000\ 2 \\ e_r=0.077\ 3\% \end{cases}$$

【讨论】 拉格朗日多项式插值函数存在的不足之处如下。

(1) 拉格朗日多项式插值公式 $L_n(x)$ 是基于 $n+1$ 个数据点构造的插值函数，若新增 m 个节点，就需要采用更高次的插值公式。

(2) 求解 $L_{n+m}(x)$ 时，前面计算过的 $L_n(x)$ 不能被利用，需要全部重新计算，造成计算资源的极大浪费。

针对以上问题，可以采取牛顿插值法解决。

3.1.3 牛顿插值法

牛顿插值法是一种具有承袭性的插值方法，它的使用比较灵活。当增加插值节点时，只要在原来的基础上增加部分计算工作量，而原来的计算结果仍可利用，这为实际计算带来了方便，而且表达形式也很简明，便于进行理论分析。

已知函数 $f(x)$ 在 $n+1$ 个互异节点 x_i（$i=0, 1, 2, \cdots, n$）上的函数值分别为 $f(x_i)$，则 $f(x)$ 关于节点 x_0 和 x_k 的 1 阶差商为

$$f[x_0,x_k]=\frac{f(x_k)-f(x_0)}{x_k-x_0}\quad (k\geqslant 1) \tag{3-30}$$

$f(x)$ 关于节点 x_0，x_1，x_k 的 2 阶差商为

$$f[x_0,x_1,x_k]=\frac{f[x_1,x_k]-f[x_0,x_1]}{x_k-x_0}=\frac{\dfrac{f(x_k)-f(x_1)}{x_k-x_1}-\dfrac{f(x_1)-f(x_0)}{x_1-x_0}}{x_k-x_0}\quad (k\geqslant 2) \tag{3-31}$$

同理，关于 $k+1$ 个插值节点 x_0，x_1，…，x_{k-1}，x_k 的 k 阶差商可以写为

$$f[x_0,x_1,\cdots,x_{k-1},x_k]=\frac{f[x_1,x_2,\cdots,x_k]-f[x_0,x_1,\cdots,x_{k-1}]}{x_k-x_0} \tag{3-32}$$

构造各阶差商见表3-12。

表3-12　各阶差商

x_i	y_i	1阶差商	2阶差商	…	$n-1$ 阶差商	n 阶差商
x_0	y_0					
x_1	y_1	$f[x_0,\ x_1]$				
x_2	y_2	$f[x_1,\ x_2]$	$f[x_0,\ x_1,\ x_2]$			
x_3	y_3	$f[x_2,\ x_3]$	$f[x_1,\ x_2,\ x_3]$			
⋮	⋮	⋮	⋮		⋮	
x_{n-2}	y_{n-2}	$f[x_{n-3},\ x_{n-2}]$	$f[x_{n-4},\ x_{n-3},\ x_{n-2}]$			
x_{n-1}	y_{n-1}	$f[x_{n-2},\ x_{n-1}]$	$f[x_{n-3},\ x_{n-2},\ x_{n-1}]$		$f[x_0,\ x_1,\ \cdots,\ x_{n-1}]$	
x_n	y_n	$f[x_{n-1},\ x_n]$	$f[x_{n-2},\ x_{n-1},\ x_n]$		$f[x_1,\ x_2,\ \cdots,\ x_n]$	$f[x_0,\ x_1,\ \cdots,\ x_n]$

由表3-12可知，增加节点时要提高插值次数，前面计算过的低阶差商可以保留并采用，利用这一特点，避免重复运算，实现计算机的高效计算。

1. 线性（1次）牛顿插值多项式

已知函数 $y=f(x)$ 在节点 x_0 和 x_1 处的函数值为 y_0 和 y_1，根据线性拉格朗日插值函数进行变换

$$\begin{aligned}L_1(x)&=\frac{x-x_1}{x_0-x_1}y_0+\frac{x-x_0}{x_1-x_0}y_1\\&=\frac{x_1-x_0+x_0-x}{x_1-x_0}y_0+\frac{x-x_0}{x_1-x_0}y_1\\&=y_0+\frac{y_1-y_0}{x_1-x_0}(x-x_0)\end{aligned} \tag{3-33}$$

令 $b_0=y_0$，$b_1=\frac{y_1-y_0}{x_1-x_0}=f[x_0,\ x_1]$，则得到线性牛顿插值函数的形式为

$$N_1(x)=L_1(x)=b_0+b_1(x-x_0) \tag{3-34}$$

2. 2次牛顿插值多项式

已知函数 $y=f(x)$ 在节点 x_0，x_1，x_2 处的函数值 y_0，y_1，y_2，根据2次拉格朗日插值函数进行变换

$$\begin{aligned}L_2(x)&=l_0(x)y_0+l_1(x)y_1+l_2(x)y_2\\&=\frac{(x-x_1)(x-x_2)}{(x_0-x_1)(x_0-x_2)}y_0+\frac{(x-x_0)(x-x_2)}{(x_1-x_0)(x_1-x_2)}y_1+\frac{(x-x_0)(x-x_1)}{(x_2-x_0)(x_2-x_1)}y_2\\&=y_0+\frac{y_1-y_0}{x_1-x_0}(x-x_0)+\frac{\frac{y_2-y_1}{x_2-x_1}-\frac{y_1-y_0}{x_1-x_0}}{x_2-x_0}(x-x_0)(x-x_1)\end{aligned} \tag{3-35}$$

令

$$b_2=\frac{\frac{y_2-y_1}{x_2-x_1}-\frac{y_1-y_0}{x_1-x_0}}{x_2-x_0}=\frac{f[x_1,x_2]-f[x_0,x_1]}{x_2-x_0}=f[x_0,x_1,x_2] \tag{3-36}$$

则得到 2 次牛顿插值函数的形式为

$$N_2(x)=L_2(x)=b_0+b_1(x-x_0)+b_2(x-x_0)(x-x_1) \tag{3-37}$$

比较式（3-37）和式（3-34），可见 2 次牛顿插值公式的前两项与线性牛顿插值公式相同。

3. n 次牛顿插值多项式

同理，若已知 4 个数据点，则可以得到 3 次牛顿插值多项式（推导过程略）

$$N_3(x)=b_0+b_1(x-x_0)+b_2(x-x_0)(x-x_1)+b_3(x-x_0)(x-x_1)(x-x_2) \tag{3-38}$$

其中

$$b_3=\frac{f[x_1,x_2,x_3]-f[x_0,x_1,x_2]}{x_3-x_0}=f[x_0,x_1,x_2,x_3] \tag{3-39}$$

为函数 $f(x)$ 关于插值节点 x_0，x_1，x_2，x_3 的 3 阶差商。

比较式（3-38）和式（3-37），可见 3 次牛顿插值公式的前 3 项与 2 次牛顿插值公式相同，在其基础上包含了第 4 个数据点 x_3 的相关信息。

根据上述规律，结合插值多项式的存在和唯一性定理，可得到 n 次牛顿插值多项式：

$$\begin{aligned}N_n(x) &= L_n(x) = \sum_{j=0}^{n} l_j(x)y_j \\ &= b_0 + b_1(x-x_0) + b_2(x-x_0)(x-x_1) + \cdots + b_n(x-x_0)(x-x_1)\cdots(x-x_{n-1})\end{aligned} \tag{3-40}$$

其中

$$b_0=y_0,\ b_1=f[x_0,x_1],\ b_2=f[x_0,x_1,x_2],\cdots,\ b_n=f[x_0,x_1,x_2,\cdots,x_n] \tag{3-41}$$

【算例 3-7】 已知被插值函数 $f(x)=\ln x$，其插值节点及函数值见表 3-13。

表 3-13　插值节点及函数值

i	0	1	2
x_i	1	4	6
y_i	0	1.386 294	1.791 759

试构造 2 次牛顿插值多项式函数，并计算 $x=2$ 时的函数值，即 ln 2。

解：第 1 步：求解各阶差商

$$b_0=f(x_0)=y_0=0$$

$$b_1=f[x_0,x_1]=\frac{y_1-y_0}{x_1-x_0}=0.462\ 098$$

$$b_2=f[x_0,x_1,x_2]=\frac{\frac{y_2-y_1}{x_2-x_1}-b_1}{x_2-x_0}=-0.051\ 873$$

第 2 步：2 次牛顿插值函数

$$N_2(x)=b_0+b_1(x-x_0)+b_2(x-x_0)(x-x_1)$$
$$=0.462\,098(x-1)-0.051\,873(x-1)(x-4)$$

第 3 步：求解目标值

$$\ln 2\approx N_2(2)\approx 0.565\,8$$

根据参考值 ln 2=0.693 1（小数点后保留 4 位），可得误差为

$$\begin{cases}e=0.127\,3\\e_r=18.37\%\end{cases}$$

第 4 步：问题讨论（增加节点后的分析），增加节点后的数据见表 3-14。

表 3-14　增加节点后的数据表

i	0	1	2	3	4
x_i	1	4	6	8	10
y_i	0	1.386 294	1.791 759	2.079 442	2.302 585

（1）当增加一个节点 $M_3(8,\ 2.079\,442)$，新增计算 3 阶差商

$$b_3=\frac{f[x_1,x_2,x_3]-f[x_0,x_1,x_2]}{x_3-x_0}=0.005\,305$$

根据牛顿插值法的承袭性得到

$$N_3(x)=N_2(x)+b_3(x-1)(x-4)(x-6)$$

则求解目标值

$$\ln 2\approx N_3(2)\approx 0.608\,2$$

根据参考值 ln 2=0.693 1（小数点后保留 4 位），可得误差为

$$\begin{cases}e=0.084\,9\\e_r=12.25\%\end{cases}$$

（2）继续增加节点 $M_4(10,\ 2.302\,585)$，新增计算 4 阶差商

$$b_4=\frac{f[x_1,x_2,x_3,x_4]-f[x_0,x_1,x_2,x_3]}{x_4-x_0}=-0.000\,466$$

根据牛顿插值法的承袭性得到

$$N_4(x)=N_3(x)+b_4(x-1)(x-4)(x-6)(x-8)$$

则求解目标值

$$\ln 2\approx N_4(2)\approx 0.630\,6$$

根据参考值 ln 2=0.693 1（小数点后保留 4 位），可得误差为

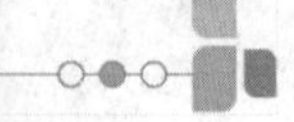

$$\begin{cases}e=0.062\ 5\\ e_r=9.02\%\end{cases}$$

第5步：结果比较。对线性（1次）、2次、3次和4次牛顿插值函数进行比较，如图3-14所示。

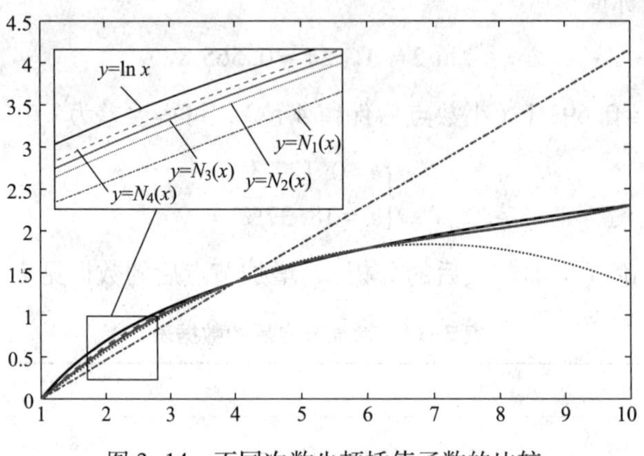

图3-14　不同次数牛顿插值函数的比较

可见，采用高次插值有助于提高插值多项式对于被插值函数的逼近程度，即节点越多，次数越高，精度就越高。但此结论是否适用于任何情况，要做进一步的研究讨论。

【算例3-8】 对函数$f(x)=\dfrac{1}{1+x^2}$的各次牛顿插值多项式进行比较。

解： 根据式（3-40）的牛顿插值法公式，在插值区间［-5，5］内等间隔取插值节点，分别建立不同次的牛顿插值函数$N_4(x)$和$N_8(x)$，对插值函数与被插值函数的计算结果进行比较，出现龙格现象，如图3-15所示。

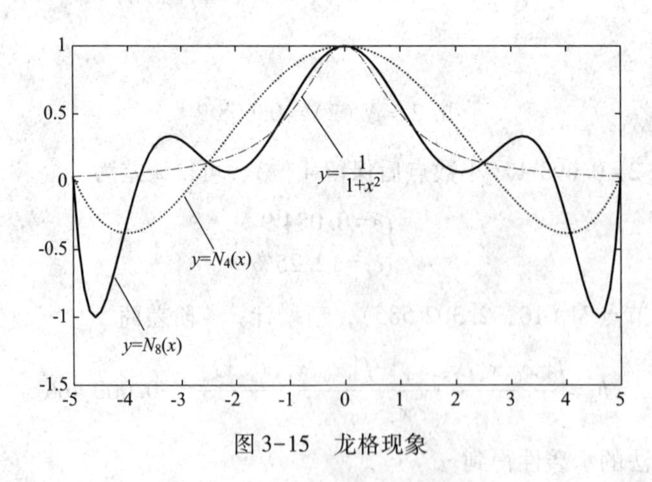

图3-15　龙格现象

从图3-15可以看出，随着节点的加密，采用高次插值，虽然插值函数会在更多的点上与所逼近函数取相同的值，但从整体上看，这样做不一定能改善逼近效果。事实上，当n增大时，插值函数$N_n(x)$在两端会发生激烈的振荡，只在某个局部小区间内插值多项式才收敛于被插值函数，这就是所谓的龙格现象。

【讨论】　龙格现象如何克服？

（1）高次多项式插值函数在插值节点是精确的，但在非插值节点的误差可能会很大；所有插值节点的信息对任何一个非插值节点的值都有影响，有时并不合适，如飞机叶片截面，人体扫描数据拟合等（见图 3-16）。

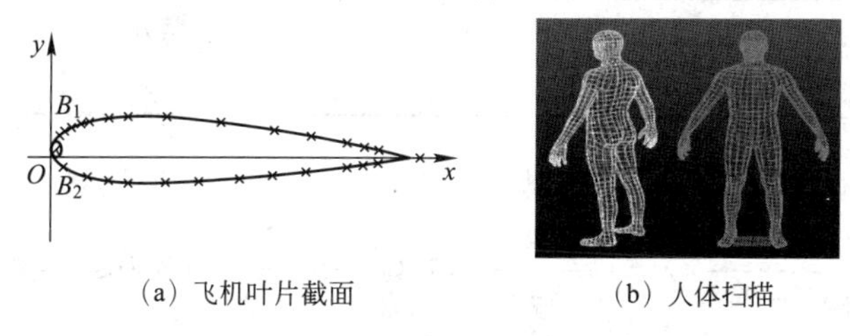

（a）飞机叶片截面　　（b）人体扫描

图 3-16　插值法的应用实例

（2）为克服高次插值所带来的振荡和误差问题，将插值区间分成若干个小的子段，在每个子段进行低次插值，然后互相连接，这时就可获得一定的逼近效果，这种把插值区间分段的方法就是分段插值。

（3）工程问题中，用 3 次以上的高次多项式进行插值的并不多，多采用分段低次插值法。典型的分段低次插值比较见表 3-15，包括分段线性插值、分段 3 次厄米特插值、分段 3 次样条插值。后面将分别对 3 种分段低次插值函数的构造方法进行介绍。

表 3-15　典型的分段低次插值和特点

名称	节点处函数值	节点处 1 阶导数	节点处 2 阶导数
分段线性插值	相等	不相等	不相等
分段 3 次厄米特插值	相等	相等	不相等
分段 3 次样条插值	相等	相等	相等

3.1.4　分段线性插值法

设函数 $y=f(x)$ 在区间 $[a,\ b]$ 上有插值节点 x_0，x_1，x_2，…，x_n，对应的函数值为 y_0，y_1，y_2，…，y_n，根据两个节点的线性拉格朗日插值函数构造方法，分段线性插值公式为

$$S(x)=\begin{cases}\dfrac{x-x_1}{x_0-x_1}y_0+\dfrac{x-x_0}{x_1-x_0}y_1 & (x_0\leqslant x\leqslant x_1)\\ \dfrac{x-x_2}{x_1-x_2}y_1+\dfrac{x-x_1}{x_2-x_1}y_2 & (x_1\leqslant x\leqslant x_2)\\ \vdots & \\ \dfrac{x-x_n}{x_{n-1}-x_n}y_{n-1}+\dfrac{x-x_{n-1}}{x_n-x_{n-1}}y_n & (x_{n-1}\leqslant x\leqslant x_n)\end{cases} \tag{3-42}$$

【算例 3-9】 由表 3-16 所给的 4 组数据点，根据分段线性插值函数计算 $x=5$ 时的近似值。

表 3-16　给定数据点

i	0	1	2	3
x_i	3.0	4.5	7.0	9.0
y_i	2.5	1.0	2.5	0.5

解： 第 1 步：构造分段线性插值函数

$$S(x)=\begin{cases}\dfrac{x-4.5}{3.0-4.5}\times 2.5+\dfrac{x-3.0}{4.5-3.0}\times 1.0=-5.5+x & (3.0\leqslant x\leqslant 4.5)\\ \dfrac{x-7.0}{4.5-7.0}\times 1.0+\dfrac{x-4.5}{7.0-4.5}\times 2.5=-1.7+0.6x & (4.5\leqslant x\leqslant 7.0)\\ \dfrac{x-9.0}{7.0-9.0}\times 2.5+\dfrac{x-7.0}{9.0-7.0}\times 0.5=9.5-x & (7.0\leqslant x\leqslant 9.0)\end{cases}$$

第 2 步：确定子区间并求目标值。根据 $x=5$ 所属的子区间确定分段线性插值函数，可得

$$S(5)=1.3$$

第 3 步：用求得的线性插值函数表达式，计算已知点的函数值

$$S(3.0)=2.5;\quad S(4.5)=1.0;\quad S(7.0)=2.5;\quad S(9.0)=0.5$$

可见构造的分段线性插值函数满足插值条件。

第 4 步：问题讨论。对分段线性插值和 3 次牛顿插值进行比较，如图 3-17 所示。

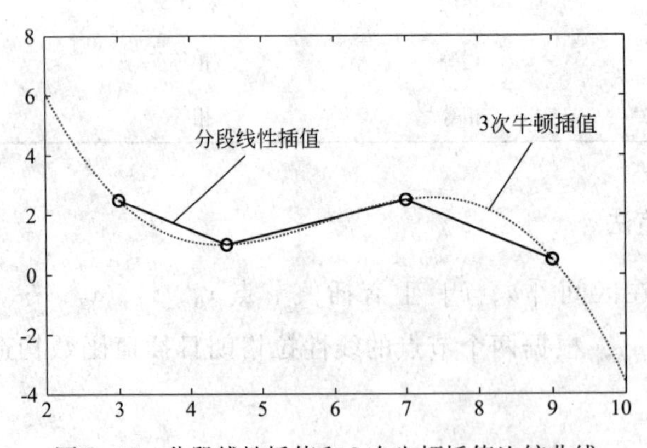

图 3-17　分段线性插值和 3 次牛顿插值比较曲线

从图 3-17 中可以看到分段线性插值函数的不足之处：插值函数在节点处连续但不光滑，即节点处 1 阶导数不连续。为了解决这个问题，可以考虑在分段内使用高阶多项式，进而需要考虑以下几个方面的问题。

（1）选取几次多项式合适，2 次还是 3 次？

（2）对连续性如何要求，是 1 阶导数连续还是 2 阶导数连续？

（3）如何保证连续性条件，也即如何构造多项式？

3.1.5 分段3次厄米特插值法

假设两个子区间$[x_0, x_1]$和$[x_1, x_2]$，3个插值节点为$M_0(x_0, y_0, y_0')$，$M_1(x_1, y_1, y_1')$和$M_2(x_2, y_2, y_2')$，每个节点处的函数值和导数值已知。

设子区间$[x_0, x_1]$内的3次插值函数为

$$H_a(x)=a_0+a_1x+a_2x^2+a_3x^3 \tag{3-43}$$

则其导函数形式为

$$H_a'(x)=a_1+2a_2x+3a_3x^2 \tag{3-44}$$

将已知的节点处函数值和导数值条件代入式（3-43）和式（3-44），即满足

$$\begin{cases} H_a(x_0)=a_0+a_1x_0+a_2x_0^2+a_3x_0^3=y_0 \\ H_a'(x_0)=a_1+2a_2x_0+3a_3x_0^2=y_0' \\ H_a(x_1)=a_0+a_1x_1+a_2x_1^2+a_3x_1^3=y_1 \\ H_a'(x_1)=a_1+2a_2x_1+3a_3x_1^2=y_1' \end{cases} \tag{3-45}$$

求解式（3-45）所示4个方程可以得到3次插值函数的4个待定系数a_0，a_1，a_2，a_3。

同理，对于子区间$[x_1, x_2]$内的3次插值函数和导函数，代入已知条件，满足

$$\begin{cases} H_b(x_1)=b_0+b_1x_1+b_2x_1^2+b_3x_1^3=y_1 \\ H_b'(x_1)=b_1+2b_2x_1+3b_3x_1^2=y_1' \\ H_b(x_2)=b_0+b_1x_2+b_2x_2^2+b_3x_2^3=y_2 \\ H_b'(x_2)=b_1+2b_2x_2+3b_3x_2^2=y_2' \end{cases} \tag{3-46}$$

求解式（3-46）4个方程可以得到3次插值函数的4个待定系数b_0，b_1，b_2，b_3。

上述两个区间上有一个相同的节点$M_1(x_1, y_1, y_1')$，具有相同的函数值和导数值。

综上，当已知子区间$[x_i, x_{i+1}]$$(i=0, 1, 2, n-1)$两个端点的函数值和导数值时，可以将该子区间的3次多项式插值函数表示为关于函数值和导数值线性组合的形式，即

$$\begin{aligned} H_3(x)=&\left(1+2\frac{x-x_i}{x_{i+1}-x_i}\right)\left(\frac{x-x_{i+1}}{x_i-x_{i+1}}\right)^2 y_i+\left(1+2\frac{x-x_{i+1}}{x_i-x_{i+1}}\right)\left(\frac{x-x_i}{x_{i+1}-x_i}\right)^2 y_{i+1} \\ &+(x-x_i)\left(\frac{x-x_{i+1}}{x_i-x_{i+1}}\right)^2 y_i'+(x-x_{i+1})\left(\frac{x-x_i}{x_{i+1}-x_i}\right)^2 y_{i+1}' \end{aligned} \tag{3-47}$$

将各段3次厄米特多项式连接起来，可实现整个区间的3次多项式插值。

【算例3-10】 已知被插值函数$f(x)=\dfrac{1}{1+x^2}$，用分段3次厄米特插值法求其插值多项式函数。

解： 第1步：在插值区间$[-5, 5]$内等间隔地取11个插值节点，这些插值节点处的函数值及导数值见数据表3-17。

表 3-17　函数值

i	0	1	2	3	4	5
x_i	−5	−4	−3	−2	−1	0
y_i	0.038 5	0.058 8	0.1	0.2	0.5	1
y_i'	0.014 8	0.027 7	0.06	0.16	0.5	0
i	6	7	8	9	10	
x_i	1	2	3	4	5	
y_i	0.5	0.2	0.1	0.058 8	0.038 5	
y_i'	−0.5	−0.16	−0.06	−0.027 7	−0.014 8	

第 2 步：这些插值节点将插值区间等分为 10 个子区间，在每个区间内应用式（3-47），可得各分段 3 次厄米特插值函数为

$$H_3(x)=\begin{cases}0.001\,751x^3+0.030\,08x^2+0.184\,3x+0.426\,7 & (-5\leqslant x\leqslant -4)\\ 0.005\,329x^3+0.072\,11x^2+0.348\,8x+0.641\,2 & (-4\leqslant x\leqslant -3)\\ 0.02x^3+0.2x^2+0.72x+1 & (-3\leqslant x\leqslant -2)\\ 0.06x^3+0.44x^2+1.2x+1.32 & (-2\leqslant x\leqslant -1)\\ -0.5x^3-x^2+1 & (-1\leqslant x\leqslant 0)\\ 0.5x^3-x^2+1 & (0\leqslant x\leqslant 1)\\ -0.06x^3+0.44x^2-1.2x+1.32 & (1\leqslant x\leqslant 2)\\ -0.02x^3+0.2x^2-0.72x+1 & (2\leqslant x\leqslant 3)\\ -0.005\,329x^3+0.072\,11x^2-0.348\,8x+0.641\,2 & (3\leqslant x\leqslant 4)\\ -0.001\,751x^3+0.030\,08x^2-0.184\,3x+0.426\,7 & (4\leqslant x\leqslant 5)\end{cases}$$

第 3 步：将各段 3 次厄米特多项式连接起来，可得到整个区间的 3 次厄米特插值函数，并将其与牛顿多项式插值和分段线性插值进行比较，如图 3-18 所示。

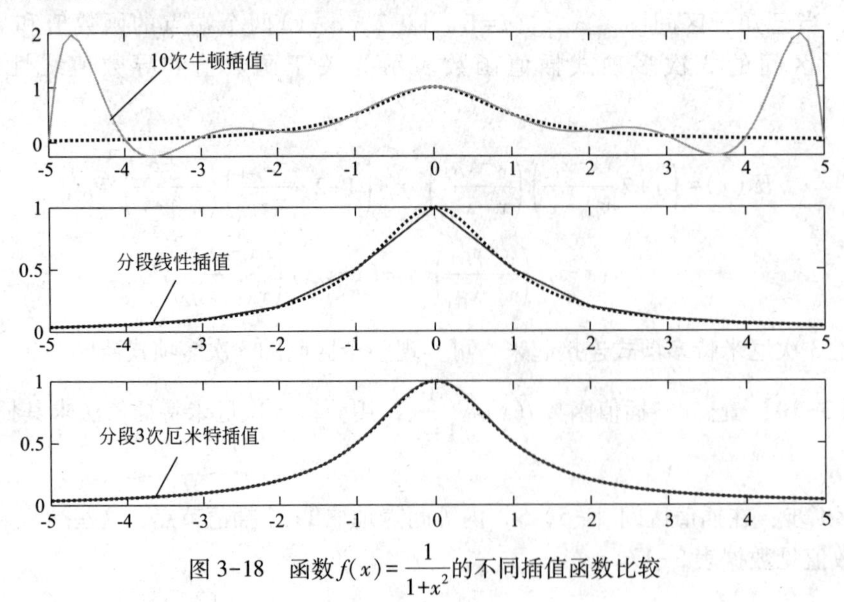

图 3-18　函数 $f(x)=\dfrac{1}{1+x^2}$ 的不同插值函数比较

图 3-18 可以反映各种插值法的特点，3 次厄米特插值既能够克服高次牛顿插值多项式的“龙格现象”，也能够克服分段线性插值多项式函数的 1 阶导数不连续问题。但分段 3 次厄米特插值函数的不足之处有以下几项。

（1）2 阶导数不连续，光滑性有待提高。

（2）采用了 3 次多项式，却没有利用其 2 阶导数不为 0 的优点。

（3）需要提供节点处的 1 阶导数值，工程中很难满足。

3.1.6　分段 3 次样条插值法

在分段低次插值中，分段线性插值函数在节点处不可导，分段 3 次厄米特插值函数有连续 1 阶导数，但是光滑性较差，而且需要提供每个节点处的导数值。

如果既需要建立低次插值函数以保证稳定性，又要插值函数具有良好的光滑性，就需要采用样条函数（spline function）。样条函数是指一类分段光滑，并且在各段的交接处也具有一定光滑性的函数。样条插值能较好地适应对光滑性的不同需要，并且只需要插值区间端点提供某些导数信息。

【知识链接 3-4】　样条曲线与样条函数

样条最初是指绘图人员为将一系列指定点连接成一条顺滑的曲线时采用的附有弹性的细木条或钢条，由这些样条构成的曲线在连接处具有连续的曲率。

目的：要求画出经过若干已知点的光滑曲线。

方法：用钉子在纸（板）上排出数据点，用一条柔软的带绕过钉子形成曲线。

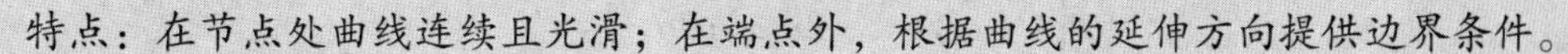

特点：在节点处曲线连续且光滑；在端点外，根据曲线的延伸方向提供边界条件。

1946 年，Schoenberg 首先提出了样条函数的概念。随后样条函数在外形设计等领域取得了成功应用，并与计算机辅助设计紧密结合，形成了一个新的交叉学科。

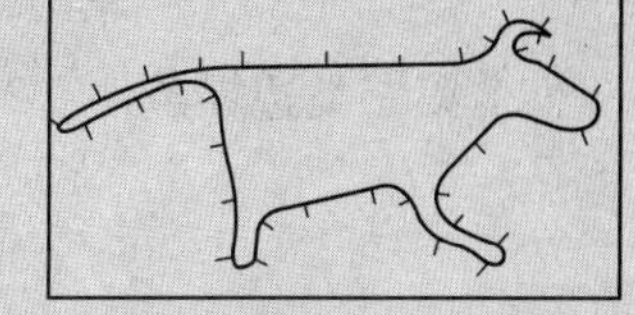

在计算机科学的计算机辅助设计和计算机图形学中，样条通常是指分段定义的多项式参数曲线。由于样条构造简单，使用该方法拟合准确，并能用于复杂曲线形状的设计，因此，样条是这些领域中曲线的常用表示方法。

设函数 $f(x)$ 在区间 $[a,\ b]$ 上有 $n+1$ 个数据点 $(x_i,\ y_i)$ $(i=0,\ 1,\ 2,\ \cdots,\ n)$，且

$$a=x_0<x_1<\cdots<x_n=b$$

选取插值函数 $S(x)$，要求具有以下性质：

- 在每个子区间 $[x_i,\ x_{i+1}]$ 上，插值函数 $S(x)$ 的最高次数不超过 3。
- $S(x)$、$S'(x)$、$S''(x)$ 在 $[a,\ b]$ 上均连续，则称 $S(x)$ 为“3 次样条函数”。
- 若满足插值条件 $S(x_i)=y_i$，则称 $S(x)$ 为 $y=f(x)$ 的“3 次样条插值函数”。

1. 2 个子区间的情况

若已知 3 个数据点 $M_0(x_0,\ y_0)$，$M_1(x_1,\ y_1)$，$M_2(x_2,\ y_2)$，构造 3 次样条插值函数。

第 1 步：在由点 x_0，x_1，x_2构成的 2 个区间内，建立 2 个 3 次插值函数，则存在 8 个待定系数。

$$\begin{cases} A(x)=a_0+a_1x+a_2x^2+a_3x^3 \\ A'(x)=a_1+2a_2x+3a_3x^2 \quad (x_0 \leqslant x \leqslant x_1) \\ A''(x)=2a_2+6a_3x \end{cases} \tag{3-48}$$

$$\begin{cases} B(x)=b_0+b_1x+b_2x^2+b_3x^3 \\ B'(x)=b_1+2b_2x+3b_3x^2 \quad (x_1 \leqslant x \leqslant x_2) \\ B''(x)=2b_2+6b_3x \end{cases} \tag{3-49}$$

第 2 步：将 3 个数据点的值代入，得到包含 4 个方程的函数值条件，即

$$\begin{cases} A(x_0)=a_0+a_1x_0+a_2x_0^2+a_3x_0^3=y_0 \\ A(x_1)=a_0+a_1x_1+a_2x_1^2+a_3x_1^3=y_1 \\ B(x_1)=b_0+b_1x_1+b_2x_1^2+b_3x_1^3=y_1 \\ B(x_2)=b_0+b_1x_2+b_2x_2^2+b_3x_2^3=y_2 \end{cases} \tag{3-50}$$

第 3 步：由导数连续性条件可得 2 个方程，即

$$A'(x_1)=B'(x_1)$$
$$A''(x_1)=B''(x_1) \tag{3-51}$$

第 4 步：求解 8 个待定系数需要 8 个方程，因此仍然需要 2 个补充方程——端点边界条件。

（1）第一类边界条件（1 阶导数条件）

$$\begin{cases} A'(x_0)=a_1+2a_2x_0+3a_3x_0^2=y_0' \\ B'(x_2)=b_1+2b_2x_2+3b_3x_2^2=y_2' \end{cases} \tag{3-52}$$

（2）第二类边界条件（2 阶导数条件）

$$\begin{cases} A''(x_0)=2a_2+6a_3x_0=y_0'' \\ B''(x_2)=2b_2+6b_3x_2=y_2'' \end{cases} \tag{3-53}$$

这种边界条件存在特例，在端点处自然伸展——“自然样条”，即

$$y_0''=0; \quad y_2''=0 \tag{3-54}$$

（3）第三类边界条件（周期边界条件，见图 3-19）

$$\begin{cases} A'(x_0)=B'(x_2) \\ A''(x_0)=B''(x_2) \end{cases} \tag{3-55}$$

即

$$\begin{cases} a_1+2a_2x_0+3a_3x_0^2=b_1+2b_2x_2+3b_3x_2^2 \\ 2a_2+6a_3x_0=2b_2+6b_3x_2 \end{cases} \tag{3-56}$$

第 5 步：由边界条件补充 2 个方程之后，就可以利用 8 个方程求出全部 8 个待定系数，得到了两个区间的插值函数，称为“3 次样条插值函数”，能够保证 1 阶导数和 2 阶导数连续。

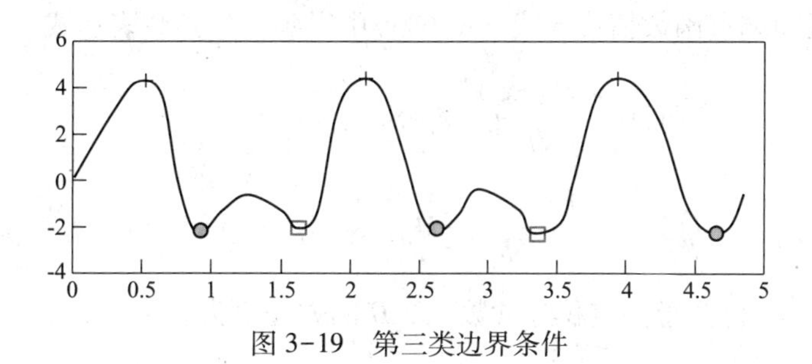

图3-19　第三类边界条件

2. n 个子区间的情况

第1步：3个数据点 $M_0(x_0, y_0)$，$M_1(x_1, y_1)$ 和 $M_2(x_2, y_2)$ 存在2个子区间，推广到 $n+1$ 个数据点 $M_0(x_0, y_0)$，$M_1(x_1, y_1)$，$M_2(x_2, y_2)$，...，$M_n(x_n, y_n)$ 中，此时存在 n 个子区间，可以建立 n 个3次插值函数，共有 $4n$ 个待定系数作为未知数，即

$$S_i(x)=a_ix^3+b_ix^2+c_ix+d_i \quad (x_i \leqslant x \leqslant x_{i+1}) \tag{3-57}$$

第2步：利用节点函数值条件写出 $2n$ 个方程式

$$\begin{cases} S_i(x_i)=y_i \\ S_i(x_{i+1})=y_{i+1} \end{cases} \quad (i=0,2,\cdots,n-1) \tag{3-58}$$

第3步：利用导数连续条件写出 $2(n-1)$ 个方程式

$$\begin{cases} S'_{i-1}(x_i)=S'_i(x_i) \\ S''_{i-1}(x_i)=S''_i(x_i) \end{cases} \quad (i=1,2,\cdots,n-1) \tag{3-59}$$

第4步：利用端点边界条件（常用）写出2个补充方程式

$$\begin{cases} S''_0(x_0)=y''_0 \\ S''_{n-1}(x_n)=y''_n \end{cases} \tag{3-60}$$

第5步：综合式（3-58）~（3-60），共包含 $4n$ 个关于待定系数的线性方程式。当 n 较小时，可以利用代数运算直接求解出待定系数；当 n 较大时，计算量较大且可能出现病态，需要利用插值函数的性质进行简化计算，寻求一种减少计算量的方法。

第6步：3次样条插值函数 $S(x)$ 的2阶导数 $S''(x)$ 为线性函数。设区间［x_i，x_{i+1}］的3次样条函数在端点处的2阶导数值分别为 $S''_i(x_i)=M_i$ 和 $S''_i(x_{i+1})=M_{i+1}$，则 $S''_i(x)$ 为过两点（x_i，M_i）和（x_{i+1}，M_{i+1}）的直线，可表示为

$$S''_i(x)=\frac{x_{i+1}-x}{x_{i+1}-x_i}M_i+\frac{x-x_i}{x_{i+1}-x_i}M_{i+1} \quad (i=0,1,2,\cdots,n-1) \tag{3-61}$$

第7步：令 $h_i=x_{i+1}-x_i$，对式（3-61）各段区间的2阶导函数进行一次积分得

$$S'_i(x)=-\frac{(x_{i+1}-x)^2}{2h_i}M_i+\frac{(x-x_i)^2}{2h_i}M_{i+1}+A_i \tag{3-62}$$

进而进行二次积分，得

$$S_i(x)=\frac{(x_{i+1}-x)^3}{6h_i}M_i+\frac{(x-x_i)^3}{6h_i}M_{i+1}+A_i(x-x_i)+B_i \tag{3-63}$$

其中 A_i，B_i 为待定的积分常数。

第 8 步：将区间端点函数值代入式（3-63）中得到样条函数表达式

$$\begin{cases} S_i(x_i)=\dfrac{(x_{i+1}-x_i)^3}{6h_i}M_i+B_i=y_i \\ S_i(x_{i+1})=\dfrac{(x_{i+1}-x_i)^3}{6h_i}M_{i+1}+A_i(x_{i+1}-x_i)+B_i=y_{i+1} \end{cases} \tag{3-64}$$

由 $h_i=x_{i+1}-x_i$，可得关于待定积分常数 A_i，B_i的方程组为

$$\begin{cases} \dfrac{1}{6}h_i^2M_i+B_i=y_i \\ \dfrac{1}{6}h_i^2M_{i+1}+A_ih_i+B_i=y_{i+1} \end{cases} \tag{3-65}$$

解出积分常数为

$$\begin{cases} A_i=\dfrac{y_{i+1}-y_i}{h_i}-\dfrac{h_i}{6}(M_{i+1}-M_i) \\ B_i=y_i-\dfrac{h_i^2}{6}M_i \end{cases} \tag{3-66}$$

第 9 步：将积分常数代入样条函数式（3-63），得到的插值函数仅与 $n+1$ 个导数 M_i（$i=0, 1, \cdots, n$）有关，问题转化为求 M_i的值。经过上述推导，得到

$$S_i(x)=\frac{(x_{i+1}-x)^3}{6h_i}M_i+\frac{(x-x_i)^3}{6h_i}M_{i+1}+\left[\frac{y_{i+1}-y_i}{h_i}-\frac{h_i}{6}(M_{i+1}-M_i)\right](x-x_i)+y_i-\frac{h_i^2}{6}M_i \tag{3-67}$$

第 10 步：对第 i 个子区间及第 $i-1$ 个子区间的样条函数分别求 1 阶导函数，即

$$\begin{cases} S_i'(x)=-\dfrac{(x_{i+1}-x)^2}{2h_i}M_i+\dfrac{(x-x_i)^2}{2h_i}M_{i+1}+\dfrac{y_{i+1}-y_i}{h_i}-\dfrac{h_i}{6}(M_{i+1}-M_i) \\ S_{i-1}'(x)=-\dfrac{(x_i-x)^2}{2h_{i-1}}M_{i-1}+\dfrac{(x-x_{i-1})^2}{2h_{i-1}}M_i+\dfrac{y_i-y_{i-1}}{h_{i-1}}-\dfrac{h_{i-1}}{6}(M_i-M_{i-1}) \end{cases} \tag{3-68}$$

取 $x=x_i$代入式（3-68），得

$$\begin{cases} S_i'(x_i)=-\dfrac{h_i}{3}M_i+\dfrac{y_{i+1}-y_i}{h_i}-\dfrac{h_i}{6}M_{i+1} \\ S_{i-1}'(x_i)=\dfrac{h_{i-1}}{3}M_i+\dfrac{y_i-y_{i-1}}{h_{i-1}}+\dfrac{h_{i-1}}{6}M_{i-1} \end{cases} \tag{3-69}$$

根据 1 阶导数连续，有

$$S_{i-1}'(x_i)=S_i'(x_i) \tag{3-70}$$

即

$$-\frac{h_i}{3}M_i+\frac{y_{i+1}-y_i}{h_i}-\frac{h_i}{6}M_{i+1}=\frac{h_{i-1}}{3}M_i+\frac{y_i-y_{i-1}}{h_{i-1}}+\frac{h_{i-1}}{6}M_{i-1} \tag{3-71}$$

合并同类项，并在等式两边同时乘以$\frac{6}{h_{i-1}+h_i}$，可得

$$\frac{h_{i-1}}{h_{i-1}+h_i}M_{i-1}+2M_i+\frac{h_i}{h_{i-1}+h_i}M_{i+1}=\frac{6}{h_{i-1}+h_i}\left(\frac{y_{i+1}-y_i}{h_i}-\frac{y_i-y_{i-1}}{h_{i-1}}\right) \tag{3-72}$$

令

$$\mu_i=\frac{h_{i-1}}{h_{i-1}+h_i};\ \lambda_i=\frac{h_i}{h_{i-1}+h_i};\ d_i=\frac{6}{h_{i-1}+h_i}\left(\frac{y_{i+1}-y_i}{h_i}-\frac{y_i-y_{i-1}}{h_{i-1}}\right) \tag{3-73}$$

则式（3-72）转换为

$$\mu_i M_{i-1}+2M_i+\lambda_i M_{i+1}=d_i \tag{3-74}$$

即

$$\begin{cases}\mu_1 M_0+2M_1+\lambda_1 M_2=d_1\\ \mu_2 M_1+2M_2+\lambda_2 M_3=d_2\\ \vdots\\ \mu_{n-1}M_{n-2}+2M_{n-1}+\lambda_{n-1}M_n=d_{n-1}\end{cases} \tag{3-75}$$

第11步：由式（3-75）所给的$n-1$个方程无法求解$n+1$个未知量$M_i(i=0,1,\cdots,n)$，还需要补2个方程，仍然从不同的边界条件入手。

（1）第一类边界条件（1阶导数条件）

$$S_0'(x_0)=-\frac{h_0}{3}M_0-\frac{h_0}{6}M_1+\frac{y_1-y_0}{h_0}=y_0' \tag{3-76}$$

$$S_{n-1}'(x_n)=\frac{h_{n-1}}{3}M_n+\frac{h_{n-1}}{6}M_{n-1}+\frac{y_n-y_{n-1}}{h_{n-1}}=y_n' \tag{3-77}$$

将式（3-76）等式两边同时乘以$-\frac{6}{h_0}$，式（3-77）等式两边同时乘以$\frac{6}{h_{n-1}}$，并令

$$\begin{cases}d_0=\frac{6}{h_0}\left(\frac{y_1-y_0}{h_0}-y_0'\right)\\ d_n=\frac{6}{h_{n-1}}\left(y_n'-\frac{y_n-y_{n-1}}{h_{n-1}}\right)\end{cases} \tag{3-78}$$

则有

$$\begin{cases}2M_0+M_1=d_0\\ M_{n-1}+2M_n=d_n\end{cases} \tag{3-79}$$

结合式（3-75）与式（3-79），综合得

$$\begin{cases}2M_0+M_1=d_0\\ \mu_1 M_0+2M_1+\lambda_1 M_2=d_1\\ \mu_2 M_1+2M_2+\lambda_2 M_3=d_2\\ \vdots\\ \mu_{n-1}M_{n-2}+2M_{n-1}+\lambda_{n-1}M_n=d_{n-1}\\ M_{n-1}+2M_n=d_n\end{cases} \tag{3-80}$$

（2）第二类边界条件（2 阶导数条件）

$$S''_0(x_0)=M_0=y''_0$$
$$S''_{n-1}(x_n)=M_n=y''_n \tag{3-81}$$

补充两个方程后，未知量个数减少到 $n-1$，即可以由式（3-75）的 $n-1$ 个方程求出$n-1$ 个未知量 M_i（$i=1，2，\cdots，n-1$）。

【算例 3-11】 已知表 3-18 所给定数据点，求 3 次样条插值函数 $S(x)$，并计算 $S(0.5)$ 和$S(1.5)$。

表 3-18　给定数据点

i	0	1	2	3
x_i	-1	0	1	2
y_i	0	0.5	2	1.5
y'_i	0.5			-0.5

解： 第 1 步：计算 $h_i=x_{i+1}-x_i$，即

$$h_0=x_1-x_0=1;\ h_1=x_2-x_1=1;\ h_2=x_3-x_2=1。$$

第 2 步：计算 μ_i，λ_i和 d_i。根据式（3-73）得到

$$\begin{cases}\mu_1=0.5\\ \mu_2=0.5\end{cases}\quad \begin{cases}\lambda_1=0.5\\ \lambda_2=0.5\end{cases}\quad \begin{cases}d_1=3\\ d_2=-6\end{cases}$$

第 3 步：由边界条件补充方程。根据 $y'_0=S'(-1)=0.5$ 、$y'_3=S'(2)=-0.5$ 得

$$d_0=0;\quad d_3=0$$

第 4 步：建立关于节点 2 阶导数值 M_i的线性方程组并求解。

$$\begin{bmatrix}2 & 1 & & \\ \mu_1 & 2 & \lambda_1 & \\ & \mu_2 & 2 & \lambda_2\\ & & 1 & 2\end{bmatrix}\begin{bmatrix}M_0\\ M_1\\ M_2\\ M_3\end{bmatrix}=\begin{bmatrix}d_0\\ d_1\\ d_2\\ d_3\end{bmatrix}$$

代入数值，即

$$\begin{bmatrix}2 & 1 & & \\ 0.5 & 2 & 0.5 & \\ & 0.5 & 2 & 0.5\\ & & 1 & 2\end{bmatrix}\begin{bmatrix}M_0\\ M_1\\ M_2\\ M_3\end{bmatrix}=\begin{bmatrix}0\\ 3\\ -6\\ 0\end{bmatrix}$$

解得

$$\begin{bmatrix}M_0\\ M_1\\ M_2\\ M_3\end{bmatrix}=\begin{bmatrix}-1.4667\\ 2.9333\\ -4.2667\\ 2.1333\end{bmatrix}$$

第 5 步：将上述所得的值代入式（3-67），即得 3 次样条插值函数为

$$S(x)=\begin{cases}0.7333x^3+1.4667x^2+1.2333x+0.5 & (-1\leqslant x\leqslant 0)\\ -1.2x^3+1.4667x^2+1.2333x+0.5 & (0\leqslant x\leqslant 1)\\ 1.0667x^3-5.3333x^2+8.0333x-1.7667 & (1\leqslant x\leqslant 2)\end{cases}$$

第 6 步：求解目标值，可得 $S(0.5)=1.3333$；　$S(1.5)=1.8834$。

第 7 步：比较 3 次牛顿插值与分段 3 次样条插值，如图 3-20 所示，可见 3 次样条插值在保证 1 阶导数和 2 阶导数连续的条件下，比 3 次牛顿插值函数所得结果更接近真实值。

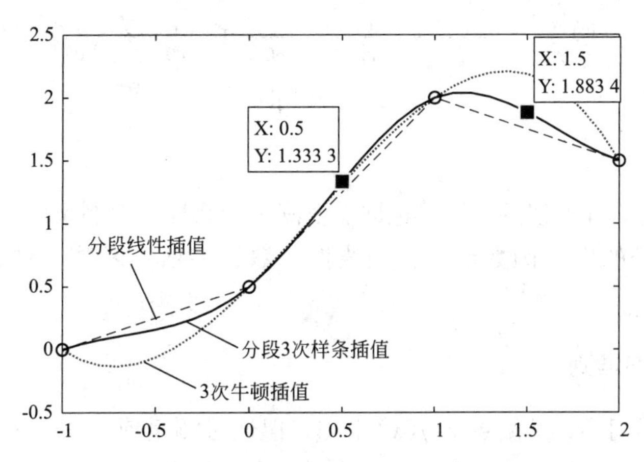

图 3-20　3 次牛顿插值与分段 3 次样条插值的比较

3.2　数据的回归

通过一组数据的变化规律来预测这些数据所潜含的函数（对应一条“待测”的曲线）解析式，使用“插值方法”是可行的，但是插值方法由于需要满足“基本插值条件”的限制，要求曲线精确地通过每个数据点，当有若干数据点事实上“离群索居”时，插值方法获得的曲线可能出现较大波动，如高次多项式插值会产生“龙格现象”。

要解释这种现象，可以从两个方面来看：从几何上看，难以找到可将所有数据点连接起来的曲线（直线）；从工程上看，由于观测数据存在误差，求精确解没有意义，或者所选的函数本身就不准确。

在此种情况下，要采用“抓大放小”的处理方式，即构造一条曲线，能够反映大多数数据点变化的规律，而忽略个别“异端分子”造成的局部波动，此种方法称为回归法，如图 3-21 所示。

插值强调局部微观精确，回归则着眼于整体宏观相似。从图形上看，就是通过给定的一组数据点，求取一条近似曲线，与数据点的距离（误差）最小，这就是回归曲线，描述该曲线的函数称为回归函数。

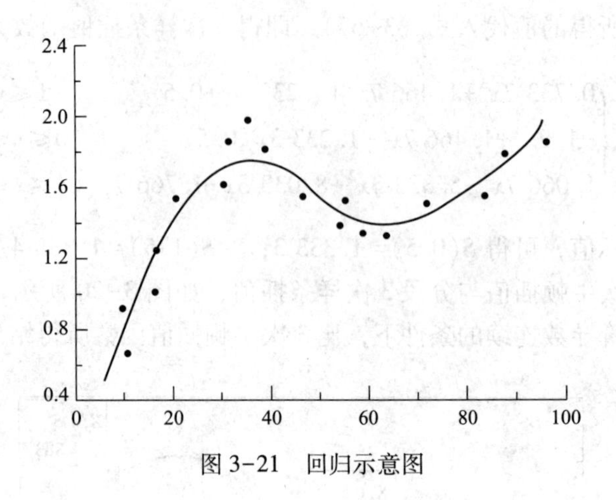

图 3-21　回归示意图

【思考】

(1) 回归遵循什么样的误差原则，也即需要满足什么样的限制条件？

(2) 采取什么样的回归函数形式：是线性函数、多项式函数、对数函数还是指数函数等？

3.2.1　最小二乘回归准则

对于某工程实际问题，其函数 $y=f(x)$ 未知，但通过测量或观察等方法得到了一组数据 (x_i, y_i) $(i=0, 1, 2, \cdots, n)$，需要设法找到一个近似函数 $w(x)$，使其在某种准则下与所有数据点 (x_i, y_i) 最为接近。各数据点的误差表示为

$$\varepsilon_i = w(x_i) - y_i \tag{3-82}$$

在总体的误差最小规则下才能进行数据分析，常用的误差最小规则有以下 4 种：最大误差最小、平均误差最小、均方根误差最小、误差平方和最小（最小二乘回归）。这些误差最小规则的比较见表 3-19。

表 3-19　误差最小规则的比较

误差规则	表达式
最大误差最小	$J=\max\limits_{0\leq i\leq n}\lvert\varepsilon_i\rvert=\max\limits_{0\leq i\leq n}\lvert w(x_i)-y_i\rvert\Rightarrow\min$
平均误差最小	$J=\dfrac{1}{n+1}\sum\limits_{i=0}^{n}\lvert\varepsilon_i\rvert=\dfrac{1}{n+1}\sum\limits_{i=0}^{n}\lvert w(x_i)-y_i\rvert\Rightarrow\min$
均方根误差最小	$J=\sqrt{\left(\dfrac{1}{n+1}\sum\limits_{i=0}^{n}(\varepsilon_i)^2\right)}=\sqrt{\left(\dfrac{1}{n+1}\sum\limits_{i=0}^{n}(w(x_i)-y_i)^2\right)}\Rightarrow\min$
误差平方和最小（最小二乘回归）	$J=\sum\limits_{i=0}^{n}\varepsilon_i^2=\sum\limits_{i=0}^{n}(w(x_i)-y_i)^2\Rightarrow\min$

综合分析，为避免绝对值和开方的计算，选择最小二乘回归作为误差最小规则最为常见。“最小二乘法”本质是求极值问题，也就是求最优解，属于优化问题。

设已知 $n+1$ 个数据点 (x_0, y_0)，(x_1, y_1)，$\cdots$，(x_n, y_n) 是未知函数 $y=f(x)$ 的观测值。

第 1 步：设含 k 个待定参数 c_1，c_2，…，c_k的函数 $w(x, c_1, c_2, \cdots, c_k)$。

第 2 步：计算各数据点对应的函数值误差

$$\varepsilon_i = w(x_i, c_1, c_2, \cdots, c_k) - y_i \tag{3-83}$$

第 3 步：计算误差的平方和

$$J = \sum_{i=0}^{n} \varepsilon_i^2 = \sum_{i=0}^{n} [w(x_i, c_1, c_2, \cdots, c_k) - y_i]^2 \tag{3-84}$$

第 4 步：利用极值条件求误差 J 的最小值，即令 J 对参数 c_1，c_2，…，c_k的偏导数等于 0，可以得到含 k 个方程的方程组

$$\frac{\partial J}{\partial c_j} = 2\sum_{i=0}^{n} [w(x_i, c_1, c_2, \cdots, c_k) - y_i] \frac{\partial w(x_i, c_1, c_2, \cdots, c_k)}{\partial c_j} = 0 \quad (j = 1, 2, \cdots, k) \tag{3-85}$$

第 5 步：由方程组解出待定系数 c_1，c_2，…，c_k，也即确定了近似函数 $w(x, c_1, c_2, \cdots, c_k)$。

【算例 3-12】 已知表 3-20 所给的观测数据点分布近似符合线性规律，求各数据点的误差并用最小二乘法求此拟合直线。

表 3-20　观测数据点

i	0	1	2	3	4
x_i	0.0	0.2	0.4	0.6	0.8
y_i	0.9	1.9	2.8	3.3	4.2

解：

第 1 步：设线性回归函数

$$w(x, c_1, c_2) = c_1 x + c_2$$

第 2 步：计算各数据点的误差

$$\varepsilon_0 = w(x_0, c_1, c_2) - y_0 = c_1 x_0 + c_2 - y_0$$
$$\varepsilon_1 = w(x_1, c_1, c_2) - y_1 = c_1 x_1 + c_2 - y_1$$
$$\varepsilon_2 = w(x_2, c_1, c_2) - y_2 = c_1 x_2 + c_2 - y_2$$
$$\varepsilon_3 = w(x_3, c_1, c_2) - y_3 = c_1 x_3 + c_2 - y_3$$
$$\varepsilon_4 = w(x_4, c_1, c_2) - y_4 = c_1 x_4 + c_2 - y_4$$

第 3 步：计算误差的平方和

$$J = \sum_{i=0}^{4} \varepsilon_i^2 = \sum_{i=0}^{4} [w(x_i) - y_i]^2 = \begin{cases} 1.2c_1^2 + (4c_2 - 342/25)c_1 + g(c_2) \\ 5c_2^2 + (4c_1 - 131/5)c_2 + g(c_1) \end{cases}$$

第 4 步：利用极值条件求误差 J 的最小值

$$\begin{cases} \dfrac{\partial J}{\partial c_1} = 2.4c_1 + 4c_2 - 342/25 = 0 \\ \dfrac{\partial J}{\partial c_2} = 4c_1 + 10c_2 - 131/5 = 0 \end{cases}$$

第 5 步：求解这个二元一次方程，得到待定系数值

$$c_1 = 4; \quad c_2 = 1.02$$

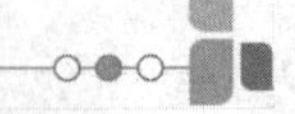

得到描述给定观测数据点的线性回归函数为

$$w(x)=4x+1.02$$

第 6 步：比较回归曲线与观测数据点，如图 3-22 所示。

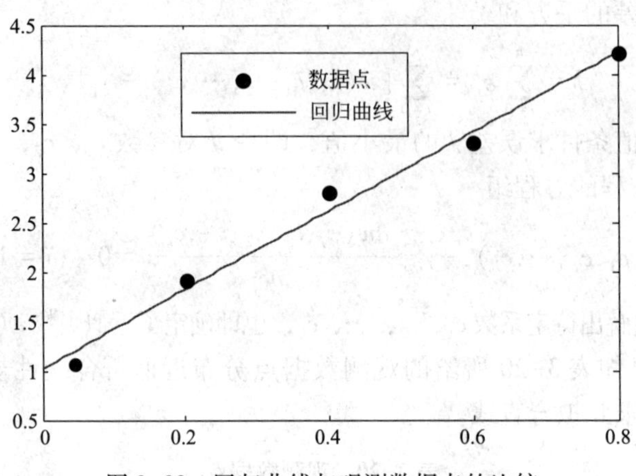

图 3-22　回归曲线与观测数据点的比较

此外，需要注意几个问题。

（1）观测的各个数据点可能具有不同的精度，如有的数据误差大，有的数据误差小。

（2）观测的各个数据点也可能具有不同的重要性，如时间越早的数据重要性越低。

因此，为了得到更准确的回归函数，需要在拟合时对精度好、可信度高、重要性大的数据给予更大的权重，在最小二乘公式中增加一个权重系数 α_i（$\geqslant 0$），通过调整 α_i 改变数据在误差控制中的权重，即加权最小二乘回归。

$$J=\sum_{i=0}^{n}\alpha_i[w(x_i,c_1,c_2,\cdots,c_k)-y_i]^2 \tag{3-86}$$

3.2.2　回归函数的选取

选取的回归函数最好与数据所表示的实际函数相同，但可能面临以下几种情况。

（1）数据的函数结构已知，但函数中的部分参数未知，需要进行参数识别。典型工程问题如弹道方程和振动方程等。

- 弹道方程：已知运动轨迹，但是参数 θ，v 未知。

$$y(x)=x\tan\theta-\frac{g}{2v^2\cos^2\theta}x^2 \tag{3-87}$$

- 振动方程：已知振动运动规律，但存在未知参数 c，m，k，A，ϕ。

$$y(t)=A\mathrm{e}^{-\frac{c}{2m}t}\sin\left(\sqrt{\frac{k}{m}}t+\phi\right) \tag{3-88}$$

（2）数据的函数结构未知，需要根据数据的趋势进行构造。

根据已知数据点选取合适阶次的多项式函数。如图 3-23 所示，应该选取 2 次函数（抛物线）来描述这组数据的变化趋势。

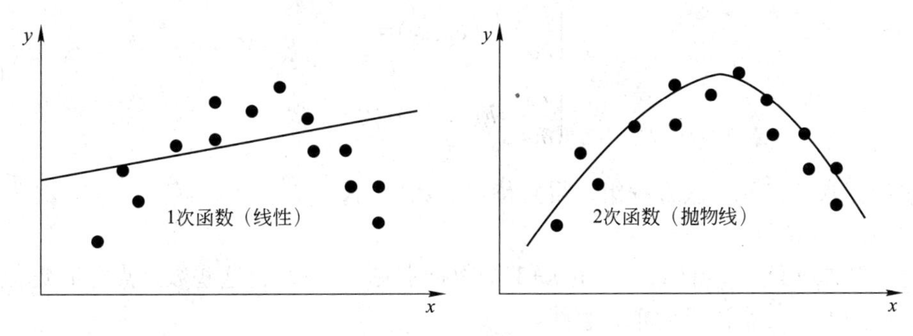

图3-23　多项式函数阶次的选择

数据点呈现指数变化规律。如图3-24所示，可选取回归函数

$$y(t)=c_0\mathrm{e}^{-c_1t}+c_2 \tag{3-89}$$

t是自变量，需要求解3个待定参数c_0、c_1、c_2。

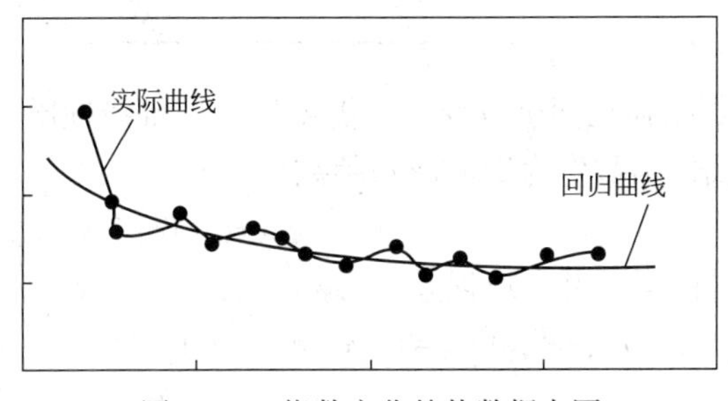

图3-24　指数变化趋势数据点图

（3）函数的结构不清楚或太复杂，选择便于计算的简单函数近似。在这种情况下，可以选多项式函数并求解其中的未知量，表达式为

$$w(x,c_0,c_1,c_2,\cdots,c_k)=c_0+c_1x+c_2x^2+\cdots+c_kx^k \tag{3-90}$$

3.2.3　线性回归

1. 一维线性回归

给定$n+1$个数据点（x_0，y_0），（x_1，y_1），…，（x_n，y_n），其分布近似符合线性规律，试用最小二乘法求此拟合直线。

【分析思路】 已知数据点的分布规律，可以构造出回归函数；利用最小二乘法，求出构造的回归函数中的待定系数。

第1步：选取一维线性函数作为近似回归函数

$$w(x,c_1,c_2)=c_1+c_2x \tag{3-91}$$

第2步：计算数据点的误差并求取误差平方和

$$J=\sum_{i=0}^{n}\varepsilon_i^2=\sum_{i=0}^{n}[w(x_i)-y_i]^2 \tag{3-92}$$

第3步：使用极值求误差最小

$$\begin{cases} \dfrac{\partial J}{\partial c_1}=g(c_1,c_2)=0 \\ \dfrac{\partial J}{\partial c_2}=h(c_1,c_2)=0 \end{cases} \tag{3-93}$$

第 4 步：求解二元一次方程组，得到待定系数值 c_1，c_2。

2. 二维线性回归

给定未知二元函数 $z=f(x,\ y)$ 的 $n+1$ 个数据点见表 3-21，这些数据点分布近似符合线性规律，试用最小二乘法求此拟合直线。

表 3-21　给定的数据点

	0	1	2	…	n
自变量	x_0	x_1	x_2	…	x_n
	y_0	y_1	y_2	…	y_n
因变量	z_0	z_1	z_2	…	z_n

【分析思路】 此组数据存在两个自变量，需要构造二维线性回归函数。

第 1 步：选取二维线性函数作为近似回归函数

$$w(x,y,c_1,c_2,c_3)=c_1x+c_2y+c_3 \tag{3-94}$$

第 2 步：计算数据点的误差并求取误差平方和

$$\varepsilon_i=w(x_i,y_i,c_1,c_2,c_3)-z_i=(c_1x_i+c_2y_i+c_3)-z_i=g_i(c_1,c_2,c_3) \tag{3-95}$$

$$J=\sum_{i=0}^{n}\varepsilon_i^2=\sum_{i=0}^{n}[g_i(c_1,c_2,c_3)]^2 \tag{3-96}$$

第 3 步：使用极值求误差最小

$$\begin{cases} \dfrac{\partial J}{\partial c_1}=h_1(c_1,c_2,c_3)=0 \\ \dfrac{\partial J}{\partial c_2}=h_2(c_1,c_2,c_3)=0 \\ \dfrac{\partial J}{\partial c_3}=h_3(c_1,c_2,c_3)=0 \end{cases} \tag{3-97}$$

第 4 步：求解三元一次方程组，得到待定系数值 c_1，c_2，c_3。

【算例 3-13】 某化学反应放出的热量 z 和所用原料 x、y 之间有以下数据（见表 3-22），用最小二乘法建立近似线性回归模型。

表 3-22　给定的数据点

i	0	1	2	3	4
x_i	2	4	5	8	9
y_i	3	5	7	9	12
z_i	48	50	51	55	56

解：

第 1 步：选取二维线性回归函数

$$w(x,y,c_1,c_2,c_3)=c_1x+c_2y+c_3$$

第 2 步：计算数据点的误差并求取误差平方和

$$\varepsilon_0=c_1x_0+c_2y_0+c_3-z_0$$

$$\varepsilon_1=c_1x_1+c_2y_1+c_3-z_1$$

$$\varepsilon_2=c_1x_2+c_2y_2+c_3-z_2$$

$$\varepsilon_3=c_1x_3+c_2y_3+c_3-z_3$$

$$\varepsilon_4=c_1x_4+c_2y_4+c_3-z_4$$

$$J=\sum_{i=0}^{4}\varepsilon_i^2=\sum_{i=0}^{4}(c_1x_i+c_2y_i+c_3-z_i)^2$$

第 3 步：使用极值求误差最小

$$\begin{cases}\dfrac{\partial J}{\partial c_1}=380c_1+482c_2+56c_3-2\ 290=0\\ \dfrac{\partial J}{\partial c_2}=482c_1+616c_2+72c_3-3\ 836=0\\ \dfrac{\partial J}{\partial c_3}=56c_1+72c_2+10c_3-520=0\end{cases}$$

第 4 步：求解三元一次方程组，得到待定系数值

$$c_1=1.34;\ c_2=-0.14;\ c_3=45.50$$

即得二维线性回归模型

$$w(x,y)=1.34x-0.14y+45.50$$

第 5 步：模型验证。将近似模型计算得到的值与实际值进行对比，误差在可接受范围之内，验证了使用最小二乘法建立回归模型的准确性。

$$w(x_0,y_0)=47.761\ 1 \quad \Leftrightarrow \quad z_0=48$$

$$w(x_1,y_1)=50.162\ 2 \quad \Leftrightarrow \quad z_1=50$$

$$w(x_2,y_2)=51.224\ 2 \quad \Leftrightarrow \quad z_2=51$$

$$w(x_3,y_3)=54.964\ 6 \quad \Leftrightarrow \quad z_3=55$$

$$w(x_4,y_4)=55.887\ 9 \quad \Leftrightarrow \quad z_4=56$$

3. m 维线性回归

推广，可得到建立 m 元未知函数 $y=f(x_1,\ x_2,\ \cdots,\ x_m)$ 的 m 维线性回归模型的流程。已知 $n+1$ 个数据点，自变量为 x_{1i}，x_{2i}，$\cdots$，x_{mi}，因变量为 $y_i(i=0,\ 1,\ 2,\ \cdots,\ n)$。

第 1 步：选取近似回归函数：m 维线性回归函数

$$w(x_1,x_2,\cdots,x_m,c_1,c_2,\cdots,c_{m+1})=c_1x_1+c_2x_2+\cdots+c_mx_m+c_{m+1} \tag{3-98}$$

第 2 步：计算数据点的误差并求取误差平方和

$$\varepsilon_i=(c_1x_{1i}+c_2x_{2i}+\cdots+c_mx_{mi}+c_{m+1})-y_i=g_i(c_1,c_2,\cdots,c_m,c_{m+1}) \tag{3-99}$$

$$J=\sum_{i=0}^{n}\varepsilon_i^2=\sum_{i=0}^{n}[g_i(c_1,c_2,\cdots,c_m,c_{m+1})]^2 \tag{3-100}$$

第 3 步：使用极值求误差最小

$$\frac{\partial J}{\partial c_k}=0 \quad (k=1,2,\cdots,m+1) \tag{3-101}$$

第 4 步：求解 $m+1$ 元一次方程组，得到待定系数 c_1，c_2，…，c_{m+1}，即得 m 维线性回归模型。

3.2.4 多项式回归

如果数据点不近似符合线性分布，也即不能用线性回归函数，可采用多项式函数回归。多项式形式简单，曲线连续光滑，是最常用的回归函数。

若已知 $n+1$ 个数据点，分布规律符合 2 次多项式，试用最小二乘法求此拟合函数。

第 1 步：选取 2 次多项式函数作为近似回归函数

$$w(x,c_0,c_1,c_2)=c_0+c_1x+c_2x^2 \tag{3-102}$$

第 2 步：计算数据点的误差并求取误差平方和

$$\varepsilon_i=(c_0+c_1x_i+c_2x_i^2)-y_i \tag{3-103}$$

$$J=\sum_{i=0}^{n}\varepsilon_i^2=\sum_{i=0}^{n}[(c_0+c_1x_i+c_2x_i^2)-y_i]^2 \tag{3-104}$$

第 3 步：使用极值求误差最小

$$\begin{cases}\dfrac{\partial J}{\partial c_0}=2\sum\limits_{i=0}^{n}(c_0+c_1x_i+c_2x_i^2-y_i)=0\\ \dfrac{\partial J}{\partial c_1}=2\sum\limits_{i=0}^{n}(c_0+c_1x_i+c_2x_i^2-y_i)x_i=0\\ \dfrac{\partial J}{\partial c_2}=2\sum\limits_{i=0}^{n}(c_0+c_1x_i+c_2x_i^2-y_i)x_i^2=0\end{cases} \tag{3-105}$$

第 4 步：根据上述三元一次方程求解待定多项式系数 c_0，c_1，c_2。

【讨论】 如何由 2 次多项式推广到 m 次多项式呢？同样对于给定的 $n+1$ 个数据点。

第 1 步：选取 m 次多项式函数作为近似回归函数

$$w(x,c_0,c_1,c_2,\cdots,c_m)=c_0+c_1x+c_2x^2+\cdots+c_mx^m \tag{3-106}$$

第 1 步：计算数据点的误差并求取误差平方和

$$\varepsilon_i=(c_0+c_1x_i+c_2x_i^2+\cdots+c_mx_i^m)-y_i \tag{3-107}$$

$$J=\sum_{i=0}^{n}\varepsilon_i^2=\sum_{i=0}^{n}[(c_0+c_1x_i+c_2x_i^2+\cdots+c_mx_i^m)-y_i]^2 \tag{3-108}$$

第 3 步：使用极值求误差最小

$$\begin{cases}\dfrac{\partial J}{\partial c_0}=2\sum\limits_{i=0}^{n}(c_0+c_1x_i+c_2x_i^2+\cdots+c_mx_i^m-y_i)=0\\ \dfrac{\partial J}{\partial c_1}=2\sum\limits_{i=0}^{n}(c_0+c_1x_i+c_2x_i^2+\cdots+c_mx_i^m-y_i)x_i=0\\ \vdots\\ \dfrac{\partial J}{\partial c_m}=2\sum\limits_{i=0}^{n}(c_0+c_1x_i+c_2x_i^2+\cdots+c_mx_i^m-y_i)x_i^m=0\end{cases} \tag{3-109}$$

第 4 步：根据上述 $m+1$ 元一次方程组求解可得 $m+1$ 个待定多项式系数 c_0，c_1，…，c_m。

【算例 3-14】 已知一组数据（见表 3-23），用最小二乘法建立 2 次多项式回归模型。

表 3-23　给定的数据点

i	0	1	2	3	4	5	6
x_i	1	2	3	4	6	7	8
y_i	2	3	6	7	5	3	2

解：

第 1 步：选取 2 次多项式函数作为近似回归函数

$$w(x,c_0,c_1,c_2)=c_0+c_1x+c_2x^2$$

第 2 步：计算数据点的误差并求取误差平方和

$$\varepsilon_0=c_0+c_1x_0+c_2x_0^2-y_0;\ \varepsilon_1=c_0+c_1x_1+c_2x_1^2-y_1;\ \varepsilon_2=c_0+c_1x_2+c_2x_2^2-y_2;$$

$$\varepsilon_3=c_0+c_1x_3+c_2x_3^2-y_3;\ \varepsilon_4=c_0+c_1x_4+c_2x_4^2-y_4;\ \varepsilon_5=c_0+c_1x_5+c_2x_5^2-y_5;$$

$$\varepsilon_6=c_0+c_1x_6+c_2x_6^2-y_6$$

$$J=\sum_{i=0}^{6}\varepsilon_i^2=\sum_{i=0}^{6}[(c_0+c_1x_i+c_2x_i^2)-y_i]^2$$

第 3 步：使用极值求误差最小

$$\begin{cases}7c_0+31c_1+179c_2=28\\31c_0+179c_1+1\ 171c_2=121\\179c_0+1\ 171c_1+8\ 147c_2=635\end{cases}$$

第 4 步：根据上述三元一次方程求解待定多项式系数

$$c_0=-1.318\ 2;\ c_1=3.431\ 8;\ c_2=-0.386\ 4$$

故所求 2 次多项式回归模型为

$$w(x)=-1.318\ 2+3.431\ 8x-0.386\ 4x^2$$

3.2.5　非线性回归

很多工程问题的描述函数不具有线性形式，是典型的非线性问题，需要用到非线性回归。

1. 分数形式

已知数据点（x_i，y_i），近似满足分数形式的回归函数模型。

$$\frac{1}{y}=a+\frac{b}{x} \tag{3-110}$$

令 $u=\dfrac{1}{x}$；$v=\dfrac{1}{y}$，数据点的坐标由（x_i，y_i）变为（u_i，v_i），则式（3-110）的分数形式非线性回归可转化为一维线性回归问题，即

$$v=c_0+c_1u \tag{3-111}$$

对该线性回归问题进行求解得到待定系数，则原回归函数的待定参数为 $a=c_0$；$b=c_1$。

【算例 3-15】 对彗星 Tentax 的运行轨迹进行观测，获得极坐标系下的某些角度处相应

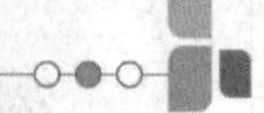

的极径函数值见表 3-24，试求经验公式：$r=\dfrac{p}{1-a\cos\theta}$。

表 3-24　给定的数据点

i	0	1	2	3	4
θ_i	48	67	83	108	126
r_i	2.7	2	1.61	1.2	1.02

【分析思路】 此问题是分数形式的非线性回归，可将其转化为线性回归来解决。

解：

第 1 步：由给定经验公式变换可得

$$\frac{1}{r}=\frac{1}{p}-\frac{a}{p}\cos\theta$$

第 2 步：令 $u=\cos\theta$；$v=\dfrac{1}{r}$，上式变换为

$$v=w(u)=c_0+c_1u$$

其中 $c_0=\dfrac{1}{p}$；$c_1=-\dfrac{a}{p}$。

第 3 步：数据点经过转换，由（x_i，y_i）变为（u_i，v_i），见表 3-25。

表 3-25　变换后的数据点

i	0	1	2	3	4
u_i	0.669 1	0.390 7	0.121 9	−0.309 0	−0.587 8
v_i	0.370 4	0.5	0.621 1	0.833 3	0.980 4

对转化前后数据点分析比较（见图 3-25），数据点趋势由非线性转化为近似线性。

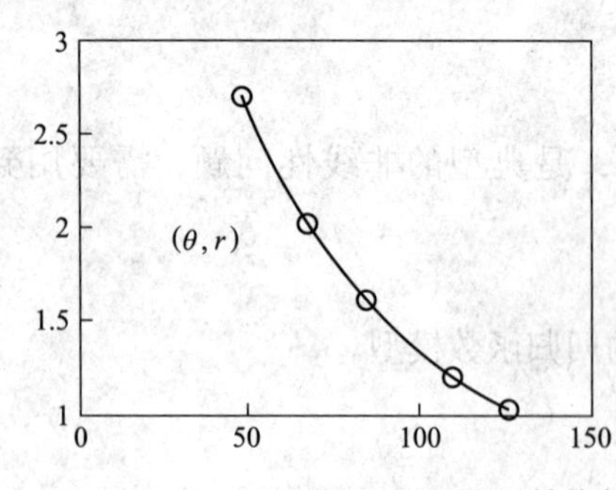

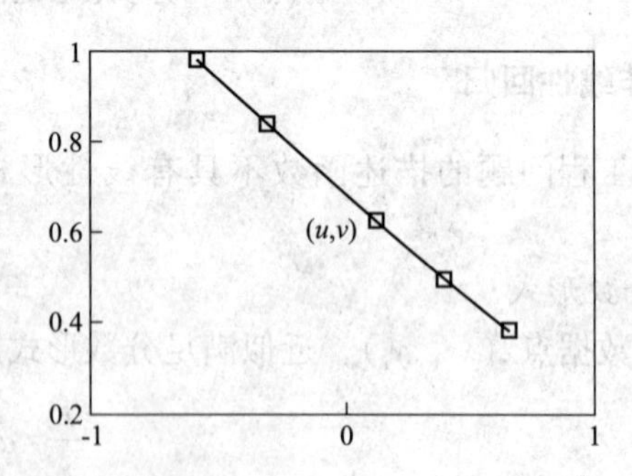

图 3-25　变量转换前后数据点趋势曲线对比

第 4 步：变换后数据点的线性回归误差平方和

$$J=\sum_{i=0}^{4}[w(u_i)-v_i]^2=\sum_{i=0}^{4}[(c_0+c_1u_i)-v_i]^2$$

第 5 步：使用极值求误差最小

$$
\begin{cases}
\dfrac{\partial J}{\partial c_0}=2\sum\limits_{i=0}^{4}(c_0+c_1u_i-v_i)=0\\
\dfrac{\partial J}{\partial c_1}=2\sum\limits_{i=0}^{4}(c_0+c_1u_i-v_i)u_i=0
\end{cases}
$$

解得

$$c_0=0.688\ 6;\ c_1=-0.483\ 9$$

即线性回归函数为

$$w(u)=0.688\ 6-0.483\ 9u$$

第 6 步：求解原函数

$$
\begin{cases}
p=\dfrac{1}{c_0}=1.452\ 2\\
a=-pc_1=-\dfrac{c_1}{c_0}=0.702\ 7
\end{cases}
$$

即待求经验公式为

$$r(\theta)=\frac{1.452\ 2}{1-0.702\ 7\cos\theta}$$

回归曲线如图 3-26 所示。

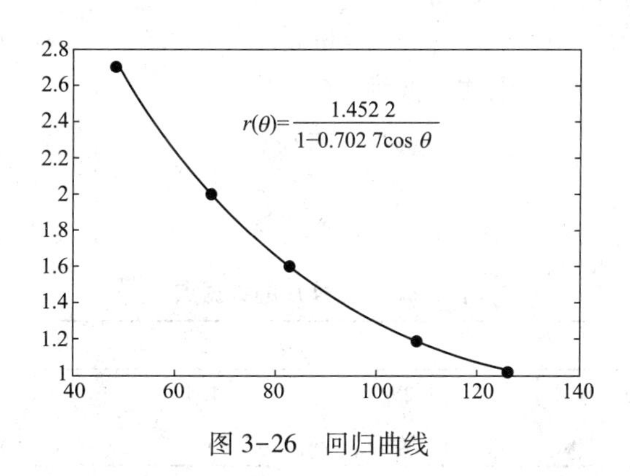

图 3-26　回归曲线

2. 幂函数形式

已知数据点（x_i，y_i），近似满足幂函数形式的回归函数模型

$$y=ax^b \tag{3-112}$$

整理变形得

$$\ln y=\ln a+b\ln x \tag{3-113}$$

令 $u=\ln x$；$v=\ln y$，数据点的坐标由（x_i，y_i）变为（u_i，v_i），则式（3-112）的幂函数形式非线性回归转化为一维线性回归问题，即

$$v=c_0+c_1u \tag{3-114}$$

对该线性回归问题进行求解得到待定系数，则原回归函数的待定参数为 $a=\mathrm{e}^{c_0}$，$b=c_1$。

3. 指数形式

已知数据点（x_i，y_i），近似满足指数函数形式的回归函数模型

$$y=ae^{bx} \tag{3-115}$$

整理变形得

$$\ln y=\ln a+bx \tag{3-116}$$

令 $u=x$；$v=\ln y$，数据点的坐标由（x_i，y_i）变为（u_i，v_i），则式（3-115）的指数函数形式非线性回归转化为一维线性回归问题，即

$$v=c_0+c_1u \tag{3-117}$$

对该线性回归问题进行求解得到待定系数，则原回归函数的待定参数为 $a=e^{c_0}$，$b=c_1$。

【算例 3-16】 假设某试验数据（见表 3-26）符合指数分布规律，试确定经验公式：$y=ae^{bx}$。

表 3-26　给定的数据点

i	0	1	2	3	4
x_i	1	1.25	1.5	1.75	2
y_i	5.10	5.79	6.53	7.45	8.46

【分析思路】 此问题是标准指数形式的非线性回归，可将其转化为线性回归来解决。

解：

第 1 步：由给定经验公式变换可得

$$\ln y=\ln a+bx$$

第 2 步：令 $u=x$；$v=\ln y$，上式变换为

$$v=w(u)=c_0+c_1u$$

其中 $c_0=\ln a$；$c_1=b$。

第 3 步：数据点经过转换，由（x_i，y_i）变为（u_i，v_i），见表 3-27。

表 3-27　变换后的数据点

i	0	1	2	3	4
u_i	1	1.25	1.5	1.75	2
v_i	1.629 2	1.756 1	1.876 3	2.008 2	2.135 3

对转化前后数据点分析比较（见图 3-27），数据点趋势由非线性转化为近似线性。

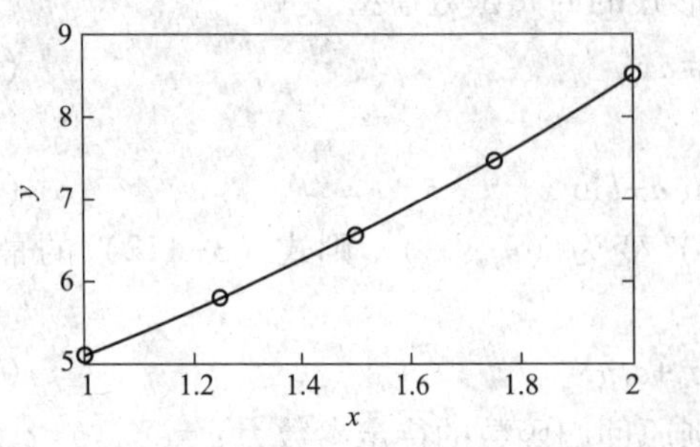

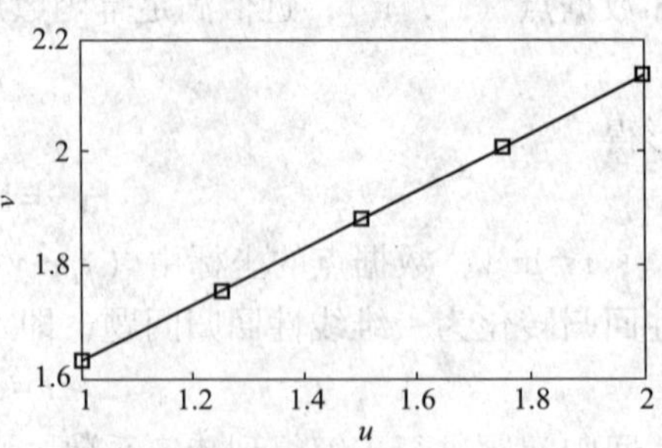

图 3-27　变量转换前后数据点趋势曲线对比

第 4 步：变换后数据点的线性回归误差平方和

$$J=\sum_{i=0}^{4}[w(u_i)-v_i]^2=\sum_{i=0}^{4}[(c_0+c_1u_i)-v_i]^2$$

第 5 步：使用极值求误差最小

$$\begin{cases}\dfrac{\partial J}{\partial c_0}=2\sum\limits_{i=0}^{4}(c_0+c_1u_i-v_i)=0\\ \dfrac{\partial J}{\partial c_1}=2\sum\limits_{i=0}^{4}(c_0+c_1u_i-v_i)u_i=0\end{cases}$$

即

$$\begin{cases}10c_0+15c_1=18.81\\ 15c_0+23.75c_1=28.85\end{cases}$$

解得 $c_0=1.122\,5$；$c_1=0.505\,7$。

即线性回归函数为

$$w(u)=1.122\,5+0.505\,7u$$

第 6 步：求解原函数

$$\begin{cases}a=\mathrm{e}^{c_0}=3.072\,5\\ b=c_1=0.505\,7\end{cases}$$

即待求经验公式为

$$y=3.072\,5\mathrm{e}^{0.505\,7x}$$

回归曲线如图 3-28 所示。

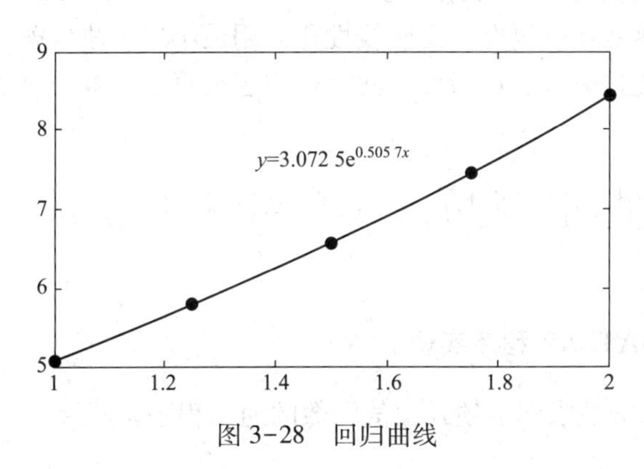

图 3-28　回归曲线

4. 对数形式

已知数据点（x_i，y_i），近似满足指数函数形式的回归函数模型

$$y=a+b\ln x \tag{3-118}$$

令 $u=\ln x$；$v=y$，数据点的坐标由（x_i，y_i）变为（u_i，v_i），则式（3-118）的对数函数形式非线性回归转化为一维线性回归问题，即

$$v=c_0+c_1u \tag{3-119}$$

对该线性回归问题进行求解得到待定系数，则原回归函数的待定参数为 $a=c_0$；$b=c_1$。

5. 不能转化为线性回归形式的非线性回归

(1) 含常数项的特殊指数形式。

已知数据点 (x_i, y_i)，建立指数形式的近似模型

$$y = w(x) = ae^{bx} + c \tag{3-120}$$

计算误差平方和

$$J = \sum_{i=0}^{n} [w(x_i) - y]^2 = \sum_{i=0}^{n} [(ae^{bx_i} + c) - y_i]^2 \Rightarrow \min \tag{3-121}$$

使用极值求误差最小

$$\begin{cases} \dfrac{\partial J}{\partial a} = 2\sum_{i=0}^{n} [(ae^{bx_i} + c) - y_i] \cdot e^{bx_i} = 0 \\ \dfrac{\partial J}{\partial b} = 2\sum_{i=0}^{n} [(ae^{bx_i} + c) - y_i] \cdot x_i ae^{bx_i} = 0 \\ \dfrac{\partial J}{\partial c} = 2\sum_{i=0}^{n} [(ae^{bx_i} + c) - y_i] = 0 \end{cases} \tag{3-122}$$

上式为关于待定系数的非线性方程组，无通用解法，需用非线性方程求最优的数值迭代方法。

(2) 振动方程形式。

已知数据点 (x_i, y_i)，建立振动方程形式的近似模型

$$y(t) = Ae^{-\xi\omega_n t}\sin(\omega_d t + \varphi) \tag{3-123}$$

这是典型的振动问题的参数识别问题。

很多工程问题的函数比较复杂，无法线性化或用最小二乘法求解。为解决复杂问题的优化，近年出现了很多先进方法，如遗传算法、模拟退火算法、蚁群算法等。

3.3 插值与回归的 MATLAB 程序实现

3.3.1 数据插值的 MATLAB 程序实现

【M3-1】 待定系数法求解多项式插值函数的通用程序。

```
>> clear;
>> xi=[1;4;6];
>> yi=[0;1.386294;1.791759];
>> n=length(xi);
>> V=ones(n);
>> for i=1:n
>>     for j=1:n
>>         V(i,j)=xi(i)^(j-1);
>>     end
>> end
```

```
>> a=inv(V)* yi;
>> x=1:0.1:6;
>> for i=1:length(x)
>>     y(i)=a(1)+a(2)* x(i)+a(3)* x(i)^2;
>> end
>> plot(x,y,'r-',xi,yi,'ko')
```

【M3-2】 利用待定系数法求高次插值函数的病态问题描述。

```
>> clear;
>> xi=0:0.02:1;
>> n=length(xi);
>> for i=1:n
>>     ai(i,1)=(-1)^(i-1)* sqrt(i);
>> end
>> yi=zeros(n,1);
>> for i=1:n
>>     for j=1:n
>>       yi(i)=yi(i)+ai(j)* xi(i)^(j-1);
>>     end
>> end
>> V=ones(n);
>> for i=1:n
>>     for j=1:n
>>         V(i,j)=xi(i)^(j-1);
>>     end
>> end
>> dV=det(V)
>> a=inv(V)* yi;
>> ea=ai-a;
% figure
>> x=0:0.001:1;
>> N=length(x);
>> y=zeros(N,1);
>> for i=1:length(x)
>>     for j=1:n
>>     y(i)=y(i)+a(j)* x(i)^(j-1);
>>     end
>> end
>> subplot(2,1,1)
>> plot(x,y,'k-',xi,yi,'r-o');
>> subplot(2,1,2);
>> plot(1:n,a,'k-d',1:n,ai,'r-* ')
```

【M3-3】 拉格朗日多项式插值函数的应用（算例 3-1、算例 3-4）。

```
>> % 拉格朗日各次插值函数比较
>> clear;
>> % Part1—变量定义
>> x0=0; y0=0;
>> x1=pi/6; y1=1/2;
>> x2=pi/2; y1=1;
>> x=0:0.01:pi/2;

>> % Part2—程序主体
>> for i=1:length(x)
>>     ye(i)=sin(x(i)); % 真实函数值
>>     L1(i)=y0* (x1-x(i))/(x1-x0)+y1* (x(i)-x0)/(x1-x0);     % 线性插值
>>     L2(i)=y0* ((x(i)-x1)* (x(i)-x2))/((x0-x1)* (x0-x2))+
y1* ((x(i)-x0)* (x(i)-x2))/((x1-x0)* (x1-x2))+
y2* ((x(i)-x0)* (x(i)-x1))/((x2-x0)* (x2-x1));  % 抛物线插值
>> end
>> % Part3—绘图呈现计算结果
>> plot(x,L1,'k-',x,L2,'g-',x,ye,'r-',x0,y0,'ro',x1,y1,'rd',x2,y2,'rs');
>> legend('线性插值','抛物线插值','y=sinx')
```

【M3-4】 牛顿插值多项式插值函数的应用（算例 3-7）。

```
>> % 牛顿插值法
>> clear;
>> % Part1—变量定义
>> xi=[1;4;6;8;10];
>> yi=[0;1.386249;1.791759;2.079442;2.302585];
>> n=length(xi); % 计算变量 xi 长度
>> B=zeros(n,n); % 生成 n 阶 0 矩阵

>> % Part2—程序主体
>> B(1,:)=yi'; % yi 转置赋值给 B 矩阵第一行
>> for i=1:n-1
>>     for j=1:n-i
>>             B(i+1,j)=(B(i,j+1)-B(i,j))/(xi(i+j)-xi(j)); % 求各阶差商
>>     end
>> end
>> % 各次牛顿插值多项式比较
>> x=1:0.1:10;
>> for i=1:length(x)
>>     ye(i)=log(x(i)); % 真实函数值
>>     y1(i)=B(1,1)+B(2,1)* (x(i)-xi(1)); % 牛顿 1 次插值
```

```
>>     y2(i)=B(1,1)+B(2,1)* (x(i)-xi(1))+B(3,1)* (x(i)-xi(1))* (x(i)-xi(2); %
牛顿 2 次插值
>> y3(i)=B(1,1)+B(2,1)* (x(i)-xi(1))+B(3,1)* (x(i)-xi(1))* (x(i)-xi(2))+B(4,
1)* (x(i)-xi(1))* (x(i)-xi(2))* (x(i)-xi(3)); % 牛顿 3 次插值
>> y4(i)=B(1,1)+B(2,1)* (x(i)-xi(1))+B(3,1)* (x(i)-xi(1))* (x(i)-xi(2))+B(4,
1)* (x(i)-xi(1))* (x(i)-xi(2))* (x(i)-xi(3))+B(5,1)* (x(i)- >> xi(1))* (x(i)-
xi(2))* (x(i)-xi(3))* (x(i)-xi(4));% 牛顿 4 次插值
>> end
>> plot(x,ye,'k--',x,y1,'r-',x,y2,'b-',x,y3,'g-',x,y4,'c-')
>> legend('y=logx','牛顿 1 次插值','牛顿 2 次插值','牛顿 3 次插值','牛顿 4 次插值')
```

【M3-5】 龙格现象（箕舌线函数）。

```
>> % 各次牛顿插值多项式比较
>> clear
>> % Part1—定义变量
>> N=20; % 20 个数据
>> for i=1:N+1
>>     xi(i)=-5+10* (i-1)/N;  % 定义变量 xi
>>     yi(i)=1/(1+xi(i)^2);    % 变量 y=1/xi^2
>> end
>> n=length(xi); % xi 长度
>> B=zeros(n,n); % 生成 n 阶 0 矩阵
>> B(1,:)=yi'; % yi 转置赋值给 B 矩阵的第一行
>> % Part2—程序主体
>> for i=1:n-1
>>     for j=1:n-i
>>     B(i+1,j)=(B(i,j+1)-B(i,j))/(xi(i+j)-xi(j));  % 各阶差商计算
>>     end
>> end
>> b=B(2:end,1); % B 矩阵除第 1 个元素外的第 1 列向量赋值给矩阵 b
>> x=-5:0.1:5; % 变量 x 区间[-5,5],步长 0.1
>> for j=1:length(x)
>>     Y(1,j)=B(1,1); % Y 矩阵第一行元素都等于 B 矩阵第 1 个元素
>>     p(1,j)=1; % p 矩阵第 1 行元素都等于 1
>> end
>> for i=1:length(b)
>>     for j=1:length(x)
>>           p(i+1,j)=p(i,j)* (x(j)-xi(i));  % 计算(x-x0)(x-x1)…(x-xn-1)
>>           Y(i+1,j)=Y(i,j)+b(i)* p(i+1,j);    % 计算 Nn(x)
>>     end
>> end
>> % Part3—绘图呈现计算结果
```

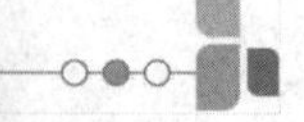


```
>> plot(xi,yi,'k--',x,Y(end,:),'g-')
```

【M3-6】分段线性插值的应用（算例 3-9）。

```
>> % Part1—定义变量
>> clear
>> xi=[3.0;4.5;7.0;9.0];
>> yi=[2.5;1.0;2.5;0.5];
>> n=length(xi); % xi 长度
>> B=zeros(n,n); % 生成 n 阶 0 矩阵
>> B(1,:)=yi'; %  yi 转置赋值给 B 矩阵的第一行

>> % Part2—程序主体
>> for i=1:n-1
>>     for j=1:n-i
>>     B(i+1,j)=(B(i,j+1)-B(i,j))/(xi(i+j)-xi(j)); %  计算各阶差商
>>     end
>> end
>> b=B(2:end,1); % B 矩阵除第 1 个元素外的第 1 列向量赋值给矩阵 b
>> x=2:0.1:10; % 变量 x 区间[2,10],步长 0.1
>> for j=1:length(x)
>>     Y(1,j)=B(1,1);
>>     p(1,j)=1;
>> end
>> for i=1:length(b)
>>     for j=1:length(x)
>>            p(i+1,j)=p(i,j)* (x(j)-xi(i)); %  计算(x-x0)(x-x1)……(x-xi-1)
>>            Y(i+1,j)=Y(i,j)+b(i)* p(i+1,j); %  计算 Ni(x)
>>     end
>> end

>> % Part3—绘图呈现计算结果
>> plot(xi,yi,'ko-',x,Y(4,:),'r-',)
```

【M3-7】 分段 3 次厄米特插值的应用及比较（算例 3-10）。

```
>> clear;
>> N=10;
>> for i=1:N+1
>>     xi(i)=-5+10* (i-1)/N;
>>     yi(i)=1/(1+xi(i)^2);
>>     ypi(i)=-2* xi(i)/((1+xi(i)^2)^2);
>> end
```

```
>> n=length(xi);
>> B=zeros(n,n);
>> B(1,:)=yi';
>> for i=1:n-1
>>     for j=1:n-i
>>     B(i+1,j)=(B(i,j+1)-B(i,j))/(xi(i+j)-xi(j));
>>     end
>> end
>> b=B(2:end,1);
>> x=-5:0.1:5;
>> for j=1:length(x)
>>     Y(1,j)=B(1,1);
>>     p(1,j)=1;
>> end
>> for i=1:length(b)
>>     for j=1:length(x)
>>           p(i+1,j)=p(i,j)* (x(j)-xi(i));
>>           Y(i+1,j)=Y(i,j)+b(i)* p(i+1,j);
>>   end
>> end
>> syms r
>> for i=1:n-1
>>     i
>>     a=xi(i);
>>     b=xi(i+1);
>>     A(i,1)=(1+2* (r-a)/(b-a))* ((r-b)/(a-b))^2;
>>     A(i,2)=(1+2* (r-b)/(a-b))* ((r-a)/(b-a))^2;
>>     A(i,3)=(r-a)* ((r-b)/(a-b))^2;
>>     A(i,4)=(r-b)* ((r-a)/(b-a))^2;
>>     H(i,1)=A(i,1)* yi(i)+A(i,2)* yi(i+1)+A(i,3)* ypi(i)+A(i,4)* ypi(i+1);
>> end
>> H
>> Hr=vpa(collect(H),8)
>> for i=1:length(Hr)
>>     Ce(i,:)=sym2poly(Hr(i));
>> end
>> Ce=vpa(Ce,10)
>> for i=1:length(x)
>>     ye(i)=1/(1+x(i)^2);
>>     for j=1:n-1
>>         if x(i)>=xi(j)& x(i)<=xi(j+1)
>>             H3(i)=Ce(j,1)* x(i)^3+Ce(j,2)* x(i)^2+Ce(j,3)* x(i)+Ce(j,4);
```

```
>>        end
>>    end
>> end
>> plot(x,ye,'k-',x,Y(11,:),'g-',xi,yi,'bo-',x,H3,'r-');
```

【M3-8】 分段 3 次样条插值的应用及比较（算例 3-11）。

```
>> % 分段 3 次样条插值算例
>> % Part1—定义变量
>> clear
>> xi=[-1;0;1;2];
>> yi=[0;0.5;2;1.5];
>> yp_L=0.5;  % 左 1 阶导数值
>> yp_R=-0.5;    % 右 1 阶导数值
>> n=length(xi); % xi 长度
>> % Part2—主程序
>> for i=1:n-1
>>    h(i)=xi(i+1)-xi(i);    % 求步长 hi
>> end
>> % 计算 d,λ,μ
>> d=zeros(n,1); % 生成元素都是 0 的 n 维列向量
>> miu=zeros(n-2,1); % 生成元素都是 0 的 n-2 维列向量
>> lam=zeros(n-2,1); % 生成元素都是 0 的 n-2 维列向量
>> d(1)=6/h(1)* ((yi(2)-yi(1))/h(1)-yp_L); % 计算 d1
>> d(n)=6/h(n-1)* (yp_R-(yi(n)-yi(n-1))/h(n-1)); % 计算 dn
>> for i=2:n-1
>>  miu(i-1)=h(i-1)/(h(i-1)+h(i)); % 计算 μi
>>  lam(i-1)=1-miu(i-1); % 计算 λi
>> d(i)=6/(h(i-1)+h(i))* ((yi(i+1)-yi(i))/h(i)-(yi(i)-yi(i-1))/h(i-1));
>> % 计算 di
>> end
>> % 构造系数矩阵
>> A=zeros(n,n); % 生成 n 阶 0 矩阵
>> A(1,1)=2; % A 矩阵第 1 个元素是 2
>> A(1,2)=1; % A 矩阵第 1 行第 2 个元素是 1
>> A(n,n-1)=1; % A 矩阵第 n 行第 n-1 个元素是 1
>> A(n,n)=2; % A 矩阵第 n 行第 n 个元素是 2
>> for i=2:n-1
>>    A(i,i)=2; % A 矩阵对角线元素为 2
>>    A(i,i-1)=miu(i-1); % A 矩阵第 i 行第 i-1 个元素是 μ(i-1)
>>    A(i,i+1)=lam(i-1); % A 矩阵第 i 行第 i+1 个元素是 λ(i-1)
>> end
>> Sm=inv(A)* d; % 计算 M=A^-1* d
```

```
>> syms r  % 定义符号变量 r
>> for i=1:n-1
>>S(i)=(xi(i+1)-r)^3/(6* h(i))* Sm(i)+(r-xi(i))^3/(6* h(i))* Sm(i+1)+((yi(I+
1)-yi(i))/h(i)-h(i)/6* (Sm(i+1)-Sm(i)))* (r->> xi(i))+yi(i)-h(i)^2/6* Sm(i);
>> end
>> Sr=vpa(collect(S),8); % 合并同类项
>> for i=1:length(Sr)
>>    Se(i,:)=sym2poly(Sr(i)); % 符号表达式转化为系数矩阵
>> end
>> x=-1:0.1:2; % 变量 x 区间[-1,2],步长 0.1
>> for i=1:length(x)
>>    for j=1:n-1
>>        if x(i)>=xi(j)& x(i)<=xi(j+1) % 变量 x(i)要在区间 xi(j)~xi(j+1)之间
>>           S3(i)=Se(j,1)* x(i)^3+Se(j,2)* x(i)^2+Se(j,3)* x(i)+Se(j,4);
>>        end
>>    end
>> end

>> % 牛顿多项式插值
>> B=zeros(n,n);
>> B(1,:)=yi';
>> for i=1:n-1
>>    for j=1:n-i
>>    B(i+1,j)=(B(i,j+1)-B(i,j))/(xi(i+j)-xi(j));
>>    end
>> end
>> b=B(2:end,1);
>> for j=1:length(x)
>>    Y(1,j)=B(1,1);
>>    p(1,j)=1;
>> end
>> for i=1:length(b)
>>    for j=1:length(x)
>>          p(i+1,j)=p(i,j)* (x(j)-xi(i));
>>          Y(i+1,j)=Y(i,j)+b(i)* p(i+1,j);
>>    end
>> end
>> plot(xi,yi,'ko-',x,Y(4,:),'r-',x,S3,'b-');
```

3.3.2 数据回归的 MATLAB 程序实现

【M3-9】 基于最小二乘回归准则应用的一维线性回归（算例 3-12）。

```
>> % Part1—定义变量
>> xi=[0;0.2;0.4;0.6;0.8];
>> yi=[0.9;1.9;2.8;3.3;4.2];
>> n=length(xi); % xi 长度
>> syms c1 c2  % 定义符号变量

>> % Part2—主程序
>> for i=1:n
>>    eb(i)=c1* xi(i)+c2-yi(i); % 误差值
>> end
>> J=0;
>> for i=1:n
>>    J=J+eb(i)^2; % 误差平方和
>> end
>> J1=collect(J,c1) % 合并同类项,变量为 c1
>> J2=collect(J,c2) % 合并同类项,变量为 c2
>> f1=diff(J,c1) % 对 c1 求偏导
>> f2=diff(J,c2) % 对 c2 求偏导

>> % Part3—绘图呈现计算结果
>> x=0:0.01:0.8;
>> % S1=polyfit(xi,yi,1);  % 拟合函数,得到系数矩阵
>> for i=1:length(x)
>>    y(i)=4* x(i)+1.02;  % 拟合函数
>> end
>> plot(xi,yi,'ko',x,y,'r-')
```

【M3-10】 基于最小二乘回归准则应用的二维线性回归（算例 3-13）。

```
>> % 线性拟合
>> % Part1—定义变量
>> clear;
>> xi=[2;4;5;8;9];
>> yi=[3;5;7;9;12];
>> zi=[48;50;51;55;56]
>> n=length(xi); % xi 长度

>> % Part2—主程序
>> syms c1 c2 c3% 定义符号变量
>> for i=1:n
>>    eb(i)=c1* xi(i)+c2* yi(i)+c3-zi(i); % 误差
>> end
>> J=0;
>> for i=1:n
```

```
>>    J=J+eb(i)^2; % 误差平方和
>> end
>> J1=collect(J,c1) % 合并同类项,变量c1
>> J2=collect(J,c2)
>> J3=collect(J,c3)
>> dJ1=diff(J,c1) % 对c1求偏导
>> dJ2=diff(J,c2)
>> dJ3=diff(J,c3)
>> x=2:1:9;
>> y=3:1:12;
>> for i=1:length(x)
>>    for j=1:length(y)
>>    z(i,j)=1.3392* x(i)-0.1386* y(j)+45.4985; % 拟合函数
>>    end
>> end
```

【M3-11】基于最小二乘回归准则应用的2次多项式回归（算例3-14）。

```
>> % polyfit多项式拟合的应用
>> % Part1—定义变量
>> xi=[1;2;3;4;6;7;8];
>> yi=[2;3;6;7;5;3;2];
>> S1=polyfit(xi,yi,1); % 1次多项式回归,得到系数矩阵
>> S2=polyfit(xi,yi,2);
>> S3=polyfit(xi,yi,3);
>> S4=polyfit(xi,yi,4);
>> x=1:0.1:8;

>> % Part2—程序主体
>> for i=1:length(x)
>>    y1(i)=S1(1)* x(i)+S1(2); % 1次多项式拟合函数
>>    y2(i)=S2(1)* x(i)^2+S2(2)* x(i)+S2(3); % 2次多项式拟合函数
>>    y3(i)=S3(1)* x(i)^3+S3(2)* x(i)^2+S3(3)* x(i)+S3(4); % 3次多项式拟合函数
>>    y4(i)=S4(1)* x(i)^4+S4(2)* x(i)^3+S4(3)* x(i)^2+S4(4)* x(i)+S4(5);
>> end
>> % Part3—绘图呈现计算结果
>> plot(x,y1,'r-',x,y2,'b-',x,y3,'g-',x,y4,'c-',xi,yi,'ko');
>> legend('1次多项式拟合','2次多项式拟合','3次多项式拟合','4次多项式拟合')
```

【M3-12】　非线性回归转化为线性回归问题的应用1（算例3-15）。

```
% 分数形式函数经验公式的回归
>> clear;
```

```
>> xi=[48;67;83;108;126];
>> yi=[2.7;2;1.61;1.2;1.02];
>> for i=1:length(xi)
>>     ui(i)=cos(xi(i)* pi/180);
>>     vi(i)=1/yi(i);
>> end
>> subplot(1,2,1);
>> plot(xi,yi,'ko-');
>> subplot(1,2,2);
>> plot(ui,vi,'b-s');
>> n=length(ui);
>> syms a0 a1
>> for i=1:n
>>     eb(i)=a0+a1* ui(i)-vi(i);
>> end
>> J=0;
>> for i=1:n
>>     J=J+eb(i)^2;
>> end
>> % J1=collect(J,a0);
>> % J2=collect(J,a1);
>> dJ1=diff(J,a0);
>> dJ2=diff(J,a1);
>> % diff(J,c2)
>> S1=polyfit(ui,vi,1);
>> p=1/S1(2);
>> e=-p* S1(1);
>> x=48:1:126;
>> for i=1:length(x)
>>     y(i)=p/(1-e* cos(x(i)* pi/180));
>> end
>> figure;
>> plot(xi,yi,'ko-',x,y,'r-')
```

【M3-13】 非线性回归转化为线性回归问题的应用 2（算例 3-16）。

```
% 标准指数形式经验公式的回归
>> clear;
>> xi=[1;1.25;1.5;1.75;2];
>> yi=[5.10;5.79;6.53;7.45;8.46];
>> for i=1:length(xi)
>>     ui(i)=xi(i);
>>     vi(i)=log(yi(i));
```

```
>> end
>> subplot(1,2,1);
>> plot(xi,yi,'ko-');
>> subplot(1,2,2);
>> plot(ui,vi,'b-s');
>> n=length(ui);
>> syms a0 a1
>> for i=1:n
>>     eb(i)=a0+a1* ui(i)-vi(i);
>> end
>> J=0;
>> for i=1:n
>>     J=J+eb(i)^2;
>> end
>> % J1=collect(J,a0);
>> % J2=collect(J,a1);
>> dJ1=diff(J,a0);
>> dJ2=diff(J,a1);
>> % diff(J,c2)
>> S1=polyfit(ui,vi,1);
>> b=S1(1);
>> a=exp(S1(2));
>> x=1:0.1:2;
>> for i=1:length(x)
>>     y(i)=a* exp(b* x(i));
>> end
>> figure;
>> plot(xi,yi,'ko-',x,y,'r-')
```

习题

1. 已知数据见表 3-28，请用拉格朗日插值公式计算 $x=1.130$ 处的 y 值。

表 3-28　习题 1 数据

i	0	1	2	3
x_i	1. 127 5	1. 150 3	1. 173 5	1. 193 2
y_i	0. 119 1	0. 139 54	1. 159 32	0. 179 03

2. 已知数据见表 3-29，请用牛顿插值公式计算 $x=1.5$ 时的 y 值。

表 3-29　习题 2 数据

i	0	1	2	3
x_i	−1	0	2	3
y_i	−4	−1	0	3

3. 用线性插值估计以 10 为底的对数，并对每个插值结果计算其相对误差。

（1）在 lg 8＝0.903 090 0 与 lg 12＝1.079 181 2 之间进行插值。

（2）在 lg 9＝0.954 242 5 与 lg 11＝1.041 392 7 之间进行插值。

4. 已知 lg 8＝0.903 090 0，lg 9＝0.954 242 5，lg 11＝1.041 392 7 和 lg 12＝1.079 181 2 四个数据点，请分别构造一个 3 次拉格朗日插值多项式和一个 3 次牛顿插值多项式，并用其估计 lg 10 的值。

5. 给定数据见表 3-30。

表 3-30　习题 5 数据

i	0	1	2	3	4	5
x_i	1.6	2	2.5	3.2	4	4.5
y_i	2	8	14	15	8	2

根据需要选取适当的数据点，用 1 至 3 次牛顿插值多项式计算 $f(2.8)$ 的值。

6. 给定数据见表 3-31。

表 3-31　习题 6 数据

i	0	1	2	3	4	5
x_i	1	2	3	5	7	8
y_i	3	6	19	99	291	444

根据需要选取适当的数据点，用 1 至 4 次牛顿插值多项式计算 $f(4)$ 的值。

7. 请基于 MATLAB 开发、调试和测试一个程序来实现牛顿插值多项式，并用其求解习题 4、习题 5 和习题 6。

8. 由 $f(t)=\sin^2 t$ 函数在区间［0，2π］等间距地生成 8 个数据点，分别用以下方法构造插值函数：

（1）7 次牛顿插值多项式函数；

（2）3 次样条插值函数。

9. 龙格（Runge）函数为

$$f(x)=\frac{1}{1+25x^2}$$

（1）绘制这个函数在区间［−1，1］的图形。

（2）使用对应于 $x=-1$，−0.5，0，0.5 和 1 的均布函数值，生成 4 次拉格朗日插值多项式，并绘制其图形。

（3）对于（2）中的 5 个点，使用 1 至 4 次牛顿插值多项式估计 $f(0.8)$ 的值。

（4）对于（2）中的 5 个点，生成 3 次样条，并绘制其图形。

10. MATLAB 内置的驼峰函数用于描述它的一些数值功能：

$$f(x)=\frac{1}{(x-0.3)^2+0.01}+\frac{1}{(x-0.9)^2+0.04}-6$$

驼峰函数在相当小的 x 定义域中出现了平坦部分和急剧变化的部分。在［0，1］区间内以间隔 0.1 等间距地生成数据点，用 3 次样条插值函数拟合这些数据，并绘制其图形，以比较拟合结果和准确的驼峰函数。

11. 表 3-22 数据定义了淡水中溶解氧的海平面浓度，该浓度是温度的函数。

表 3-32　习题 11 数据

i	0	1	2	3	4	5
T/℃	0	8	16	24	32	40
O/(mg/L)	14.621	11.843	9.870	8.418	7.305	6.413

分别使用线性插值、牛顿插值多项式和 3 次样条插值函数估计 $O(27)$。（提示：参考精确值为 7.986 mg/L）

12. 给定某函数 $y=f(x)$ 的一组数据点见表 3-33。

表 3-33　习题 12 数据

i	0	1	2	3	4	5	6	7	8
x_i	1	2	3	4	5	6	7	8	9
y_i	1	1.5	2	3	4	5	8	10	13

（1）使用最小二乘法，用直线进行回归。

（2）使用最小二乘法，用抛物线来回归，并将结果与（1）的结果进行比较。

13. 表 3-34 数据为函数 $y=f(x)$ 的一组数据，用最小二乘法分别进行 2 次和 3 次多项式的回归，并进行比较。

表 3-34　习题 13 数据

i	0	1	2	3	4
x_i	-2	-1	0	1	2
y_i	-0.1	0.1	0.4	0.9	1.6

14. 设表 3-35 是函数 $y=ae^{bx}$ 的一组实测数据，请用最小二乘法确定函数中的系数 a，b。

表 3-35　习题 14 数据

i	0	1	2	3
x_i	1	2	3	4
y_i	60	30	20	15

15. 假设某化学反应中获得分解物浓度 y 关于时间 t 的函数 $y=f(t)$，数据表 3-36 给定

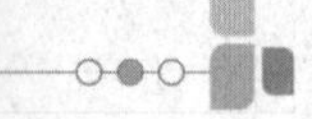

的时间区间内近似呈现指数双曲规律，形如经验公式：$y=ae^{-b/t}$（$a>0$，$b>0$），请确定参数 a，b 的值。

表 3-36　习题 15 数据

i	0	1	2	3	4	5	6	7	8	9	10
t_i	5	10	15	20	25	30	35	40	45	50	55
y_i（$\times10^4$）	1.27	2.16	2.86	3.44	3.87	4.15	4.37	4.51	4.58	4.62	4.64

16. 一些模型可以通过变换的方法进行线性化，如：

$$y=\alpha_4 x e^{\beta_4 x}$$

将上面的模型线性化，基于表 3-37 的数据来估计参数 α_4 和 β_4，并在图中画出这些数据和拟合的结果。

表 3-37　习题 16 数据

i	0	1	2	3	4	5	6	7	8
x_i	0.1	0.2	0.4	0.6	0.9	1.3	1.5	1.7	1.8
y_i	0.75	1.25	1.45	1.25	0.85	0.55	0.35	0.28	0.18

17. 表 3-38 中的数据是一位研究人员在一次实验中得到的，以确定细菌的生长率 k。k 是氧气浓度 c(mg/L) 的函数。这些数据可以用下面的方程对其建模：

$$k=\frac{k_{\max}c^2}{c_s+c^2}$$

其中，c_s 和 $k_{\max}$ 为参数。使用一种变换将上面的方程线性化；然后用线性回归来估计参数 c_s 和 $k_{\max}$ 的值，并利用回归结果来预测 $c=2$ mg/L 处的增长率。

表 3-38　习题 17 数据

i	0	1	2	3	4
c_i	0.5	0.8	1.5	2.5	4
k_i	1.1	2.4	5.3	7.6	8.9

18. 一位研究人员报告了表 3-39 中的数据。这些数据可以用下面的方程对其建模：

$$y=e^{(x-b)/a}$$

其中 a 和 b 是参数。使用一种变换将上面的方程线性化；然后用线性回归来估计参数 a 和 b 的值，并利用回归结果来预测 $x=2.6$ 处的值。

表 3-39　习题 18 数据

i	0	1	2	3	4
x_i	1	2	3	4	5
y_i	0.5	2	2.9	3.5	4

19. 已知表 3-40 中的数据可以用方程对其建模：

$$y=\left(\frac{a+\sqrt{x}}{b\sqrt{x}}\right)^2$$

将上面的方程进行线性化变换。然后用线性回归来估计参数 a 和 b 的值，并利用回归结果来预测 $x=1.6$ 处的值。

表 3-40　习题 19 数据

i	0	1	2	3	4
x_i	0.5	1	2	3	4
y_i	10.4	5.8	3.3	2.4	2

20. 对材料施加一定的压力 P 来测试其周期疲劳损毁，施加不同的压力时，分别记录下引起材料损毁所需的轮数 N，结果见表 3-41。

表 3-41　习题 20 数据

i	0	1	2	3	4	5	6
N/轮	1	10	100	1 000	10 000	100 000	1 000 000
P/MPa	1 100	1 000	925	800	625	550	420

分别对轮数和压力取对数后，将结果画在图中，可以看出数据的趋势显示的是线性关系。用最小二乘回归方法确定这些数据的最佳拟合方程。

21. 表 3-42 中的数据表示在液体环境下细菌的增长过程。

表 3-42　习题 21 数据

i	0	1	2	3	4	5
d/天	0	4	8	12	16	20
N/($\times10^6$) 个	67	84	98	125	149	185

寻找能体现这些数据趋势的最佳拟合方程。分别尝试线性拟合、抛物线拟合和指数拟合，并预测 40 天后细菌的数量。

22. 在暴雨过后，对一个游泳区水中的大肠杆菌浓度进行检查，检测结果见表 3-43。

表 3-43　习题 22 数据

i	0	1	2	3	4	5
t/h	4	8	12	16	20	24
c/(CFU/100 mL)	1 590	1 320	1 000	900	650	560

在暴雨结束后，每隔几个小时测量一次，单位 CFU 表示“colony forming unit（群落形成单位）”的缩写。使用这些数据来估计：

（1）暴雨刚结束时（$t=0$）细菌的浓度。

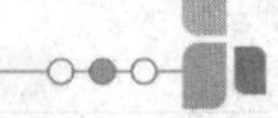

（2）细菌浓度达到 200 CFU/100 mL 的时间。

23. 在加热盘的不同点上测量温度，数据见表 3-44。

表 3-44　习题 23 数据

	$x=0$	$x=2$	$x=4$	$x=6$	$x=8$
$x=0$	100.00	90.00	80.00	70.00	60.00
$x=2$	85.00	64.49	53.50	48.15	50.00
$x=4$	70.00	48.90	38.43	35.03	40.00
$x=6$	55.00	38.78	30.39	27.07	30.00
$x=8$	40.00	35.00	30.00	25.00	20.00

使用二维线性回归估计下面各点的温度：

（1）$x=4$，$y=3.2$；

（2）$x=4.3$，$y=2.7$。

第 4 章　数值积分与数值微分

4.1　数值积分

积分是微积分学与数学分析里的一个核心概念，分为定积分和不定积分。积分发展的动力源自工程实际应用中的需求。例如，一个长方体状的游泳池的容积可以很容易得出，但如果游泳池是卵形、抛物形或更加不规则的形状，就需要用积分来求出容积。工程中，积分也常用来计算一个物理量对另一个物理量的累积效应，如求做功，即是力对位移的累积。

在高等数学中，我们学习了定积分的计算可以转化为不定积分，然后代入积分上下限求解即可，即“牛顿-莱布尼茨公式”（也称微积分基本定理）。牛顿-莱布尼茨公式给定积分提供了一个有效而简便的计算方法，大大简化了定积分的计算过程，给出了定积分、原函数及不定积分之间的关系。

【知识链接 4-1】 高等数学：牛顿-莱布尼茨公式

牛顿（1643—1727）

莱布尼茨（1646—1719）

一元可积函数 $f(x)$ 在 $[a, b]$ 上连续，其原函数 $F(x)$ 在该区间上存在，则定积分

$$\int_a^b f(x)\mathrm{d}x = F(x)\mid_a^b = F(b) - F(a)$$

也称“微积分基本定理”。

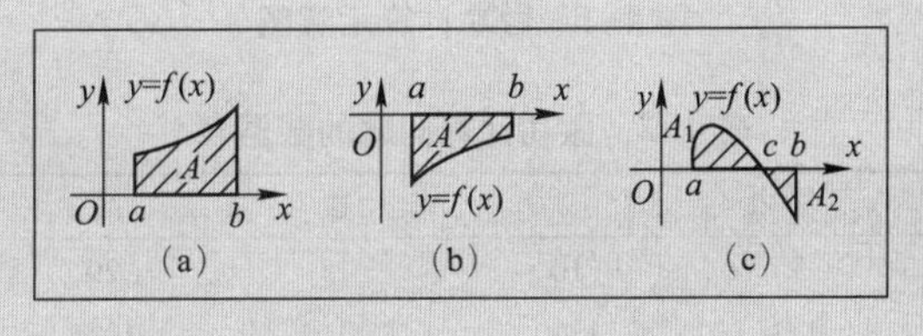

● 求面积　● 求做功　● …

【讨论】

(1) 理论上任何被积函数$f(x)$都有原函数，有些原函数$F(x)$很容易找到，如

- 多项式函数：$f(x)=a+2bx+3cx^2 \Rightarrow F(x)=ax+bx^2+cx^3$
- 三角函数：$f(x)=\sin x \Rightarrow F(x)=-\cos x$
- 指数函数：$f(x)=e^x \Rightarrow F(x)=e^x$

(2) 工程中原函数$F(x)$可能很难找到，或者被积函数$f(x)$本身就不是解析形式。

- 第一种情况：函数$f(x)$的结构比较复杂，求$F(x)$很困难；
- 第二种情况：函数$f(x)$的结构简单，但它们的原函数$F(x)$不能用初等函数表示，如

$$f(x)=\sin x^2,\quad f(x)=\frac{1}{\ln x},\quad f(x)=\frac{\sin x}{x},\quad f(x)=e^{x^2}$$

- 第三种情况：函数$f(x)$结构简单，原函数$F(x)$能用初等函数表示，但形式复杂，如

$$f(x)=\frac{1}{1+x^4} \Rightarrow$$

$$F(x)=\frac{\sqrt{2}}{4}(1+i)\arctan\left[\frac{\sqrt{2}}{2}x(1-i)\right]+\frac{\sqrt{2}}{4}(1-i)\arctan\left[\frac{\sqrt{2}}{2}x(1+i)\right]$$

- 第四种情况：用表格或图形提供的$f(x)$，不是常规的解析表达式，见表4-1。

表4-1　给定数据表求其积分

i	0	1	2	3	4
x_i	3	6	9	15	18
$f(x_i)$	57.50	45.00	36.25	25	21.50

对于上述几种情况，需要采用数值方法即数值积分方法进行定积分的计算。对于存在$f(x)$的情形，只要找到一个满足精度要求的简单函数$P(x)$代替原来的$f(x)$，例如，将$P(x)$取成$f(x)$的插值函数，则可以很容易地得到原来定积分的近似值。

【引例4-1：做功计算问题】 物体在力$F(x)$的拖动下，从x_0移动到x_n的过程中，力的大小及角度都是变化的（见图4-1），试计算所做的功。表4-2为做功计算问题的数据表。

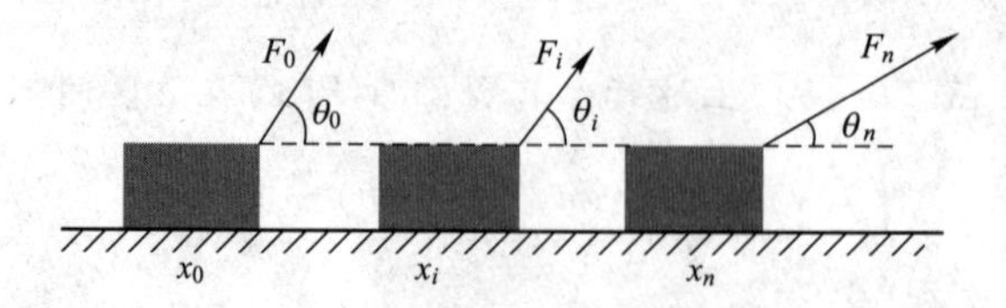

图4-1　做功计算示意图

表4-2　做功计算问题的数据表

i	0	1	2	3	4	5	6
x_i/m	0	5	10	15	20	25	30
F_i/N	0.0	9.0	13.0	14.0	10.5	12.0	5.0
θ_i/rad	0.5	1.4	0.75	0.90	1.30	1.48	1.50

【分析思路】 所做的功可以通过各微段位移的微功求和所得，即

$$W = \int_{x_0}^{x_n} F(x_i)\cos[\theta(x_i)]\mathrm{d}x \tag{4-1}$$

其中力的大小与角度函数均未知，通过数据表格提供某些位置处的力的大小和角度值，相应地可以得到给定位置处的 $F(x_i)\cos[\theta(x_i)]$ 值，见表 4-3。

表 4-3　沿位移方向的力的分量

i	0	1	2	3	4	5	6
x_i	0	5	10	15	20	25	30
$F_i\cos\theta_i$	0	1.529 7	9.512 0	8.702 5	2.808 7	1.088 1	0.353 7

由数据表 4-2 和 4-3 可得各物理量关系，如图 4-2 所示，其中图 4-2（c）所示阴影面积即为待求的功。

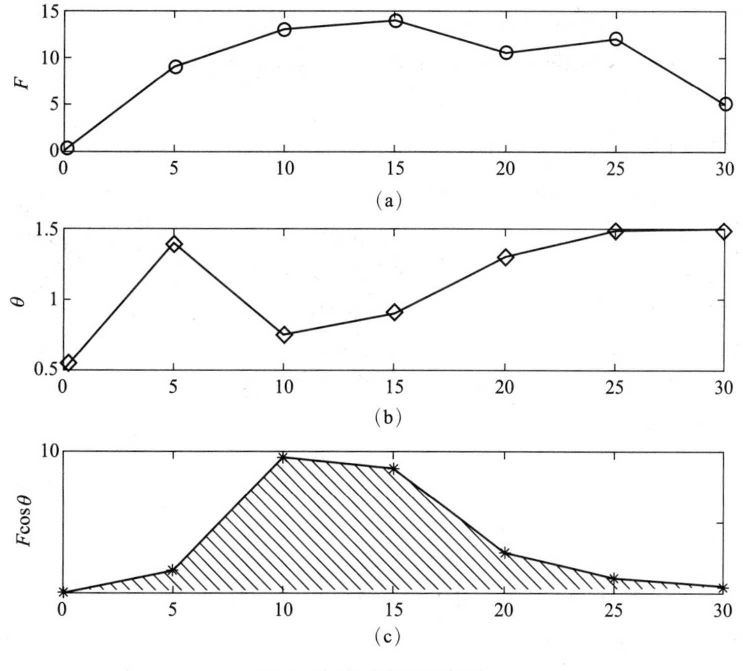

图 4-2　数据表示意图

【讨论】 被积函数由数据提供，无解析表达式，当然也找不到解析形式的原函数，考虑采用数值近似解法得到图 4-2(c) 所示阴影部分的面积，可以将其转化为一系列小矩形的面积再求和计算（见图 4-3）。用不同的方法对阴影部分面积进行近似计算，也即不同的数值求积方法，而数值求积公式的选取依赖于对计算精度的要求。

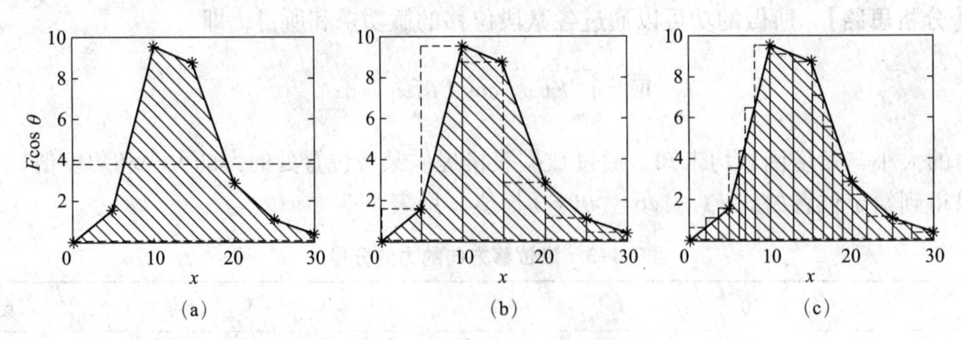

图 4-3 不同的数值求积方法示意图

4.1.1 机械求积公式

一元可积函数$f(x)$在［a, b］上的定积分可以看作由$x=a$, $x=b$, $y=0$, $y=f(x)$所围成的曲边梯形面积，计算曲边梯形面积的困难在于梯形的一条边$y=f(x)$是曲边。当用直线、抛物线等代替曲边时，梯形的面积容易计算。也即，用容易计算面积的图形代替曲边梯形时，就可以求出曲边梯形面积的近似值，从而得到积分的近似值。

1. 矩形近似求积公式

利用矩形近似求积，如图 4-4 所示。

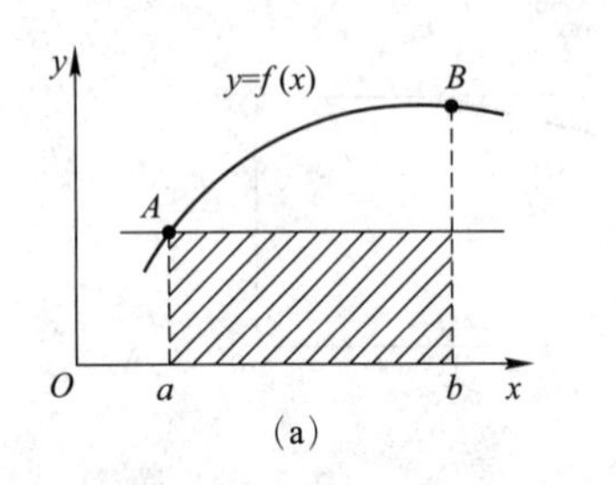

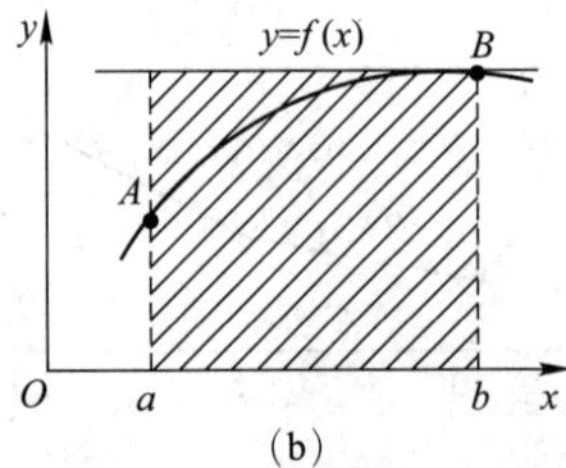

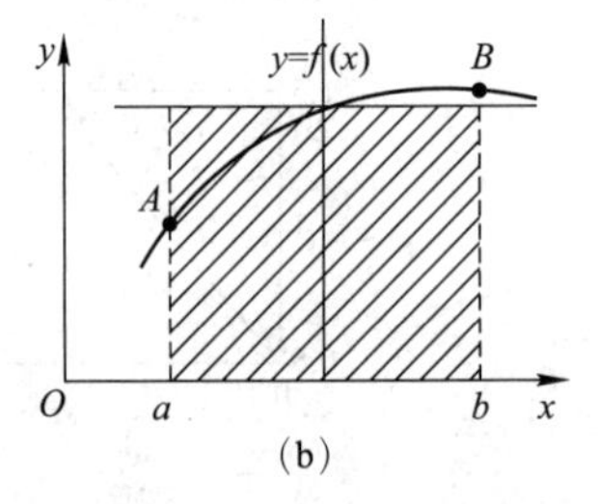

图 4-4 矩形近似求积

左端点矩形公式

$$\int_a^b f(x)\,\mathrm{d}x \approx \int_a^b f(a)\,\mathrm{d}x = (b-a)\cdot f(a) \tag{4-2}$$

右端点矩形公式

$$\int_a^b f(x)\,\mathrm{d}x \approx \int_a^b f(b)\,\mathrm{d}x = (b-a)\cdot f(b) \tag{4-3}$$

中间值矩形公式

$$\int_a^b f(x)\,\mathrm{d}x \approx \int_a^b f\left(\frac{a+b}{2}\right)\mathrm{d}x = (b-a)\cdot f\left(\frac{a+b}{2}\right) \tag{4-4}$$

2. 梯形近似求积公式

利用左右两个端点，可采用梯形近似（见图 4-5），即由过左右两个端点的直线$P_1(x)$代替$f(x)$。

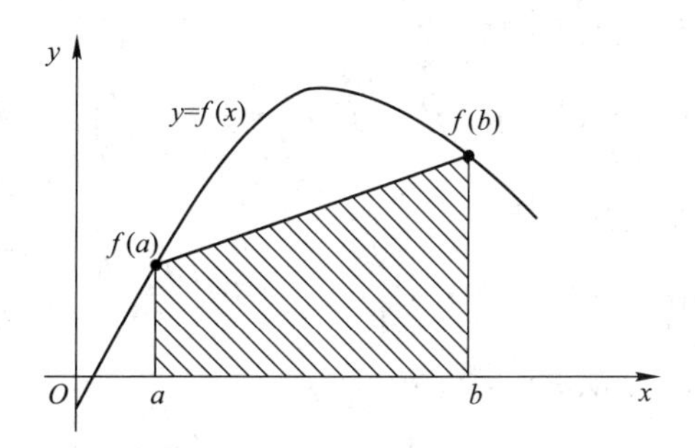

图4-5　梯形近似求积

$$f(x) \approx P_1(x) = f(a) + \frac{f(b)-f(a)}{b-a}(x-a) \tag{4-5}$$

则梯形近似求积公式为

$$\int_a^b f(x)\,\mathrm{d}x \approx \int_a^b P_1(x)\,\mathrm{d}x = (b-a) \cdot \frac{1}{2}[f(a)+f(b)] \tag{4-6}$$

3. 抛物线近似求积公式

利用左右两个端点和中点，构造一条过3个数据点的抛物线 $P_2(x)$ 近似代替 $f(x)$，则得抛物线近似求积公式

$$\int_a^b f(x)\,\mathrm{d}x \approx \int_a^b P_2(x)\,\mathrm{d}x = (b-a) \cdot \frac{1}{6}\left[f(a) + 4f\left(\frac{a+b}{2}\right) + f(b)\right] \tag{4-7}$$

此式又被称为“辛普森公式”。

4. 机械求积公式

根据矩形求积公式、梯形求积公式和抛物线求积公式，推广为求积公式的一般形式

$$\int_a^b f(x)\,\mathrm{d}x \approx (b-a) \cdot \frac{1}{N}\sum_{j=0}^{k-1} \alpha_j f(x_j) \tag{4-8}$$

其中 $\sum_{j=0}^{k-1} \alpha_j = N$，$x_j$ 为求积节点，α_j 为加权系数，$\frac{1}{N}\sum_{j=0}^{k-1} \alpha_j f(x_j)$ 被称为被积函数在积分区间的加权平均值。

式（4-8）也可写为以下形式，即

$$\int_a^b f(x)\,\mathrm{d}x \approx \sum_{j=0}^{k-1} A_j f(x_j) \tag{4-9}$$

此式又被称为“机械求积公式”，其中 $f(x_j)$ 为求积节点 x_j 对应的函数值，$A_j = \frac{1}{N}\alpha_j(b-a)$ 为对应的求积系数，满足 $\sum_{j=0}^{k-1} A_j = b - a$ 。

因此，数值积分的特点是直接利用区间［a，b］上的一些离散点的函数值进行线性组合来近似计算定积分的值，从而将定积分的计算归结为函数值的计算，与求积节点 x_j 和采用的近似方法有关，与函数 $f(x)$ 的具体形式无关。

【讨论】 同样考虑3个求积节点：积分区间的左端点、右端点和二等分中点，根据机械求积公式，可以有以下不同的形式：

(1) $N=3$：$\alpha_0=1 \quad \alpha_1=1 \quad \alpha_2=1 \Rightarrow$

$$\int_a^b f(x)\,\mathrm{d}x \approx (b-a)\cdot\frac{1}{3}\left[f(a)+f\left(\frac{a+b}{2}\right)+f(b)\right] \tag{4-10}$$

(2) $N=4$：$\alpha_0=1 \quad \alpha_1=2 \quad \alpha_2=1 \Rightarrow$

$$\int_a^b f(x)\,\mathrm{d}x \approx (b-a)\cdot\frac{1}{4}\left[f(a)+2f\left(\frac{a+b}{2}\right)+f(b)\right] \tag{4-11}$$

(3) $N=5$：$\alpha_0=1 \quad \alpha_1=3 \quad \alpha_2=1 \Rightarrow$

$$\int_a^b f(x)\,\mathrm{d}x \approx (b-a)\cdot\frac{1}{5}\left[f(a)+3f\left(\frac{a+b}{2}\right)+f(b)\right] \tag{4-12}$$

(4) $N=6$：$\alpha_0=1 \quad \alpha_1=4 \quad \alpha_2=1 \Rightarrow$

$$\int_a^b f(x)\,\mathrm{d}x \approx (b-a)\cdot\frac{1}{6}\left[f(a)+4f\left(\frac{a+b}{2}\right)+f(b)\right] \tag{4-13}$$

(5) $N=7$：$\alpha_0=1 \quad \alpha_1=5 \quad \alpha_2=1 \Rightarrow$

$$\int_a^b f(x)\,\mathrm{d}x \approx (b-a)\cdot\frac{1}{7}\left[f(a)+5f\left(\frac{a+b}{2}\right)+f(b)\right] \tag{4-14}$$

(6) $N=8$：$\alpha_0=1 \quad \alpha_1=6 \quad \alpha_2=1 \Rightarrow$

$$\int_a^b f(x)\,\mathrm{d}x \approx (b-a)\cdot\frac{1}{8}\left[f(a)+6f\left(\frac{a+b}{2}\right)+f(b)\right] \tag{4-15}$$

可以发现，公式（4-13）即为“辛普森公式”，该公式具有特殊重要的地位，是最常被采用的求积公式。为了说明这一问题，我们引入“代数精度”的概念。

4.1.2 求积公式的代数精度

数值积分方法是一种近似方法，根据式（4-8）可知，近似求积公式可以有很多种，但好的求积公式应对“尽可能多”的函数准确，通常将其作为求积公式的选取原则。

为了评价求积公式的精度，采用积分容易、数学意义明确的函数作为被积函数对求积公式进行测试，常用系列函数为 $f(x)=1, x, x^2, x^3, \cdots, x^m$。从阶次由低到高依次测试，求积结果准确的阶次越高，认为该求积公式精度越高。

【定义】 如果某求积公式对 $f(x)=1, x, x^2, x^3, \cdots, x^m$ 准确成立，但对 $f(x)=x^{m+1}$ 不能准确成立，则该积分公式具有 m 次代数精度。具体对其说明如下。

1. 求积公式至少具有 0 次代数精度

即一般形式的求积公式

$$\int_a^b f(x)\,\mathrm{d}x \approx \sum_{j=0}^{k-1} A_j f(x_j) \tag{4-16}$$

对于 0 次函数 $f(x)=1$ 存在以下关系

$$\begin{cases} \displaystyle\int_a^b f(x)\,\mathrm{d}x = \int_a^b 1\cdot\mathrm{d}x = b-a \\ \displaystyle\sum_{j=0}^{k-1} A_j f(x_j) = \sum_{j=0}^{k-1} A_j\cdot 1 = \sum_{j=0}^{k-1} A_j = b-a \end{cases} \tag{4-17}$$

即 $\int_a^b f(x)\mathrm{d}x = \sum_{j=0}^{k-1} A_j f(x_j)$，因此至少具有 0 次代数精度。

2. 矩形求积公式（1 个节点）具有 1 次代数精度

以式（4-4）所示的中间值矩形求积公式为例，对函数 $f(x)=1$，x，x^2 的计算结果见表 4-4。

表 4-4　中间值矩形求积公式的代数精度

被积函数	精确积分	近似积分	比较
$f(x)=1$	$\int_a^b 1\mathrm{d}x = b-a$	$b-a$	相等
$f(x)=x$	$\int_a^b x\mathrm{d}x = \frac{1}{2}(b^2-a^2)$	$\frac{1}{2}(b^2-a^2)$	相等
$f(x)=x^2$	$\int_a^b x^2\mathrm{d}x = \frac{1}{3}(b^3-a^3)$	$\frac{1}{4}(b^3-a^3)+\frac{1}{4}(ab^2-a^2b)$	不相等

可见，矩形求积公式具有 1 次代数精度。

3. 梯形求积公式（2 个节点）具有 1 次代数精度

以式（4-6）所示的梯形求积公式为例，对函数 $f(x)=1$，x，x^2 的计算结果见表4-5。

表 4-5　梯形求积公式的代数精度

被积函数	精确积分	近似积分	比较
$f(x)=1$	$\int_a^b 1\mathrm{d}x = b-a$	$b-a$	相等
$f(x)=x$	$\int_a^b x\mathrm{d}x = \frac{1}{2}(b^2-a^2)$	$\frac{1}{2}(b^2-a^2)$	相等
$f(x)=x^2$	$\int_a^b x^2\mathrm{d}x = \frac{1}{3}(b^3-a^3)$	$\frac{1}{2}(b^3-a^3)+\frac{1}{2}(a^2b-ab^2)$	不相等

可见，梯形求积公式具有 1 次代数精度。

4. 3 个节点求积公式的代数精度取决于求积加权系数的分配

对于 3 个求积节点（积分区间的左端点、右端点和二等分中点）的积分公式，根据求积系数的分配可以有不同的形式，以 $N=4$ 和 $N=6$（辛普森公式）两种不同的积分公式为例进行分析。

$$(1)\ N=4:\alpha_0=1,\alpha_1=2,\alpha_2=1 \Rightarrow \int_a^b f(x)\mathrm{d}x \approx (b-a)\cdot\frac{1}{4}\left[f(a)+2f\left(\frac{a+b}{2}\right)+f(b)\right]$$

对于不同次函数的计算结果比较见表 4-6。

表 4-6　3 个节点求积公式（$N=4$）的代数精度

被积函数	精确积分	近似积分	比较
$f(x)=1$	$\int_a^b 1\mathrm{d}x = b-a$	$b-a$	相等

续表

被积函数	精确积分	近似积分	比较
$f(x)=x$	$\int_a^b x\mathrm{d}x = \frac{1}{2}(b^2-a^2)$	$\frac{1}{2}(b^2-a^2)$	相等
$f(x)=x^2$	$\int_a^b x^2\mathrm{d}x = \frac{1}{3}(b^3-a^3)$	$\frac{1}{8}[2a^2+(a+b)^2+2b^2](b-a)$	不相等

可见，该3个节点的求积公式仅具有1次代数精度。

(2) $N=6$：$\alpha_0=1$，$\alpha_1=4$，$\alpha_2=1 \Rightarrow \int_a^b f(x)\mathrm{d}x \approx (b-a)\cdot\frac{1}{6}\left[f(a)+4f\left(\frac{a+b}{2}\right)+f(b)\right]$

对于不同次函数的计算结果比较见表4-7。

表4-7　3个节点求积公式（$N=6$）的代数精度（辛普森公式）

被积函数	精确积分	近似积分	比较
$f(x)=1$	$\int_a^b 1\mathrm{d}x = b-a$	$b-a$	相等
$f(x)=x$	$\int_a^b x\mathrm{d}x = \frac{1}{2}(b^2-a^2)$	$\frac{1}{2}(b^2-a^2)$	相等
$f(x)=x^2$	$\int_a^b x^2\mathrm{d}x = \frac{1}{3}(b^3-a^3)$	$\frac{1}{3}(b^3-a^3)$	相等
$f(x)=x^3$	$\int_a^b x^3\mathrm{d}x = \frac{1}{4}(b^4-a^4)$	$\frac{1}{4}(b^4-a^4)$	相等
$f(x)=x^4$	$\int_a^b x^4\mathrm{d}x = \frac{1}{5}(b^5-a^5)$	$\frac{1}{6}(b-a)\left[a^4+\frac{(a+b)^4}{4}+b^4\right]$	不相等

可见，该3个节点的求积公式（辛普森公式）具有3次代数精度。

此外，通过对式（4-10）~（4-15）所示不同求积系数的3节点求积公式进行比较，结果显示辛普森公式具有3次代数精度，而其他求积公式均只具有1次代数精度，也即求积公式的代数精度不仅与求积节点有关，也与求积系数密切相关。辛普森公式具有较高次的代数精度，能够实现对“尽可能多”的函数准确，正是由于在给定求积节点下，其求积系数的选取是最优的。

【讨论】　对于机械求积公式

$$\int_a^b f(x)\mathrm{d}x \approx \sum_{j=0}^{k-1} A_j f(x_j) \tag{4-18}$$

如何设计求积节点和求积系数，使求积公式具有 m 次代数精度？

若对于各次多项式函数 $f(x)=1$，x，x^2，x^3，…，x^m，满足以下关系

$$\begin{cases} \int_a^b 1\mathrm{d}x = b-a = \sum_{j=0}^{k-1} A_j = A_0 + A_1 + \cdots + A_{k-1} \\ \int_a^b x\mathrm{d}x = \frac{b^2-a^2}{2} = \sum_{j=0}^{k-1} A_j x_j = A_0x_0 + A_1x_1 + \cdots + A_{k-1}x_{k-1} \\ \vdots \\ \int_a^b x^m\mathrm{d}x = \frac{b^{m+1}-a^{m+1}}{m+1} = \sum_{j=0}^{k-1} A_j x_j^m = A_0x_0^m + A_1x_1^m + \cdots + A_{k-1}x_{k-1}^m \end{cases} \tag{4-19}$$

将已知的求积节点或求积系数代入式（4-19）所示的方程组，求得未知的求积节点或求积系数，并对 $f(x)=x^{m+1}$ 进行测试。

（1）若 $\int_a^b x^{m+1}\mathrm{d}x=\dfrac{b^{m+2}-a^{m+2}}{m+2}\neq A_0x_0^{m+1}+A_1x_1^{m+1}+\cdots+A_{k-1}x_{k-1}^{m+1}$，则该求积公式具有 m 次代数精度。

（2）若 $\int_a^b x^{m+1}\mathrm{d}x=\dfrac{b^{m+2}-a^{m+2}}{m+2}=A_0x_0^{m+1}+A_1x_1^{m+1}+\cdots+A_{k-1}x_{k-1}^{m+1}$，则继续对 $f(x)=x^{m+2}$ 进行精度测试，直到 $\int_a^b x^{m+r+1}\mathrm{d}x\neq A_0x_0^{m+r+1}+A_1x_1^{m+r+1}+\cdots+A_{k-1}x_{k-1}^{m+r+1}$，则求积公式的代数精度为 $m+r$。

【算例 4-1】 试确定求积公式

$$\int_{-1}^{1} f(x)\mathrm{d}x\approx c[f(x_0)+f(x_1)+f(x_2)]$$

中的待定参数，使其代数精度尽可能高，并求此代数精度。

解：给定的求积公式中有 4 个待定系数：1 个求积系数，3 个求积节点。

第 1 步：对于不同次函数 $f(x)=1$，x，x^2，x^3 的计算结果比较见表 4-8。

表 4-8　给定求积公式对于不同次函数的求积结果

被积函数	精确积分	近似积分	方程
$f(x)=1$	$\int_{-1}^{1} 1\mathrm{d}x=2$	$3c$	$3c=2$
$f(x)=x$	$\int_{-1}^{1} x\mathrm{d}x=0$	$c(x_0+x_1+x_2)$	$c(x_0+x_1+x_2)=0$
$f(x)=x^2$	$\int_{-1}^{1} x^2\mathrm{d}x=\frac{2}{3}$	$c(x_0^2+x_1^2+x_2^2)$	$c(x_0^2+x_1^2+x_2^2)=\frac{2}{3}$
$f(x)=x^3$	$\int_{-1}^{1} x^3\mathrm{d}x=0$	$c(x_0^3+x_1^3+x_2^3)$	$c(x_0^3+x_1^3+x_2^3)=0$

第 2 步：联立方程组并求解

$$\begin{cases}3c=2\\ c(x_0+x_1+x_2)=0\\ c(x_0^2+x_1^2+x_2^2)=\dfrac{2}{3}\\ c(x_0^3+x_1^3+x_2^3)=0\end{cases}$$

可得待求的求积系数 $c=\dfrac{2}{3}$，求积节点 $x_0=-\dfrac{\sqrt{2}}{2}$；$x_1=0$；$x_2=\dfrac{\sqrt{2}}{2}$，即

$$\int_{-1}^{1} f(x)\mathrm{d}x\approx\frac{2}{3}\left[f\left(-\frac{\sqrt{2}}{2}\right)+f(0)+f\left(\frac{\sqrt{2}}{2}\right)\right]$$

第 3 步：将所得的求积公式对 $f(x)=x^4$ 进行测试，可得

$$\begin{cases}\int_{-1}^{1} x^4 \mathrm{d}x = \dfrac{2}{5} \\ \sum\limits_{j=0}^{2} A_j x_j^4 = c(x_0^4 + x_1^4 + x_2^4) = \dfrac{2}{3}\left(\dfrac{1}{4} + 0 + \dfrac{1}{4}\right) = \dfrac{1}{3}\end{cases}$$

即 $\int_{-1}^{1} x^4 \mathrm{d}x \neq \sum\limits_{j=0}^{2} A_j x_j^4$，则给定求积公式满足 3 次代数精度。

【算例 4-2】 试确定求积公式

$$\int_0^1 f(x)\mathrm{d}x \approx A_0 f(0) + A_1 f(x_1) + A_2 f(1)$$

中的待定参数，使其代数精度尽可能高，并求此代数精度。

解：给定的求积公式中有 4 个待定系数：3 个求积系数，1 个求积节点。

第 1 步：对于不同次函数 $f(x)=1$，x，x^2，x^3 的计算结果比较见表 4-9。

表 4-9　给定求积公式对于不同次函数的求积结果

被积函数	精确积分	近似积分	方程
$f(x)=1$	$\int_0^1 1\mathrm{d}x = 1$	$A_0+A_1+A_2$	$A_0+A_1+A_2=1$
$f(x)=x$	$\int_0^1 x\mathrm{d}x = \dfrac{1}{2}$	$A_1x_1+A_2$	$A_1x_1+A_2=\dfrac{1}{2}$
$f(x)=x^2$	$\int_0^1 x^2\mathrm{d}x = \dfrac{1}{3}$	$A_1x_1^2+A_2$	$A_1x_1^2+A_2=\dfrac{1}{3}$
$f(x)=x^3$	$\int_0^1 x^3\mathrm{d}x = \dfrac{1}{4}$	$A_1x_3^2+A_2$	$A_1x_3^2+A_2=\dfrac{1}{4}$

第 2 步：联立方程组并求解

$$\begin{cases}A_0+A_1+A_2=1 \\ A_1x_1+A_2=\dfrac{1}{2} \\ A_1x_1^2+A_2=\dfrac{1}{3} \\ A_1x_1^3+A_2=\dfrac{1}{4}\end{cases}$$

可得待求的求积系数 $A_0=\dfrac{1}{6}$；$A_1=\dfrac{4}{6}$；$A_2=\dfrac{1}{6}$，求积节点为 $x_1=\dfrac{1}{2}$，即

$$\int_0^1 f(x)\mathrm{d}x \approx \frac{1}{6}f(0) + \frac{4}{6}f\left(\frac{1}{2}\right) + \frac{1}{6}f(1)$$

所得方程是辛普森求积公式。

第 3 步：将所得的求积公式对 $f(x)=x^4$ 进行测试，可得

$$\begin{cases}\int_0^1 x^4 \mathrm{d}x = \dfrac{1}{5} \\ \sum\limits_{j=0}^{2} A_j x_j^4 = \dfrac{5}{24}\end{cases}$$

即 $\int_{0}^{1} x^4 \mathrm{d}x \neq \sum_{j=0}^{2} A_j x_j^4$，则给定求积公式满足 3 次代数精度。

【算例 4-3】 试确定求积公式

$$\int_{-h}^{h} f(x)\mathrm{d}x \approx A_0 f(-h) + A_1 f(0) + A_2 f(h)$$

中的求积系数，使其代数精度尽可能高，并求此代数精度。

解： 给定的求积公式中有 3 个待定的求积系数。

第 1 步：对于不同次函数 $f(x)=1$，x，x^2 的计算结果比较见表 4-10。

表 4-10　给定求积公式对于不同次函数的求积结果

被积函数	精确积分	近似积分	方程
$f(x)=1$	$\int_{-h}^{h} 1\mathrm{d}x = 2h$	$A_0+A_1+A_2$	$A_0+A_1+A_2=2h$
$f(x)=x$	$\int_{-h}^{h} x\mathrm{d}x = 0$	$-A_0h+A_2h$	$-A_0h+A_2h=0$
$f(x)=x^2$	$\int_{-h}^{h} x^2\mathrm{d}x = \frac{2}{3}h^3$	$A_0h^2+A_2h^2$	$A_0h^2+A_2h^2=\frac{2}{3}h^3$

第 2 步：联立方程组并求解

$$\begin{cases} A_0+A_1+A_2=2h \\ -A_0+A_2=0 \\ A_0+A_2=2h/3 \end{cases}$$

可得待求的求积系数 $A_0=\frac{1}{3}h$；$A_1=\frac{4}{3}h$；$A_2=\frac{1}{3}h$，即

$$\begin{aligned} \int_{-h}^{h} f(x)\mathrm{d}x &\approx \frac{1}{3}h \cdot f(-h) + \frac{4}{3}h \cdot f(0) + \frac{1}{3}h \cdot f(h) \\ &= 2h \cdot \frac{1}{6}[f(-h) + 4f(0) + f(h)] \end{aligned}$$

所得方程也即辛普森求积公式。

第 3 步：将所得的求积公式对 $f(x)=x^3$ 进行测试，可得

$$\begin{cases} \int_{-h}^{h} x^3\mathrm{d}x = 0 \\ \sum_{j=0}^{2} A_j x_j^3 = \frac{1}{3}h \cdot (-h)^3 + \frac{4}{3}h \cdot (0)^3 + \frac{1}{3}h \cdot (h)^3 = 0 \end{cases}$$

即 $\int_{-1}^{1} x^3 \mathrm{d}x = \sum_{j=0}^{2} A_j x_j^3$。

进一步将所得的求积公式对 $f(x)=x^4$ 进行测试，可得

$$\begin{cases} \int_{-h}^{h} x^4\mathrm{d}x = \frac{2}{5}h^5 \\ \sum_{j=0}^{2} A_j x_j^4 = \frac{1}{3}h \cdot (-h)^4 + \frac{4}{3}h \cdot (0)^4 + \frac{1}{3}h \cdot (h)^4 = \frac{2}{3}h^5 \end{cases}$$

则给定求积公式满足 3 次代数精度。

【思考】 为什么相同的求积节点在不同的求积系数时，具有不同的代数精度？

4.1.3 插值求积公式

用插值函数近似代替被积函数的求积方法，称为“插值求积公式”。

由于多项式函数具有数学形式简单、容易积分的特点，因此对于已知若干节点函数值的复杂被积函数，可以由已知节点构造插值多项式函数（在节点处与被积函数一致），再对多项式函数进行积分近似得到待求积分。插值多项式函数的构造方法可参见本书第 3.1 节，主要有待定系数法、拉格朗日插值法和牛顿插值法。

（1）待定系数法

$$\int_a^b f(x)\,\mathrm{d}x \approx \int_a^b P_n(x)\,\mathrm{d}x = \int_a^b (a_0 + a_1x + a_2x^2 + \cdots + a_nx^n)\,\mathrm{d}x$$

（2）拉格朗日插值法

$$\begin{aligned}\int_a^b f(x)\,\mathrm{d}x &\approx \int_a^b L_n(x)\,\mathrm{d}x \\ &= \int_a^b [l_0(x)f(x_0) + l_1(x)f(x_1) + \cdots + l_n(x)f(x_n)]\,\mathrm{d}x\end{aligned}$$

（3）牛顿插值法

$$\begin{aligned}\int_a^b f(x)\,\mathrm{d}x &\approx \int_a^b N_n(x)\,\mathrm{d}x \\ &= \int_a^b [b_0 + b_1(x - x_0) + \cdots + b_n(x - x_0)(x - x_1)\cdots(x - x_{n-1})]\,\mathrm{d}x\end{aligned}$$

拉格朗日插值多项式函数可以根据插值基函数直接写出，既不需要求解代数方程组，也不需要计算各阶差商，使用最为方便。根据拉格朗日插值多项式形式，可得拉格朗日型插值求积公式为

$$\begin{aligned}\int_a^b f(x)\,\mathrm{d}x &\approx \int_a^b L_n(x)\,\mathrm{d}x \\ &= \int_a^b \Big[\sum_{j=0}^{n} l_j(x)f(x_j)\Big]\,\mathrm{d}x = \sum_{j=0}^{n}\Big[\int_a^b l_j(x)\,\mathrm{d}x\Big]f(x_j) = \sum_{j=0}^{n} A_j f(x_j)\end{aligned} \tag{4-20}$$

其中求积系数由拉格朗日插值基函数构造，即 $A_j = \int_a^b l_j(x)\,\mathrm{d}x$，且 $\sum_{j=0}^{n} A_j = b - a$。

【定理】 具有 $n+1$ 个节点（可构造 n 次插值多形式）的求积公式 $\int_a^b f(x)\,\mathrm{d}x \approx \sum_{j=0}^{n} A_j f(x_j)$ 具有至少 n 次代数精度的充要条件：该公式是插值型的。

【算例 4-4】 说明下列 3 节点求积公式是否是插值型。

（1）$\int_0^2 f(x)\,\mathrm{d}x \approx (2 - 0) \cdot \frac{1}{4}[f(0) + 2f(1) + f(2)]$

（2）$\int_0^2 f(x)\,\mathrm{d}x \approx (2 - 0) \cdot \frac{1}{6}[f(0) + 4f(1) + f(2)]$

解： 判断给定求积公式是否是插值型的，可以考察其代数精度。

(1) 给定求积公式中 $A_0=1/2$；$A_1=1$；$A_2=1/2$。

对于不同次函数 $f(x)=1$，x，x^2 的计算结果比较见表 4-11。

表 4-11　给定求积公式对于不同次函数的求积结果

被积函数	精确积分	近似积分	比较
$f(x)=1$	$\int_0^2 1\mathrm{d}x = 2$	$A_0+A_1+A_2=2$	相等
$f(x)=x$	$\int_0^2 x\mathrm{d}x = 2$	$A_1+2A_2=2$	相等
$f(x)=x^2$	$\int_0^2 x^2\mathrm{d}x = \frac{8}{3}$	$A_1+4A_2=3$	不相等

可见，3 节点求积公式 $\int_0^2 f(x)\mathrm{d}x \approx (2-0)\cdot\frac{1}{4}[f(0)+2f(1)+f(2)]$ 具有 1 次代数精度，不是插值型求积公式。

(2) 给定求积公式中 $A_0=1/3$；$A_1=4/3$；$A_2=1/3$。

对于不同次函数 $f(x)=1$，x，x^2，x^3，x^4的计算结果比较见表 4-12。

表 4-12　给定求积公式对于不同次函数的求积结果

被积函数	精确积分	近似积分	比较
$f(x)=1$	$\int_0^2 1\mathrm{d}x = 2$	$A_0+A_1+A_2=2$	相等
$f(x)=x$	$\int_0^2 x\mathrm{d}x = 2$	$A_1+2A_2=2$	相等
$f(x)=x^2$	$\int_0^2 x^2\mathrm{d}x = \frac{8}{3}$	$A_1+4A_2=\frac{8}{3}$	相等
$f(x)=x^3$	$\int_0^2 x^3\mathrm{d}x = 4$	$A_1+8A_2=4$	相等
$f(x)=x^4$	$\int_0^2 x^4\mathrm{d}x = \frac{32}{5}$	$A_1+16A_2=\frac{20}{3}$	不相等

可见，3 节点求积公式 $\int_0^2 f(x)\mathrm{d}x \approx (2-0)\cdot\frac{1}{6}[f(0)+4f(1)+f(2)]$ 具有 3 次代数精度，是插值型求积公式。

【讨论】　对于上述给定 3 个求积节点 $x_0=0$；$x_1=1$；$x_2=2$，构造其 2 次插值多项式基函数，并求其对应的求积系数，可得

$$
\begin{cases}
l_0(x)=\dfrac{(x-1)(x-2)}{(0-1)(0-2)}=\dfrac{1}{2}(x^2-3x+2)\Rightarrow A_0=\displaystyle\int_0^2 l_0(x)\mathrm{d}x=\dfrac{1}{3}\\
l_1(x)=\dfrac{(x-0)(x-2)}{(1-0)(1-2)}=-(x^2-2x)\Rightarrow A_1=\displaystyle\int_0^2 l_1(x)\mathrm{d}x=\dfrac{4}{3}\\
l_2(x)=\dfrac{(x-0)(x-1)}{(2-0)(2-1)}=\dfrac{1}{2}(x^2-x)\Rightarrow A_2=\displaystyle\int_0^2 l_2(x)\mathrm{d}x=\dfrac{1}{3}
\end{cases}
$$

可见由插值多项式函数得到的求积系数即为辛普森公式的求积系数。

【推论】 具有 $2m+1$ 个节点（$2m$ 次插值多项式）的插值型求积公式，如果节点关于中间节点对称分布，可以获得“额外”的好处，使得插值型求积公式具有高一次的代数精度，也即求积公式具有 $2m+1$ 次的代数精度。(证明过程略)

插值型求积公式的构造步骤如下。

第 1 步：在积分区间 $[a, b]$ 上选取 $n+1$ 个求积节点 $x_0, x_1, \cdots, x_n$；

第 2 步：根据 $n+1$ 个节点 $x_0, x_1, \cdots, x_n$ 确定 n 次拉格朗日插值基函数

$$l_j(x)=\frac{(x-x_0)\cdots(x-x_{j-1})(x-x_{j+1})\cdots(x-x_n)}{(x_j-x_0)\cdots(x_j-x_{j-1})(x_j-x_{j+1})\cdots(x_j-x_n)} \tag{4-21}$$

第 3 步：将 $n+1$ 个插值基函数在积分区间 $[a, b]$ 上积分，得到求积系数

$$A_j = \int_a^b l_j(x)\,\mathrm{d}x \tag{4-22}$$

第 4 步：代入求积节点处对应的函数中，得到求积公式

$$\int_a^b f(x)\,\mathrm{d}x \approx \sum_{j=0}^{n} A_j f(x_j) \tag{4-23}$$

则该求积公式至少具有 n 次代数精度。

对于拉格朗日插值型求积公式，如果在积分区间 $[a, b]$ 上等间距选取 $n+1$ 个节点，即

$$a=x_0<x_1<x_2<\cdots<x_{n-1}<x_n=b \tag{4-24}$$

节点间距 $h_j=x_{j+1}-x_j=\dfrac{b-a}{n}=h$ $(j=0, \cdots, n-1)$，则有 $x_j=a+jh$ $(j=0, 1, \cdots, n)$。令 $x=a+th$，拉格朗日插值基函数可变换为

$$l_j(x)=\frac{(x-x_0)\cdots(x-x_{j-1})(x-x_{j+1})\cdots(x-x_n)}{(x_j-x_0)\cdots(x_j-x_{j-1})(x_j-x_{j+1})\cdots(x_j-x_n)} \Leftrightarrow l_j(t)=\prod_{i=0,i\neq j}^{n}\left(\frac{t-i}{j-i}\right) \tag{4-25}$$

则求积系数可表示为

$$A_j=\int_a^b l_j(x)\,\mathrm{d}x=\int_0^n l_j(t)(h\mathrm{d}t)=(b-a)\cdot\frac{1}{n}\int_0^n\prod_{i=0,i\neq j}^{n}\left(\frac{t-i}{j-i}\right)\mathrm{d}t \tag{4-26}$$

定义 $C_j=\dfrac{1}{n}\displaystyle\int_0^n\prod_{i=0,\ i\neq j}^{n}\left(\frac{t-i}{j-i}\right)\mathrm{d}t$ 为柯特斯系数，则得到等距节点条件下的插值求积公式

$$\int_a^b f(x)\,\mathrm{d}x \approx \sum_{j=0}^{n} A_j f(x_j)=(b-a)\sum_{j=0}^{n} C_j f(x_j) \tag{4-27}$$

也称为“牛顿-柯特斯公式”，其中柯特斯系数只与节点号有关，而与节点位置无关。

- 当 $n=1$ 时，2 个插值节点：梯形公式（1 次代数精度）。
- 当 $n=2$ 时，3 个插值节点：辛普森公式（3 次代数精度）。
- 当 $n=4$ 时，5 个插值节点：柯特斯公式（5 次代数精度）。

【知识链接 4-2】英国数学家柯特斯

柯特斯系数：$C_j = \dfrac{1}{n}\int_0^n \prod_{i=0,\ i\neq j}^{n}\left(\dfrac{t-i}{j-i}\right)\mathrm{d}t$

节点数	多项式	C_0	C_1	C_2	C_3	C_4	C_5	C_6
2	1 次	1/2	1/2	梯形公式				
3	2 次	1/6	2/3	1/6	辛普森公式			
4	3 次	1/8	3/8	1/8	1/8			
5	4 次	7/90	16/45	2/15	16/45	7/90	柯特斯公式	
6	5 次	19/288	25/96	25/144	25/144	25/96	25/288	
7	6 次	41/840	9/35	9/280	34/105	9/280	9/35	41/840

柯特斯（1682—1716）

- 数值积分
- 弧度制
- 欧拉公式起源

【算例 4-5】 分别利用梯形公式、辛普森公式和柯特斯公式求积分 $\int_{0.5}^{1}\sqrt{x}\,\mathrm{d}x$。

解： 被积函数形式简单，且很容易找到其原函数，因此根据牛顿-莱布尼茨公式可得

$$\int_{0.5}^{1}\sqrt{x}\,\mathrm{d}x = \int_{0.5}^{1}\frac{2}{3}\mathrm{d}(x^{3/2}) = \frac{2}{3}x^{3/2}\Big|_{0.5}^{1} = 0.430\ 964\ 41$$

（1）梯形公式：两个节点 $x_0=0.5$，$x_1=1$，对应的函数值

$$f(x_0)=\sqrt{0.5},\quad f(x_1)=1$$

则由梯形积分公式可得数值积分

$$\int_{0.5}^{1}\sqrt{x}\,\mathrm{d}x \approx (1-0.5)\cdot\frac{1}{2}(\sqrt{0.5}+1) = 0.426\ 776\ 70$$

与利用牛顿-莱布尼茨公式计算结果比较，可得

$$e=0.004\ 187\ 71;\quad e_r=0.971\ 707\%$$

（2）辛普森公式：3 个节点 $x_0=0.5$，$x_1=0.75$，$x_2=1$，对应的函数值

$$f(x_0)=\sqrt{0.5},\ f(x_1)=\sqrt{0.75},\ f(x_2)=1$$

则由辛普森积分公式可得数值积分

$$\int_{0.5}^{1}\sqrt{x}\,\mathrm{d}x \approx (1-0.5)\cdot\frac{1}{6}(\sqrt{0.5}+4\sqrt{0.75}+1) = 0.430\ 934\ 03$$

与利用牛顿-莱布尼茨公式计算结果比较，可得

$$e=0.000\ 030\ 38;\quad e_r=0.007\ 049\%$$

（3）柯特斯公式：5 个节点 $x_0=0.5$，$x_1=0.625$，$x_2=0.75$；$x_3=0.875$，$x_4=1$，对应的函数值

$$f(x_0)=\sqrt{0.5};\ f(x_1)=\sqrt{0.625};\ f(x_2)=\sqrt{0.75};\ f(x_3)=\sqrt{0.875};\ f(x_4)=1$$

则由柯特斯积分公式可得数值积分

$$\int_{0.5}^{1}\sqrt{x}\,\mathrm{d}x \approx (1-0.5)\cdot\frac{1}{90}(7\sqrt{0.5}+32\sqrt{0.625}+12\sqrt{0.75}+32\sqrt{0.875}+7) = 0.430\ 964\ 07$$

与利用牛顿-莱布尼茨公式计算的结果比较，可得

$$e=0.00000034;\quad e_r=0.000079\%$$

【讨论】 牛顿-柯特斯插值求积公式的不足之处。

(1) 在区间 $[a, b]$ 内用一个低次多项式插值公式逼近 $f(x)$，当积分区间较大时，在积分区间内若函数变化较大，过少的节点使得计算精度较低。

(2) 若在区间 $[a, b]$ 取更多的节点，采用高阶牛顿-柯特斯公式，不仅形式变得复杂，且高次插值存在的缺陷（如龙格现象）也会影响计算精度，当 $n=8$ 以上时，柯特斯系数出现负值，不利于计算的稳定与收敛。

采用复化求积公式可以克服牛顿-柯特斯公式存在的上述不足之处。

4.1.4 复化求积公式

将积分区间 $[a, b]$ 等分为 n 个子区间，每个子区间长度均为 $h=(b-a)/n$，子区间的分割节点 $x_i=a+ih$ ($i=0, 1, 2, \cdots, n$)，则总积分等于各个子区间积分之和，称为“复化求积法”。

对于每个子区间用低阶的牛顿-柯特斯公式求积分，可以得到复化求积公式，如复化梯形公式、复化辛普森公式和复化柯特斯公式。

1. 复化梯形公式

- $n+1$ 个等距节点 x_i ($i=0, 1, 2, \cdots, n$)
- n 个子区间

$$T_n=\sum_{i=0}^{n-1}\frac{h}{2}[f(x_i)+f(x_{i+1})]=\frac{h}{2}\left[f(a)+2\sum_{i=1}^{n-1}f(x_i)+f(b)\right] \tag{4-28}$$

2. 复化辛普森公式

- $n+1$ 个等距节点 x_i ($i=0, 1, 2, \cdots, n$)
- n 个子区间
- n 个插值节点 $u_i=(x_i+x_{i+1})/2$ ($i=0, 1, \cdots, n-1$)

$$S_n=\frac{h}{6}\left[f(a)+4\sum_{i=0}^{n-1}f(u_i)+2\sum_{i=1}^{n-1}f(x_i)+f(b)\right] \tag{4-29}$$

3. 复化柯特斯公式

- $n+1$ 个等距节点 x_i ($i=0, 1, 2, \cdots, n$)
- n 个子区间
- $3n$ 个插值节点 u_i, v_i, w_i ($i=0, \cdots, n-1$)

$$C_n=\frac{h}{90}\left[7f(a)+32\sum_{i=0}^{n-1}f(u_i)+12\sum_{i=0}^{n-1}f(v_i)+32\sum_{i=0}^{n-1}f(w_i)+14\sum_{i=1}^{n-1}f(x_i)+7f(b)\right] \tag{4-30}$$

【算例 4-6】 分别利用复化梯形公式、复化辛普森公式和复化柯特斯公式求积分

$$\int_0^1\frac{\sin x}{x}\mathrm{d}x$$

解：由 $f(x)=\dfrac{\sin x}{x}$ 计算等间距节点的函数值见表 4-13，其中当 $x\to 0$ 时取 $f(x)=1$。

表 4-13　等间距求积节点及其对应的函数值

i	0	1	2	3	4	5	6	7	8
x_i	0	1/8	2/8	3/8	4/8	5/8	6/8	7/8	1
$f(x_i)$	1	0.997 4	0.989 6	0.976 7	0.958 9	0.936 2	0.908 9	0.877 2	0.841 4

（1）复化梯形公式求解：子区间 $n=8$；步长 $h=1/8$；节点 $n+1=9$

$$T_8=\frac{1}{2}\times\frac{1}{8}\left[f(0)+2f\left(\frac{1}{8}\right)+2f\left(\frac{1}{4}\right)+2f\left(\frac{3}{8}\right)+2f\left(\frac{1}{2}\right)+2f\left(\frac{5}{8}\right)+2f\left(\frac{3}{4}\right)+2f\left(\frac{7}{8}\right)+f(1)\right]$$
$$=1.005\,6$$

（2）复化辛普森公式求解：子区间 $n=4$；步长 $h=1/4$；节点 $2n+1=9$

$$S_4=\frac{1}{6}\times\frac{1}{4}\left[f(0)+4f\left(\frac{1}{8}\right)+2f\left(\frac{1}{4}\right)+4f\left(\frac{3}{8}\right)+2f\left(\frac{1}{2}\right)+4f\left(\frac{5}{8}\right)+2f\left(\frac{3}{4}\right)+4f\left(\frac{7}{8}\right)+f(1)\right]$$
$$=0.946\,1$$

（3）复化柯特斯公式求解：子区间 $n=2$；步长 $h=1/2$；节点 $4n+1=9$

$$C_2=\frac{1}{90}\times\frac{1}{2}\left[7f(0)+32f\left(\frac{1}{8}\right)+12f\left(\frac{1}{4}\right)+32f\left(\frac{3}{8}\right)+14f\left(\frac{1}{2}\right)+32f\left(\frac{5}{8}\right)+12f\left(\frac{3}{4}\right)+32f\left(\frac{7}{8}\right)+7f(1)\right]$$
$$=0.946\,1$$

通过比较复化梯形、复化辛普森和复化柯特斯 3 种数值求积公式，三者计算量基本相同，都调用 9 个点数据一次。结果显示：梯形公式精度较低，可见用直线近似曲线的误差较大；复化辛普森公式和复化柯特斯公式的精度基本相同，说明高阶求积公式对提高精度的作用有时不明显。

【讨论】 复化求积公式的不足之处在于计算时要先确定积分步长 h：

- 步长太大，精度较低；
- 步长较小，计算量大，累积误差大。

因此，事先决定合适的步长比较困难，需要找到改进的办法，即变步长方法。

4.1.5　变步长求积公式

变步长求积的思想是先选择一个步长，计算一个积分的近似值，之后将步长减小一半，再计算一个积分的近似值。将两个值比较，如果二者的差值达到了要求，则计算结束；如未达到要求，则再将步长减半，重复以上步骤，直到达到要求。

以变步长梯形计算公式为例，变步长求积公式算法思想如图 4-6 所示。

变步长积分的计算步骤如下。

第 1 步：将积分区间 $[a, b]$ 等分成 n 个子区间，节点 $x_i=a+ih$（$i=0, 1, 2, \cdots, n$），由复化梯形公式得到

$$T_n=\sum_{i=0}^{n-1}\frac{h}{2}[f(x_i)+f(x_{i+1})] \tag{4-31}$$

第 2 步：在子区间 $[x_i, x_{i+1}]$（$i=0, 1, 2, \cdots, n-1$）内插入一个中点 $u_i=(x_i+x_{i+1})/2$，则 1 个子区间被分成 2 个子区间 $[x_i, u_i]$ 和 $[u_i, x_{i+1}]$，总区间由 n 变成 $2n$，二分子区间步长 $h/2$，进一步由复化梯形求积公式可得

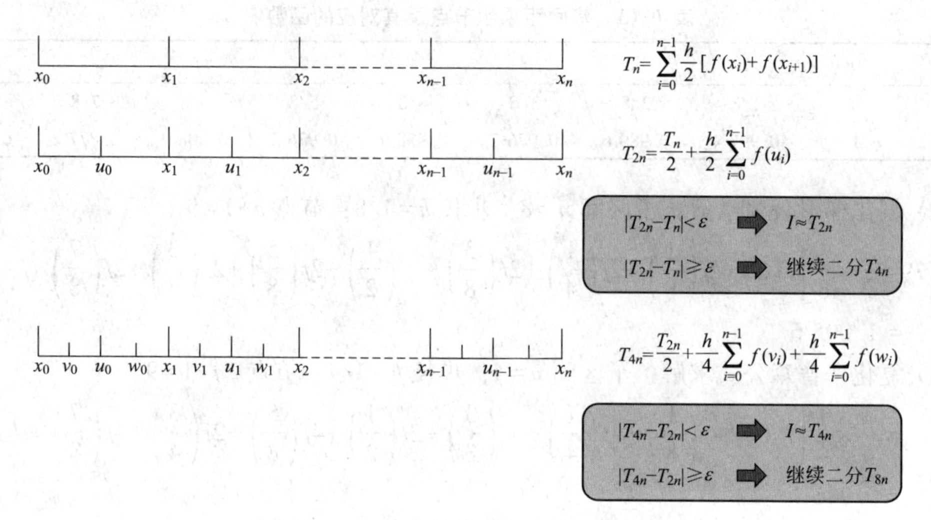

图 4-6　变步长求积公式算法思想

$$T_{2n}=\sum_{i=0}^{n-1}\frac{h}{4}[f(x_i)+f(u_i)]+\sum_{i=0}^{n-1}\frac{h}{4}[f(u_i)+f(x_{i+1})]$$
$$=\frac{h}{4}\sum_{i=0}^{n-1}[f(x_i)+f(x_{i+1})]+\frac{h}{2}\sum_{i=0}^{n-1}f(u_i) \tag{4-32}$$

第 3 步：将上述两个表达式 T_{2n} 与 T_n 相比较，可得

$$T_{2n}=\frac{T_n}{2}+\frac{h}{2}\sum_{i=0}^{n-1}f(u_i) \tag{4-33}$$

其中只要计算新增的二分点，即可由 T_n 递推得到 T_{2n}。

第 4 步：判断 $|T_{2n}-T_n|<\varepsilon$ 是否满足，如不满足可继续二分，直到满足精度要求。

【算例 4-7】　利用变步长求积公式计算椭圆图形（见图 4-7）的周长，要求计算结果的误差小于 0.000 1。

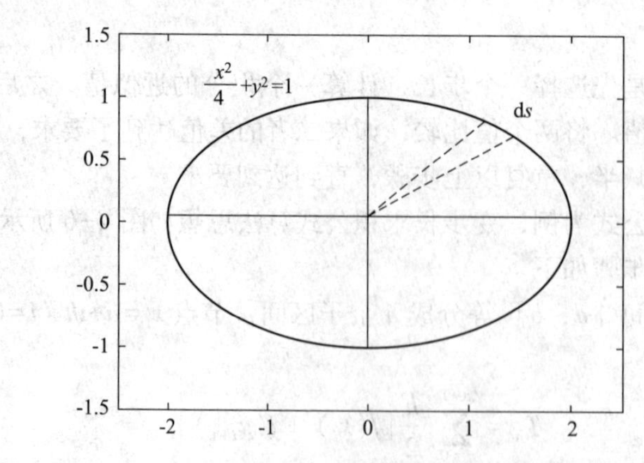

图 4-7　利用数值积分计算椭圆图形的周长

解：将求椭圆图形的周长转化为积分问题求解。

第 1 步：令 $x=2\cos\theta$，$y=\sin\theta$，椭圆曲线上的微段长度

$$ds=\sqrt{(dx)^2+(dy)^2}=\sqrt{4\sin^2\theta+\cos^2\theta}\cdot d\theta=\sqrt{1+3\sin^2\theta}\cdot d\theta$$

第 2 步：定义 $f(\theta)=\sqrt{1+3\sin^2\theta}$，则椭圆曲线的周长计算转换为数值求积问题

$$S=\int_L ds=4\int_0^{\frac{\pi}{2}}\sqrt{1+3\sin^2\theta}\cdot d\theta=4\int_0^{\frac{\pi}{2}}f(\theta)\cdot d\theta=4I$$

然后利用变步长梯形求积公式计算定积分 I。

第 3 步：在子区间［0，π/2］内

$$T_1=\frac{1}{2}\cdot\frac{\pi}{2}(1+2)=2.356\ 194\ 5$$

第 4 步：将子区间分割为［0，π/4］；［π/4，π/2］，则

$$T_2=\frac{T_1}{2}+\frac{\pi}{4}\cdot f\left(\frac{\pi}{4}\right)=2.419\ 207\ 8$$

第 5 步：比较 T_2 和 T_1

$$|T_2-T_1|=0.063\ 013\ 3$$

不满足计算精度要求，继续分割子区间。

第 6 步：子区间［0，π/8］；［π/8，π/4］；［π/4，3π/8］；［3π/8，π/2］，则

$$T_4=\frac{T_2}{2}+\frac{\pi}{8}\left[f\left(\frac{\pi}{8}\right)+f\left(\frac{3\pi}{8}\right)\right]=2.422\ 103\ 1$$

第 7 步：比较 T_4 和 T_2

$$|T_4-T_2|=0.002\ 895\ 3$$

不满足计算精度要求，继续分割子区间。

第 8 步：继续将区间［0，π/8］；［π/8，π/4］；［π/4，3π/8］；［3π/8，π/2］二等分，可得

$$T_8=\frac{T_4}{2}+\frac{\pi}{16}\left[f\left(\frac{\pi}{16}\right)+f\left(\frac{3\pi}{16}\right)+f\left(\frac{5\pi}{16}\right)+f\left(\frac{7\pi}{16}\right)\right]=2.422\ 112\ 06$$

第 9 步：比较 T_8 和 T_4

$$|T_8-T_4|=0.000\ 009<\frac{0.000\ 1}{4}=0.000\ 025$$

满足计算精度要求，即

$$I=\int_0^{\frac{\pi}{2}}f(\theta)d\theta\approx T_8$$

第 10 步：椭圆曲线的周长

$$S\approx 4T_8=9.688\ 448\ 24$$

【讨论】 对于任意数值积分问题 $I=\int_a^b f(x)dx$，对变步长求积公式进行误差估计。

(1) 变步长梯形求积公式

$$\begin{cases} T_n = \dfrac{h}{2}\left[f(a) + 2\sum_{i=1}^{n-1} f(x_i) + f(b)\right] \\ T_{2n} = \dfrac{T_n}{2} + \dfrac{h}{2}\sum_{i=0}^{n-1} f(u_i) \end{cases} \tag{4-34}$$

利用误差 $e_{2n}=I-T_{2n}\approx\frac{1}{3}(T_{2n}-T_n)$（证明过程略），可将变步长梯形公式外推得到更精确的求积公式 $I\approx T_{2n}+\frac{1}{3}(T_{2n}-T_n)=\frac{4}{3}T_{2n}-\frac{1}{3}T_n$，将其展开可得复化辛普森公式。

$$\begin{aligned} \bar{T} &= \frac{4}{3}T_{2n} - \frac{1}{3}T_n \\ &= \frac{1}{3}T_n + \frac{2}{3}h\sum_{i=0}^{n-1} f(u_i) \\ &= \frac{1}{3}\cdot\frac{h}{2}\left[f(a) + 2\sum_{i=0}^{n-1} f(x_i) + f(b)\right] + \frac{2}{3}h\sum_{i=0}^{n-1} f(u_i) \\ &= \frac{h}{6}\left[f(a) + 2\sum_{i=0}^{n-1} f(x_i) + 4\sum_{i=0}^{n-1} f(u_i) + f(b)\right] = S_n \end{aligned} \tag{4-35}$$

(2) 由变步长辛普森公式外推可得复化柯特斯公式，即

$$\bar{T}=\frac{16}{15}S_{2n}-\frac{1}{15}S_n=C_n \tag{4-36}$$

(3) 进而由变步长柯特斯公式外推可得龙贝格公式，即

$$\bar{T}=\frac{64}{63}C_{2n}-\frac{1}{63}C_n=R_n \tag{4-37}$$

精度不高的梯形公式，经过 3 次加工，得到了精度较高的龙贝格公式，收敛缓慢的梯形系列 T_n，被加工成收敛迅速的龙贝格系列值 R_n。

4.2 数值微分

微分也是微积分学与数学分析里的一个核心概念，是对函数的局部变化率的一种线性描述，可以近似地描述当函数自变量的取值作足够小的改变时，函数的值是怎样改变的。与积分相同，微分发展同样源自工程实际应用中的需求，常用来表示一个物理量的变化快慢，如已知位移规律求速度、已知速度求加速度等。

高等数学中学习了导数和微分，可以用来求解简单函数的求微分问题，但对于不能直接用解析方法求微分的问题，需要用数值微分方法解决。

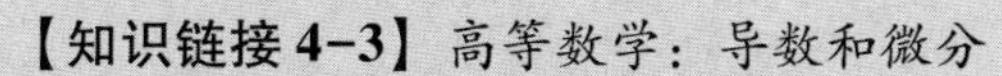
【知识链接 4-3】 高等数学：导数和微分

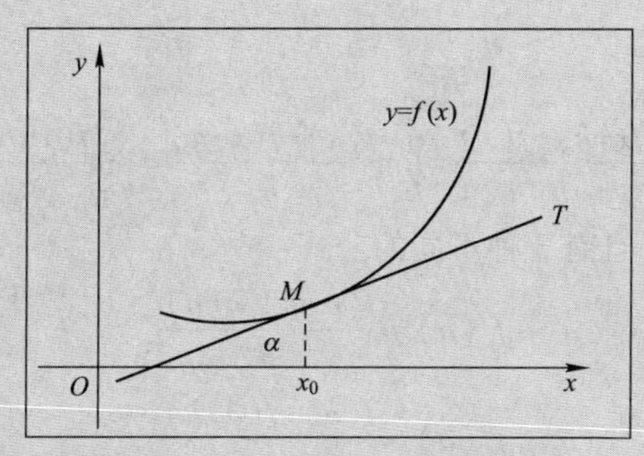

导数：$f'(x_0) = \lim\limits_{\Delta x \to 0}\dfrac{\Delta y}{\Delta x} = \lim\limits_{\Delta x \to 0}\dfrac{f(x_0+\Delta x)-f(x_0)}{\Delta x}$

导函数：$f'(x)$；y'；$\dfrac{\mathrm{d}y}{\mathrm{d}x}$；$\dfrac{\mathrm{d}f(x)}{\mathrm{d}x}$

$$f(x)=x^n \Rightarrow f'(x)=nx^{n-1};\quad f(x)=\sin x \Rightarrow f'(x)=\cos x$$

$$f(x)=\mathrm{e}^x \Rightarrow f'(x)=\mathrm{e}^x;\quad f(x)=\ln x \Rightarrow f'(x)=\frac{1}{x}$$

微分：$\mathrm{d}y\big|_{x=x_0}=\mathrm{d}f(x)\big|_{x=x_0}=f'(x_0)\mathrm{d}x$；$\mathrm{d}y=\mathrm{d}f(x)=f'(x)\mathrm{d}x$

【讨论】 不能直接求导数或微分的情况。

（1）函数 $f(x)$ 的表达式比较复杂，难以给出导数的解析式。

（2）用表格或图形提供的 $f(x)$，不是常规的解析表达式。

【引例 4-2：增长率计算】 已知某国 20 世纪的人口统计数据（见表 4-14），计算各个年份人口的年增长率 $R(t)$。

表 4-14　人口统计数据表

年份	1900	1910	1920	1930	1940	1950	1960	1970	1980	1990
人口/万	76.0	92.0	106.5	123.2	131.7	150.7	179.3	204.0	226.5	251.4

若用函数 $N(t)$ 表示人口数与时间的关系，则人口增长率可表示为

$$R(t)=\frac{\mathrm{d}N(t)}{\mathrm{d}t}\approx\frac{\Delta N}{\Delta t}\Rightarrow\begin{cases}R(1900)\approx\dfrac{92-76}{1910-1900}=1.6\\ R(1910)\approx\dfrac{106.5-92}{1920-1910}=1.45\\ R(1920)\approx\dfrac{123.2-106.5}{1930-1920}=1.67\\ R(t)\approx\cdots\cdots\end{cases}$$

如上引例，对于函数 $f(x)$，没有给出解析表达式，而是给出若干个节点及其对应的函数值，由它们求函数 $f(x)$ 的导数值的方法，称作数值微分方法。

4.2.1 差商求导公式

根据导数的含义：

$$f'(x)=\lim_{h\to 0}\frac{f(x+h)-f(x)}{h}=\lim_{h\to 0}\frac{f(x)-f(x-h)}{h}=\lim_{h\to 0}\frac{f(x+h)-f(x-h)}{2h} \tag{4-38}$$

可知导数可以用差商近似，且有 3 种不同的公式：

$$f'(a)\approx\frac{f(a+h)-f(a)}{h} \tag{4-39}$$

$$f'(a)\approx\frac{f(a)-f(a-h)}{h} \tag{4-40}$$

$$f'(a)\approx\frac{f(a+h)-f(a-h)}{2h} \tag{4-41}$$

分别称为向前差商、向后差商和中心差商。差商求导形式简单，对于函数没有解析表达式的情况应用很方便，且步长 h 越小，精度越高。

采用不同的差商近似方法会有不同的误差，利用泰勒级数展开对其进行分析，见表 4-15。

表 4-15 不同差商求导公式的误差分析比较

公式	泰勒级数展开	截断误差
向前差商	$f(x+h)=f(x)+f'(x)h+\frac{1}{2!}f''(\xi)h^2$	$R(x)=\frac{1}{2!}f''(\xi)h$
向后差商	$f(x-h)=f(x)+f'(x)(-h)+\frac{1}{2!}f''(\xi)(-h)^2$	$R(x)=\frac{1}{2!}f''(\xi)h$
中心差商	$f(x+h)=f(x)+hf'(x)+\frac{h^2}{2!}f''(x)+\frac{h^3}{3!}f'''(\xi_1)$ $f(x-h)=f(x)-hf'(x)+\frac{h^2}{2!}f''(x)-\frac{h^3}{3!}f'''(\xi_2)$	$R(x)=\frac{h^2}{12}\left[f'''(\xi_1)+f'''(\xi_2)\right]$

由表 4-15 可见，中心差商求导公式的误差与步长的平方 h^2 成正比，即中心差商的精度比向前差商和向后差商的精度要高。

【算例 4-8】 对于函数 $f(x)=\ln x$，取 $h=0.1$，求 $f(x)$ 在 $x=2$ 处的导数（取 4 位有效数字）。

解： 函数形式简单且可以解析求导，其导函数为

$$f'(x)=\frac{1}{x}$$

即 $f(x)$ 在 $x=2$ 处的导数：$f'(2)=0.5$。

应用差商近似求导公式计算如下。

（1）向前差商公式：$f'(2)\approx\frac{\ln 2.1-\ln 2}{0.1}=0.487\ 9$

（2）向后差商公式：$f'(2)\approx\frac{\ln 2-\ln 1.9}{0.1}=0.512\ 9$

（3）中心差商公式：$f'(2)\approx\frac{\ln 2.1-\ln 1.9}{0.2}=0.500\ 4$

比较可见，中心差商更接近解析计算所得的精确值。

【**算例4-9**】　对函数$f(x)=\sqrt{x}$，采用不同的步长h，利用中心差商近似求导公式计算$f(x)$在$x=2$处的导数（取8位有效数字）。

解：函数形式简单且可以解析求导，其导函数为

$$f'(x)=\frac{1}{2\sqrt{x}}$$

即$f(x)$在$x=2$处的导数：$f'(2)=0.353\,553\,39$。

取不同的步长，利用中心差商计算如下。

（1）$h=0.1$：$f'(2)\approx\frac{\sqrt{2.1}-\sqrt{1.9}}{0.2}\approx 0.353\,664\,00$

（2）$h=0.01$：$f'(2)\approx\frac{\sqrt{2.01}-\sqrt{1.99}}{0.02}\approx 0.353\,554\,50$

（3）$h=0.001$：$f'(2)\approx\frac{\sqrt{2.001}-\sqrt{1.999}}{0.002}\approx 0.353\,553\,40$

（4）$h=0.000\,1$：$f'(2)\approx\frac{\sqrt{2.000\,1}-\sqrt{1.999\,9}}{0.000\,2}\approx 0.353\,553\,39$

继续缩小步长，计算结果见表4-16。

表4-16　步长对差商求导计算结果的影响

步长	1×10^{-6}	1×10^{-8}	1×10^{-10}	1×10^{-12}	1×10^{-14}	1×10^{-16}
结果	0.353 553 39	0.353 553 40	0.353 553 82	0.353 574 60	0.351 648 35	NaN

不同步长下在给定点处的近似求导计算结果如图4-8所示。结果表明：应用差商求导公式求某一点处的导数值，步长选取不当，会严重影响计算结果。

- 随着h减小，截断误差越小，结果越精确；
- 随着步长h进一步减小，$f(x+h)$与$f(x-h)$很接近，直接相减导致有效数字损失，舍入误差越大，结果越失真。

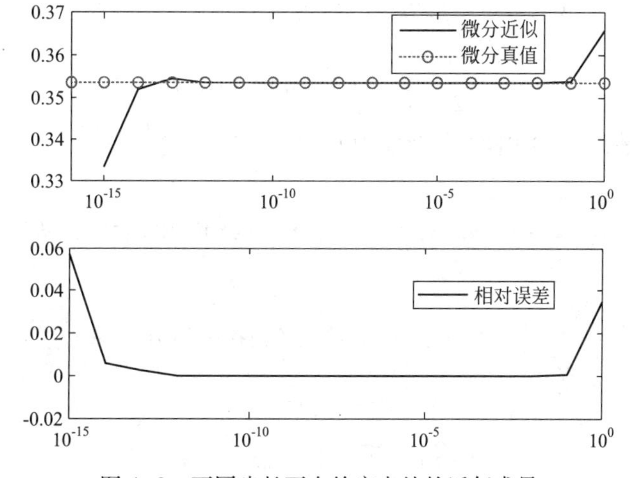

图4-8　不同步长下在给定点处的近似求导

4.2.2 插值求导公式

用插值函数 $P(x)$ 近似代替函数 $f(x)$ 做求导运算，称为“插值求导公式”。由插值函数的特点可以得到以下结论。

（1）在插值节点处，$P(x)$ 的值与函数 $f(x)$ 的值严格相等。

（2）在非插值节点处，$P(x)$ 的值与函数 $f(x)$ 的值一般不相等。

（3）无论是在插值节点还是非插值节点，$P(x)$ 的导数值与 $f(x)$ 的导数值都可能不相等。

与插值求积公式相同，通常选用多项式函数作为插值函数近似求导。以拉格朗日插值多项式函数为例，采用不同次的拉格朗日插值多项式，可以得到不同的插值求导公式。

1. 两点插值求导公式

设已知两个节点 x_0，x_1 的函数值 $f(x_0)$ 和 $f(x_1)$，对其进行线性插值

$$P(x)=\frac{x-x_1}{x_0-x_1}\cdot f(x_0)+\frac{x-x_0}{x_1-x_0}\cdot f(x_1) \tag{4-42}$$

记 $h=x_1-x_0$，对上式求导，得

$$P'(x)=\frac{1}{h}[-f(x_0)+f(x_1)] \tag{4-43}$$

2. 三点插值求导公式

设已知 3 个节点 x_0，$x_1=x_0+h$ 和 $x_2=x_0+2h$ 处的函数值，对其进行 2 次插值

$$P(x)=l_0(x)f(x_0)+l_1(x)f(x_1)+l_2(x)f(x_2) \tag{4-44}$$

对上式求导，得

$$P'(x)=\frac{(x-x_1)+(x-x_2)}{2h^2}f(x_0)-\frac{(x-x_0)+(x-x_2)}{h^2}f(x_1)+\frac{(x-x_0)+(x-x_1)}{2h^2}f(x_2) \tag{4-45}$$

则有

$$\begin{aligned}
P'(x_0)&=\frac{1}{2h}[-3f(x_0)+4f(x_1)-f(x_2)]\\
P'(x_1)&=\frac{1}{2h}[-f(x_0)+f(x_2)]=\frac{f(x_1+h)-f(x_1-h)}{2h}\\
P'(x_2)&=\frac{1}{2h}[f(x_0)-4f(x_1)+3f(x_2)]
\end{aligned} \tag{4-46}$$

即为三点插值求导公式，其中第二式对应中心差商求导公式。

3. 五点插值求导公式

设已知 5 个节点 x_0，$x_1=x_0+h$，$x_2=x_0+2h$，$x_3=x_0+3h$ 和 $x_4=x_0+4h$ 处的函数值，对其进行 4 次插值

$$f(x)\approx P(x)=\sum_{i=0}^{4}l_i(x)f(x_0+ih) \tag{4-47}$$

对上式求导，得

$$P'(x)=\sum_{i=0}^{4}l'_i(x)f(x_0+ih) \tag{4-48}$$

则有

$$
\begin{aligned}
P'(x_0) &= \frac{1}{12h}[-25f(x_0)+48f(x_1)-36f(x_2)+16f(x_3)-3f(x_4)] \\
P'(x_1) &= \frac{1}{12h}[-3f(x_0)-10f(x_1)+18f(x_2)-6f(x_3)+f(x_4)] \\
P'(x_2) &= \frac{1}{12h}[f(x_0)-8f(x_1)+8f(x_3)-f(x_4)] \\
P'(x_3) &= \frac{1}{12h}[-f(x_0)+6f(x_1)-18f(x_2)+10f(x_3)+3f(x_4)] \\
P'(x_4) &= \frac{1}{12h}[3f(x_0)-16f(x_1)+36(x_2)-48f(x_3)+25f(x_4)]
\end{aligned}
\tag{4-49}
$$

即为五点插值求导公式。

【算例 4-10】 对函数 $f(x)=\ln x$，取 $h=0.05$，分别用三点插值和五点插值求 $x=2$ 处的导数。

解：函数形式简单且可以解析求导，其导函数为

$$f'(x)=\frac{1}{x}$$

即 $f(x)$ 在 $x=2$ 处的导数：$f'(2)=0.5$。

（1）三点插值求导公式

$$f'(2)=\frac{1}{2\times 0.05}[-f(1.95)+f(2.05)]=0.500\,104\,21$$

（2）五点插值求导公式

$$f'(2)=\frac{1}{12\times 0.05}[f(1.90)-8f(1.95)+8f(2.05)-f(2.10)]=0.499\,999\,843$$

4.2.3　带误差数据的求导问题

在实验中，我们经常得到带有误差的数据，对这些数据进行数值微分时需要十分注意，原因是求导的过程可能将误差放大。

如图 4-9 所示，图 4-9（a）是光滑无误差的数据，图 4-9（c）为微分后的曲线，也是光滑的；图 4-9（b）是在图 4-9（a）基础上引入了误差，微分后引入的误差被放大，如图 4-9（d）所示。

因此如果数据有误差，微分会使误差放大。为避免以上情况，可以先对数据进行多项式回归，然后再求导。

【算例 4-11】 对于 $f(x)$ 在给定节点处的函数值见表 4-17，两次测量存在误差。

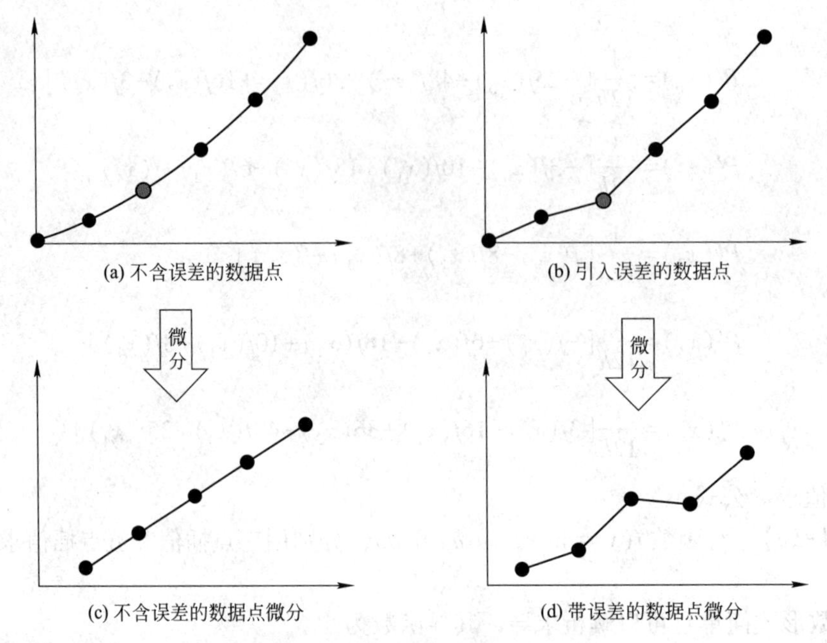

图 4-9　带误差数据的数值微分示意图

表 4-17　两次测量数据表

x	1.0	1.2	1.4	1.6	1.8	2.0	2.2	2.4	2.6	2.8
$f^*(x)$	0	0.182	0.337	0.470	0.617	0.693	0.789	0.876	0.956	1.030
$f(x)$	0	0.182	0.337	0.470	0.630	0.693	0.789	0.876	0.956	1.030

解：分别对两组数据利用数值求导和回归后求导的方法进行计算和比较，如图 4-10 所示。结果表明：插值求导得到的导函数曲线不光滑，而利用先回归的方法可以得到光滑的导函数曲线。

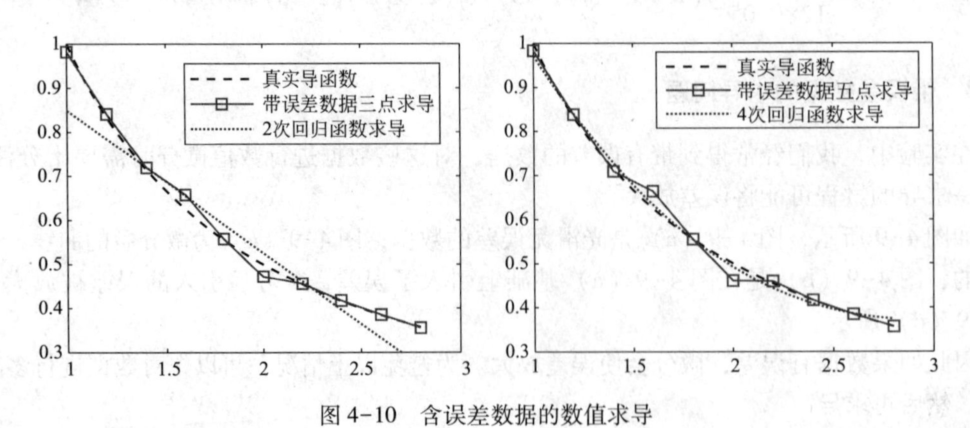

图 4-10　含误差数据的数值求导

4.3　数值积分与数值微分的 MATLAB 程序实现

4.3.1　数值积分的 MATLAB 程序实现

【M4-1】　引例（做功计算）的参考程序。

```
>> % 引例：做功计算
>> clear
>> x=[0;5;10;15;20;25;30];
>> f=[0;9;13;14;10.5;12;5];
>> st=[0.5;1.4;0.75;0.9;1.3;1.48;1.5];
>> for i=1:length(x)
>>     w(i)=f(i)* cos(st(i));
>> end
>> subplot(3,1,1);
>> plot(x,f,'r-o');
>> subplot(3,1,2);
>> plot(x,st,'b-d');
>> subplot(3,1,3);
>> plot(x,w,'k-* ');
```

【M4-2】　3 节点求积公式不同积分系数下的代数精度比较。

```
>> syms a b
>> n=8;q=6;  % 对应积分系数的分配为 1/8,6/8,1/8
>> % n=6;q=4;  % 对应积分系数的分配为 1/6,4/6,1/6;
>> % x^0 %
>> R0=(b-a)* 1/n* (a^0+q* ((a+b)/2)^0+b^0);
>> R0=collect(R0,a)
>> % x^1 %
>> R1=(b-a)* 1/n* (a^1+q* ((a+b)/2)^1+b^1);
>> R1=collect(R1,a)
>> % x^2 %
>> R2=(b-a)* 1/n* (a^2+q* ((a+b)/2)^2+b^2);
>> R2=collect(R2,a)
>> % x^3 %
>> R3=(b-a)* 1/n* (a^3+q* ((a+b)/2)^3+b^3);
>> R3=collect(R3,a)
>> % x^4 %
>> R4=(b-a)* 1/n* (a^4+q* ((a+b)/2)^4+b^4);
>> R4=collect(R4,a)
```

【M4-3】 3节点插值求积公式的应用（算例4-4）。

```
>> x0=0;x1=1;x2=2;
>> syms x
>> L0=(x-x1)* (x-x2)/((x0-x1)* (x0-x2));
>> L1=(x-x0)* (x-x2)/((x1-x0)* (x1-x2));
>> L2=(x-x0)* (x-x1)/((x2-x0)* (x2-x1));
>> D0=collect(L0,x)
>> D1=collect(L1,x)
>> D2=collect(L2,x)
>> A0=int(D0,0,2)
>> A1=int(D1,0,2)
>> A2=int(D2,0,2)
```

【M4-4】 柯特斯系数及相应的求积公式应用（算例4-5）。

```
>> clear;
>> a=0.5;
>> b=1;
>> C=zeros(6,7);
>> C(1,1)=1/2;C(1,2)=1/2;
>> C(2,1)=1/6;C(2,2)=2/3;C(2,3)=1/6;
>> C(3,1)=1/8;C(3,2)=3/8;C(3,3)=3/8;C(3,4)=1/8;
>> C(4,1)=7/90;C(4,2)=16/45;C(4,3)=2/15;C(4,4)=16/45;C(4,5)=7/90;
>> C(5,1)=19/288;C(5,2)=25/96;C(5,3)=25/144;C(5,4)=25/144;C(5,5)=25/96;C(5,
6)=19/288;
>> C(6,1)=41/840;C(6,2)=9/35;C(6,3)=9/280;C(6,4)=34/105;
>> C(6,5)=9/280;C(6,6)=9/35;C(6,7)=41/840;
>> x=zeros(6,7);
>> I=zeros(7,1);
>> for i=1:6
>> % i=1;%  梯形公式
>> % i=2;% 辛普森公式
>> % i=3;
>> % i=4;% 柯特斯公式
>> % i=5;
>> % i=6;
>> dx(i)=(b-a)/i;
>> for j=1:i+1
>>    x(i,j)=a+(j-1)* dx(i);
>>    y(i,j)=sqrt(x(i,j));
>>    I(i)=I(i)+(b-a)* C(i,j)* y(i,j);
>> end
>> end
```

```
>> I(7)=2/3* (1^(3/2)-0.5^(3/2));
>> for i=1:length(I)
>>     I(i,2)=I(i,1)-I(7,1);
>>     I(i,3)=abs(I(i,2))/I(7,1);
>> end
>> I=vpa(I,8);
>> plot(x(1,1:2),y(1,1:2),'ro-',x(2,1:3),y(2,1:3),'bs-',x(4,1:5),y(4,1:5),'
gd-');
>> xp=0.5:0.01:1;
>> for i=1:length(xp);
>>     yp(i)=sqrt(xp(i));
>> end
>> yp
>> hold on;
>> plot(xp,yp,'k--');
>> hold off;
```

【M4-5】 椭圆方程图形（算例4-7）。

```
>> clear;
>> x=-2:0.001:2;
>> for i=1:length(x)
>> y1(i)=sqrt(1-x(i)^2/4);
>> y2(i)=-y1(i);
>> end
>> plot(x,y1,'k-',x,y2,'k-');
```

4.3.2 数值微分的MATLAB程序实现

【M4-6】 不同步长对差商求导的影响（算例4-9）。

```
>> clear;
>> h=zeros(16,1);
>> h(1)=1;
>> a0=2;
>> d0=1/2/sqrt(a0);
>> n=length(h);
>> for i=2:n
>>     h(i)=h(i-1)/10;
>> end
>> for i=1:n
>>     a(i)=a0-h(i);
>>     b(i)=a0+h(i);
>>     c(i)=(sqrt(b(i))-sqrt(a(i)))/(b(i)-a(i));
```

```
>>    e(i)=c(i)-d0;
>>    er(i)=abs(e(i))/d0;
>>    cp(i)=1/(sqrt(b(i))+sqrt(a(i)));
>>    ep(i)=cp(i)-d0;
>>    erp(i)=abs(ep(i))/d0;
>>    d(i)=d0;
>> end
>> subplot(2,1,1);
>> semilogx(h,c,'r-',h,d,'ko-');
>> subplot(2,1,2);
>> semilogx(h,er,'b-');
>> figure;
>> subplot(2,1,1);
>> semilogx(h,cp,'r-',h,d,'ko-');
>> subplot(2,1,2);
>> semilogx(h,erp,'b-');
```

【M4-7】 差商求导的应用（算例 4-10）。

```
>> % 插值求导的应用:差商求导/三点插值/五点插值
>> % 回归函数求导的比较:含数据误差的求导
>> clear;
>> xi=1:0.2:2.8;
>> n=length(xi);
>> for i=1:length(xi)
>>     yi(i)=log(xi(i));
>> end
>> % yi(5)=yi(5)* 1.02; % 含数据误差求导时比较
>> R=zeros(n,3);
>> % 差商求导
>> for i=1:n
>>     if i==1
>>         R(i,1)=(yi(i+1)-yi(i))/(xi(i+1)-xi(i));
>>     else if i==n
>>             R(i,1)=(yi(i)-yi(i-1))/(xi(i)-xi(i-1));
>>         else
>>             R(i,1)=(yi(i+1)-yi(i-1))/(xi(i+1)-xi(i-1));
>>         end
>>     end
>> end

>> % 三点插值求导
>> for i=1:n
```

```
>>    if i==1
>>        R(i,2)=(-3* yi(i)+4* yi(i+1)-yi(i+2))/(xi(i+2)-xi(i));
>>    else if i==n
>>            R(i,2)=(yi(i-2)-4* yi(i-1)+3* yi(i))/(xi(i)-xi(i-2));
>>        else
>>            R(i,2)=(yi(i+1)-yi(i-1))/(xi(i+1)-xi(i-1));
>>        end
>>    end
>> end

>> % 五点插值求导
>> for i=1:n
>>    if i==1
>>        R(i,3)=(-25* yi(i)+48* yi(i+1)-36* yi(i+2)+16* yi(i+3)-3* yi(i+4))/
(12* (xi(i+1)-xi(i)));
>>    else if i==2
>>            R(i,3)=(-3* yi(i-1)-10* yi(i)+18* yi(i+1)-6* yi(i+2)+yi(i+3))/
(12* (xi(i+1)-xi(i)));
>>        else if i==n-1
>>                R(i,3)=(-yi(i-3)+6* yi(i-2)-18* yi(i-1)+10* yi(i)+3* yi(i+
1))/(12* (xi(i+1)-xi(i)));
>>            else if i==n
>>                    R(i,3)=(3* yi(i-4)-16* yi(i-3)+36* yi(i-2)-48* yi(i-1)+25
* yi(i))/(12* (xi(i)-xi(i-1)));
>>                else
>>                    R(i,3)=(yi(i-2)-8* yi(i-1)+8* yi(i+1)-yi(i+2))/(12* (xi
(i)-xi(i-1)));
>>                end
>>            end
>>        end
>>    end
>> end

>> C1=polyfit(xi,yi,1);
>> C2=polyfit(xi,yi,2);
>> C3=polyfit(xi,yi,3);
>> C4=polyfit(xi,yi,4);
>> x=1:0.01:2.8;
>> for i=1:length(x)
>>    dx(i)=1/x(i);
>>    y1(i)=C1(1)* x(i)+C1(2);
>>    y2(i)=C2(1)* x(i)^2+C2(2)* x(i)+C2(3);
```

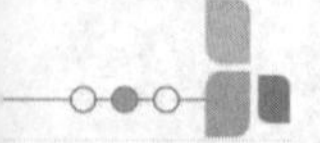


```
>>     dy2(i)=2* C2(1)* x(i)+C2(2);
>>     y3(i)=C3(1)* x(i)^3+C3(2)* x(i)^2+C3(3)* x(i)+C3(4);
>>     dy3(i)=3* C3(1)* x(i)^2+2* C3(2)* x(i)+C3(3);
>>     y4(i)=C4(1)* x(i)^4+C4(2)* x(i)^3+C4(3)* x(i)^2+C4(4)* x(i)+C4(5);
>>     dy4(i)=4* C4(1)* x(i)^3+3* C4(2)* x(i)^2+2* C4(3)* x(i)+C4(4);
>> end
>> plot(xi,yi,'ko-',x,y1,'r-',x,y2,'b-',x,y3,'g-',x,y4,'c-');
>> figure;
>> plot(x,dx,'k--',xi,R(:,1),'ro-',xi,R(:,2),'bs-',xi,R(:,3),'gd-');
>> figure;
>> subplot(1,2,1);
>> plot(x,dx,'k--',xi,R(:,2),'bs-',x,dy2,'b--');
>> subplot(1,2,2);
>> plot(x,dx,'k--',xi,R(:,3),'ro-',x,dy4,'r--');
```

习题

1. 确定求积公式 $\int_{-h}^{h} f(x)\mathrm{d}x \approx A_0 f(-h) + A_1 f(0) + A_2 f(h)$ 中的3个待定求积系数，使该求积公式的代数精度尽可能高，并求此公式的代数精度。

2. 确定求积公式 $\int_{-1}^{1} f(x)\mathrm{d}x \approx \dfrac{f(-1) + 2f(x_1) + 3f(x_2)}{3}$ 中的2个待定求积节点，使该求积公式的代数精度尽可能高，并求此代数精度，说明其是否为插值型求积公式。

3. 分别应用解析法、梯形求积公式和辛普森求积公式计算下列积分：

(1) $\int_{0}^{\pi/2}(8 + 4\cos x)\mathrm{d}x$

(2) $\int_{-2}^{4}(1 - x - 4x^3 + 2x^5)\mathrm{d}x$

(3) $\int_{1}^{4}(x + 1/x)^5\mathrm{d}x$

(4) $\int_{-3}^{5}(4x - 3)^3\mathrm{d}x$

4. 根据函数 $f(x)=2\mathrm{e}^{-1.5x}$ 生成表4-18非等距数据列表。

表4-18　习题4数据

x	0	0.05	0.15	0.25	0.35	0.475	0.6
$f(x)$	2	1.855 5	1.597 0	1.374 6	1.183 1	0.980 8	0.813 1

运用梯形法则和辛普森法则计算函数从 $a=0$ 到 $b=0.6$ 的积分。

5. 采用9个数据点，分别用复化辛普森公式（3节点）和复化柯特斯公式（5节点）

求解积分 $\int_0^1 \frac{x}{4+x^2}\mathrm{d}x$ 的数值，计算结果保留 7 位有效数字。

6. 利用复化梯形法则，计算表 4-19 中数据的积分。

表 4-19　习题 6 数据

x	0	0.1	0.2	0.3	0.4	0.5
$f(x)$	1	8	4	3.5	5	1

7. 利用复化辛普森法则，计算表 4-20 中数据的积分。

表 4-20　习题 7 数据

x	−2	0	2	4	6	8	10
$f(x)$	35	5	−10	2	5	3	20

8. 假设空气对下落物体的向上阻力与其速度的平方成正比，现已知物体的下落速度为

$$v(t)=\sqrt{\frac{mg}{c_{\mathrm{d}}}}\tanh\left(\sqrt{\frac{gc_{\mathrm{d}}}{m}}t\right)$$

其中，c_{d}为二阶阻力系数。

（1）取 $g=9.8\ \mathrm{m/s^2}$，$m=68.1\ \mathrm{kg}$，$c_{\mathrm{d}}=0.25\ \mathrm{kg/m}$，利用解析方法计算物体在 10 s 内下落的距离。

（2）利用复化梯形法则求解问题（1）。（取足够的子区间数 n，以达到 3 位有效数字的精度）

9. 在 24 h 内，测得某反应的输出浓度在不同时刻的数据（见表 4-21）。

表 4-21　习题 9 数据

t/h	0	1	5.5	10	12	14	16	18	20	24
C/(mg/L)	1	1.5	2.3	2.1	4	5	5.5	5	3	1.2

输出流率（单位：$\mathrm{m^3/s}$）的计算公式为

$$Q(t)=20+10\sin[\pi(t-10)/12]$$

使用恰当的数值积分方法确定 24 h 内的流加权平均输出浓度：

$$\overline{C}=\frac{\int_0^t Q(t)C(t)\mathrm{d}t}{\int_0^t Q(t)\mathrm{d}t}$$

10. 非均匀杆的质量可表示为

$$m=\int_0^L \rho(x)A_c(x)\mathrm{d}x$$

其中 m，$\rho(x)$，$A_c(x)$，x 和 L 分别表示质量、密度、横截面积、沿杆方向的长度及杆的总长。对于某 10 m 长的杆，测得数据见表 4-22。

表 4-22　习题 10 数据

x/m	0	2	3	4	6	8	10
ρ/(g/cm³)	4.00	3.95	3.89	3.80	3.60	3.41	3.30
A_c/cm²	100	103	106	110	120	133	150

试采用适当的数值求积方法计算该非均匀杆质量（单位：kg）。

11. 一根 11 m 长的横梁负载，其剪切力满足方程

$$V(x)=5+0.25x^2$$

其中，V 是剪切力，x 为沿横梁方向的长度。设 M 为弯矩，根据 $V=\mathrm{d}M/\mathrm{d}x$，通过积分得

$$M=M_0+\int_0^X V\mathrm{d}x$$

取 $M_0=0$，$X=11$，分别利用解析方法、复化梯形法则和复化辛普森法则计算上述积分。

（提示：应用数值积分方法时取自变量的增量为 1 m。）

12. 对于下列指定函数、位置点和步长，分别用三点插值和五点插值方法近似求其微分，并将结果与解析求解结果进行比较。

（1）$y=x^3+4x-15$　（$x=0$，$h=0.25$）

（2）$y=x^2\cos x$　（$x=0.4$，$h=0.1$）

（3）$y=\tan(x/3)$　（$x=3$，$h=0.5$）

（4）$y=\sin(0.5\sqrt{x})$　（$x=1$，$h=0.2$）

（5）$y=\mathrm{e}^x+x$　（$x=2$，$h=0.2$）

13. 表 4-23 数据是火箭运行过程中收集到的行进距离与时间的关系。

表 4-23　习题 13 数据

t/s	0	25	50	75	100	125
y/km	0	32	58	78	92	100

使用数值微分方法估计火箭在各个时刻的速度和加速度。

14. 给定表 4-24 数据，其中物体的速度是时间的函数。

表 4-24　习题 14 数据

t/s	0	4	8	12	16	20	24	28	32	36
v/(m/s)	0	34.7	61.8	82.8	99.2	112.0	121.9	129.7	135.7	140.4

（1）使用恰当的数值方法确定物体从 $t=0$ 到 28 s 移动了多少距离？

（2）使用恰当的数值方法确定物体在 $t=28$ s 时的加速度。

15. 运输工程的一项课题是需要知道在早晨的高峰时间内通过某十字路口的车辆数。工作人员站在路边，多次记录下每 4 min 内通过该路口的车辆数 N，结果见表 4-25。

表 4-25　习题 15 数据

时间	7：30	7：45	8：00	8：15	8：45	9：15
N/辆	18	24	26	20	18	9

试选择恰当的数值方法计算：

（1）7：30—9：15 通过路口的车辆总数。

（2）该路口每分钟内的车辆通过率。（提示：请注意单位）

16. 测量小管中水的流通率的方法是：在管的出口处放置一个桶，测量桶内水的容积与时间的关系，从而得到表 4-26 数据。

表 4-26　习题 16 数据

t/s	0	1	5	8
V/cm^3	0	1	8	16.4

请使用恰当的数值方法估计 $t=7$ s 时的流通率。

17. 在距离平面 y（m）处测量空气流过平面的速度 v（m/s），数据见表 4-27。试确定平面上（$y=0$）的剪切应力 τ（N/m^2）。

$$\tau=\mu\frac{\mathrm{d}v}{\mathrm{d}y}$$

假设动态黏度的值为 $\mu=1.8\times10^{-5}$ N · s/m^2。

表 4-27　习题 17 数据

y/m	0	0.002	0.006	0.012	0.018	0.024
v/(m/s)	0	0.287	0.899	1.915	3.048	4.299

18. 编写 MATLAB 程序，利用 quad 和 quadl 函数计算下式的积分。

$$\int_0^{2\pi}\frac{\sin t}{t}\mathrm{d}t$$

19. 使用 MATLAB 中的 diff 指令，计算表 4-28 中数据在除两个端点以外的每一个 x 值处的 1 阶导数和 2 阶导数。

表 4-28　习题 19 数据

x	0	1	2	3	4	5	6	7	8	9	10
y	1.4	2.1	3.3	4.8	6.8	6.6	8.6	7.5	8.9	10.9	10

第5章　代数方程与方程组的数值求解

不同工程领域的问题，物理量之间的关系通常由方程或方程组来描述。根据未知数的个数、阶次和构造形式，可分为线性方程、线性方程组、非线性方程和非线性方程组。

5.1　线性方程组

给定线性方程组的一般表达形式：

$$\boldsymbol{A}\boldsymbol{x}=\boldsymbol{b} \tag{5-1}$$

其中 $\boldsymbol{A}=\begin{bmatrix} a_{11} & a_{12} & \cdots & a_{1n} \\ a_{21} & a_{22} & \cdots & a_{2n} \\ \vdots & \vdots & & \vdots \\ a_{m1} & a_{m2} & \cdots & a_{mn} \end{bmatrix}$，$\boldsymbol{x}=\begin{bmatrix} x_1 \\ x_2 \\ \vdots \\ x_n \end{bmatrix}$，$\boldsymbol{b}=\begin{bmatrix} b_1 \\ b_2 \\ \vdots \\ b_n \end{bmatrix}$；当 $\boldsymbol{b}=\begin{bmatrix} 0 \\ 0 \\ \vdots \\ 0 \end{bmatrix}$ 时为线性齐次方程组。

- 当 $m=1$，$n=1$ 时，即为一元线性方程：解为 $x_1=b_1/a_{11}$。
- 当 $m=1$，$n>1$ 时，即为多元线性方程：有无穷多个解。
- 当 $m>1$，$n>1$ 时，即为多元线性方程组：解的个数取决于系数矩阵 $\boldsymbol{A}$ 的秩 r_A。

本章关于线性方程组的求解重点讨论未知数个数与方程数目相同（即 $m=n$）的情况。

【引例 5-1："禾实问题"】　——中国古代的方程术（取自九章算术）。

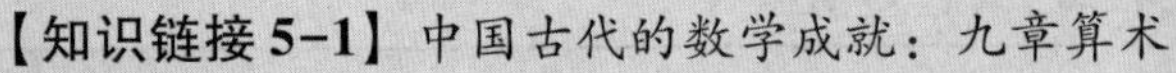

【知识链接 5-1】 中国古代的数学成就：九章算术

成书：秦汉时期
教科书：唐宋时期

第一章　方田（几何图形面积、四则运算）
第二章　粟米（按比例折换）
第三章　衰分（按比例分配）
第四章　少广（面积、体积、开方等）
第五章　商功（土石工程、体积计算）
第六章　均输（摊派、赋税）
第七章　盈不足（盈亏）
第八章　方程（引进和使用负数、分离系数求方程组）
第九章　勾股（勾股数问题的通解）

今有上禾三秉，中禾二秉，下禾一秉，实三十九斗；上禾二秉，中禾三秉，下禾一秉，实三十四斗；上禾一秉，中禾二秉，下禾三秉，实二十六斗。

问：上、中、下三禾，一秉各几何？

解法 1：摆算筹求解（见图 5-1）

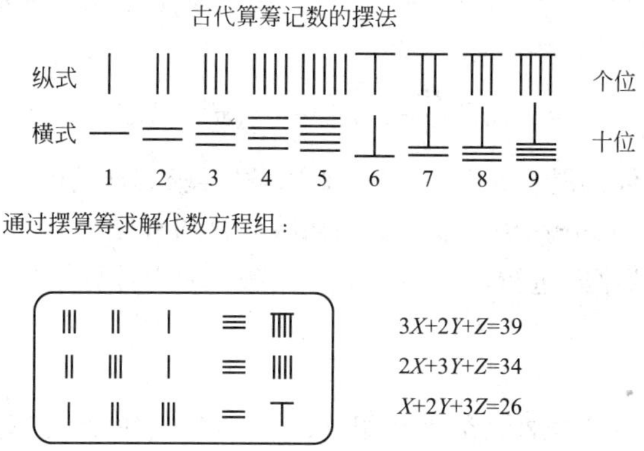

古代算筹记数的摆法

纵式　个位

横式　十位

1　2　3　4　5　6　7　8　9

通过摆算筹求解代数方程组：

3X+2Y+Z=39

2X+3Y+Z=34

X+2Y+3Z=26

图 5-1　摆算筹方法示意图

答：上禾一秉，九斗四分斗之一；中禾一秉，四斗四分斗之一；下禾一秉，二斗四分斗之三。

解法 2：线性代数中关于线性代数方程组的求解。

【知识链接 5-2】 线性代数：线性代数方程组的解

考虑未知数与方程个数相同的情况。

$$\boldsymbol{A}=\begin{bmatrix} a_{11} & a_{12} & \cdots & a_{1n} \\ a_{21} & a_{22} & \cdots & a_{2n} \\ \vdots & \vdots & & \vdots \\ a_{n1} & a_{n2} & \cdots & a_{nn} \end{bmatrix},\boldsymbol{x}=\begin{bmatrix} x_1 \\ x_2 \\ \vdots \\ x_n \end{bmatrix},\boldsymbol{b}=\begin{bmatrix} b_1 \\ b_2 \\ \vdots \\ b_n \end{bmatrix};$$

存在唯一解的条件：$|\boldsymbol{A}|\neq 0$　唯一解：$\boldsymbol{x}=\boldsymbol{A}^{-1}\boldsymbol{b}$

根据“禾实问题”描述可构造线性方程组为

$$\begin{cases} 3x_1+2x_2+x_3=39 \\ 2x_1+3x_2+x_3=34 \\ x_1+2x_2+3x_3=26 \end{cases}$$

即 $\boldsymbol{A}=\begin{bmatrix} 3 & 2 & 1 \\ 2 & 3 & 1 \\ 1 & 2 & 3 \end{bmatrix}$，$\boldsymbol{b}=\begin{bmatrix} 39 \\ 34 \\ 26 \end{bmatrix}$，则求解可得

$$\boldsymbol{x}=\boldsymbol{A}^{-1}\boldsymbol{b}=\begin{bmatrix} 0.583\ 3 & -0.333\ 3 & -0.083\ 3 \\ -0.416\ 7 & 0.666\ 7 & -0.083\ 3 \\ 0.083\ 3 & -0.333\ 3 & 0.416\ 7 \end{bmatrix}\begin{bmatrix} 39 \\ 34 \\ 26 \end{bmatrix}=\begin{bmatrix} 9.25 \\ 4.25 \\ 2.75 \end{bmatrix}$$

【讨论】 上述求解方法为线性代数方程组带来了便捷的求解方法，但其不足之处有以下几点。

（1）如果方程组的方程个数与未知数的个数不一致时，不能使用该法则。

（2）如果系数矩阵行列式为 0 或近似为 0，不能使用该法则。

(3) 运算次数太多。对于一个 n 元一次方程组，需要计算 $n+1$ 个 n 阶行列式；每计算一个 n 阶行列式，需要 $(n-1)n!$ 次乘法；求解结果时还需要 n 次除法。因此，总的运算次数为

$$N=(n+1)(n-1)n!+n=(n^2-1)n!+n \tag{5-2}$$

因此，对于线性代数方程组的求解，人们又尝试寻求其他的解决方法。

- Gauss 消元法、LU 分解法等基于矩阵初等变化的直接法。
- 按照一定的迭代格式进行计算的数值迭代法，使得计算结果逐步收敛。

5.1.1 Gauss 消元法

【基本思想】 对于 n 元线性代数方程组 $\boldsymbol{Ax}=\boldsymbol{b}$，将一般的系数矩阵变换为上三角矩阵或下三角矩阵，进而依次求解各待定未知数。

- 系数矩阵变换为上三角矩阵

$$\boldsymbol{A}=\begin{bmatrix} a_{11} & a_{12} & \cdots & a_{1n} \\ a_{21} & a_{22} & \cdots & a_{2n} \\ \vdots & \vdots & & \vdots \\ a_{n1} & a_{n2} & \cdots & a_{nn} \end{bmatrix} \Rightarrow \tilde{\boldsymbol{A}}=\begin{bmatrix} \tilde{a}_{11} & \tilde{a}_{12} & \cdots & \tilde{a}_{1n} \\ 0 & \tilde{a}_{22} & \cdots & \tilde{a}_{2n} \\ \vdots & \vdots & & \vdots \\ 0 & 0 & \cdots & \tilde{a}_{nn} \end{bmatrix} \tag{5-3}$$

- 系数矩阵变换为下三角矩阵

$$\boldsymbol{A}=\begin{bmatrix} a_{11} & a_{12} & \cdots & a_{1n} \\ a_{21} & a_{22} & \cdots & a_{2n} \\ \vdots & \vdots & & \vdots \\ a_{n1} & a_{n2} & \cdots & a_{nn} \end{bmatrix} \Rightarrow \tilde{\boldsymbol{A}}=\begin{bmatrix} \tilde{a}_{11} & 0 & \cdots & 0 \\ \tilde{a}_{21} & \tilde{a}_{22} & \cdots & 0 \\ \vdots & \vdots & & \vdots \\ \tilde{a}_{n1} & \tilde{a}_{n2} & \cdots & \tilde{a}_{nn} \end{bmatrix} \tag{5-4}$$

最后求解未知数时可采用顺序消元法、选主元法、Gauss-Jordan 消去法。

1. *顺序消元法*

该方法是采用顺序消元，而后逐一回代求解未知数。

【算例 5-1】 采用顺序消元法求解“禾实问题”。

解： 按照顺序消元和逐一回代的流程，如图 5-2 所示。

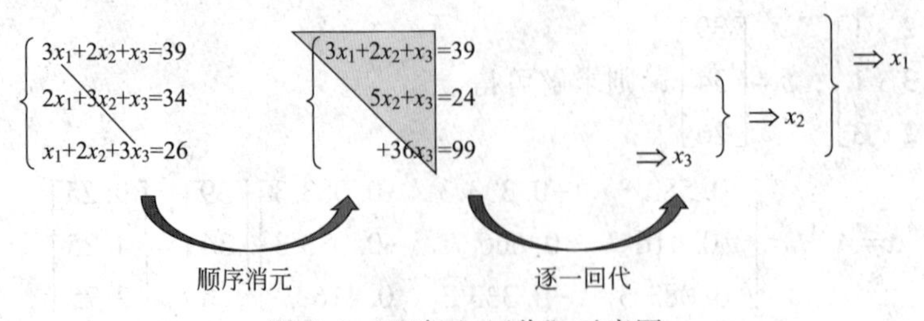

图 5-2 “消元+回代”示意图

(1) 也可以考虑化成下三角矩阵的形式。

(2) 顺序消元法的使用条件：主对角线元素不等于 0 或不接近于 0，避免“小除数”引起的计算误差过大而导致数据失真。

2. 选主元法

为避免小主元导致的计算误差过大与结果失真，可以采取交换方程或变量位置的方式，将系数矩阵中绝对值最大或较大的元素换到主元的位置。

（1）选列主元法。在第 k 步消元前，先在第 k 列的元素 a_{ik}（$i=k$，…，n）中找出绝对值最大者，将该元素所在方程与第 k 个方程交换顺序后，进行第 k 步消元。

【算例 5-2】 应用“选列主元法”求解线性代数方程组。

$$\begin{cases} -0.002x_1+2x_2+2x_3=0.4 \\ x_1+0.781\,25x_2=1.381\,6 \\ 3.996x_1+5.562\,5x_2+4x_3=7.417\,8 \end{cases}$$

解：

第 1 步：找出第 1 列中绝对值最大的元素（如方框标注）。

$$\begin{cases} -0.002x_1+2x_2+2x_3=0.4 \\ x_1+0.781\,25x_2=1.381\,6 \\ \boxed{3.996}\,x_1+5.562\,5x_2+4x_3=7.417\,8 \end{cases}$$

第 2 步：将最大元素所在方程换至第 1 行

$$\begin{cases} \boxed{3.996}\,x_1+5.562\,5x_2+4x_3=7.417\,8 \\ x_1+0.781\,25x_2=1.381\,6 \\ -0.002x_1+2x_2+2x_3=0.4 \end{cases}$$

写出相应的增广矩阵

$$\begin{bmatrix} 3.996 & 5.562\,5 & 4 & 7.417\,8 \\ 1 & 0.781\,25 & 0 & 1.381\,6 \\ -0.002 & 2 & 2 & 0.4 \end{bmatrix}$$

进行第 1 步消元

$$\begin{bmatrix} 3.996 & 5.562\,5 & 4 & 7.417\,8 \\ 0 & -0.610\,77 & -1.001\,0 & -0.474\,71 \\ 0 & 2.002\,9 & 2.002\,0 & 0.403\,71 \end{bmatrix}$$

方程变为

$$\begin{cases} 3.996x_1+5.562\,5x_2+4x_3=7.417\,8 \\ -0.610\,77x_2-1.001\,0x_3=-0.474\,71 \\ 2.002\,9x_2+2.002\,0x_3=0.403\,71 \end{cases}$$

第 3 步：接着在第 2 行和第 3 行中找出第 2 列中绝对值最大的元素，并将该元素所在的方程与第 2 个方程进行交换，即

$$\begin{cases} 3.996x_1+5.562\,5x_2+4x_3=7.417\,8 \\ \boxed{2.002\,9}\,x_2+2.002\,0x_3=0.403\,71 \\ -0.610\,77x_2-1.001\,0x_3=-0.474\,71 \end{cases}$$

写出相应的增广矩阵

$$\begin{bmatrix} 3.996 & 5.5625 & 4 & 7.4178 \\ 0 & 2.0029 & 2.0020 & 0.40371 \\ 0 & -0.61077 & -1.0010 & -0.47471 \end{bmatrix}$$

进行第 2 步消元，得到

$$\begin{bmatrix} 3.996 & 5.5625 & 4 & 7.4178 \\ 0 & 2.0029 & 2.0020 & 0.40371 \\ 0 & 0 & -0.3905 & -0.3516 \end{bmatrix}$$

第 4 步：逐一回代，可得

$$x_3=0.9004;x_2=-0.6984;x_1=1.9272$$

（2）全选主元法。在第 k 步消元前，在第 k 到第 n 个方程所有变量的系数中找出绝对值最大者，将该元素所在方程与第 k 个方程交换顺序，将该元素所在的列与第 k 列交换。

【算例 5-3】 应用“全选主元法”求解线性代数方程组。

$$\begin{cases} -0.002x_1+2x_2+2x_3=0.4 \\ x_1+0.78125x_2=1.3816 \\ 3.996x_1+5.5625x_2+4x_3=7.4178 \end{cases}$$

解：

第 1 步：找出第 1 到第 3 个方程所有变量的系数中找出绝对值最大者（如方框标注）。

$$\begin{cases} -0.002x_1+2x_2+2x_3=0.4 \\ x_1+0.78125x_2=1.3816 \\ 3.996x_1+\boxed{5.5625}\,x_2+4x_3=7.4178 \end{cases}$$

第 2 步：将该元素所在方程与第 1 个方程交换顺序。

$$\begin{cases} 3.996x_1+\boxed{5.5625}\,x_2+4x_3=7.4178 \\ x_1+0.78125x_2=1.3816 \\ -0.002x_1+2x_2+2x_3=0.4 \end{cases}$$

第 3 步：将该元素所在的列与第 1 列交换，即

$$\begin{cases} \boxed{5.5625}\,x_2+3.996x_1+4x_3=7.4178 \\ 0.78125x_2+x_1=1.3816 \\ 2x_2-0.002x_1+2x_3=0.4 \end{cases}$$

写出相应的增广矩阵并进行第 1 步消元（过程略）。

第 4 步：以此类推，接着在第 2 到第 3 个方程中找出系数绝对值最大者，将该元素所在方程与第 2 个方程交换顺序，将该元素所在的列与第 2 列交换，写出相应的增广矩阵再进行第 2 步消元。

3. Gauss-Jordan 消去法

将系数矩阵通过初等变换转化为单位矩阵的形式，则对应得到的增广矩阵的常数项列向量部分即为方程组的解。

第 1 步：采用选主元法进行消元，将系数矩阵部分变换为三角矩阵。

$$(\boldsymbol{A},\boldsymbol{b})=\begin{bmatrix} a_{11} & a_{12} & \cdots & a_{1n} & E_1 \\ 0 & a_{22} & \cdots & a_{2n} & E_2 \\ \vdots & \vdots & \ddots & \vdots & \vdots \\ 0 & 0 & \cdots & a_{nn} & E_n \end{bmatrix} \tag{5-5}$$

第 2 步：从下至上依次继续进行消元，将三角矩阵转化为对角矩阵。

$$(\boldsymbol{A}',\boldsymbol{b}')=\begin{bmatrix} a'_{11} & 0 & \cdots & 0 & D_1 \\ 0 & a'_{22} & \cdots & 0 & D_2 \\ \vdots & \vdots & \ddots & \vdots & \vdots \\ 0 & 0 & \cdots & a'_{nn} & D_n \end{bmatrix} \tag{5-6}$$

第 3 步：将对角矩阵的各个元素进行归一化，即将系数矩阵转化为单位矩阵

$$(\boldsymbol{A}'',\boldsymbol{b}'')=\begin{bmatrix} 1 & 0 & \cdots & 0 & C_1 \\ 0 & 1 & \cdots & 0 & C_2 \\ \vdots & \vdots & \ddots & \vdots & \vdots \\ 0 & 0 & \cdots & 1 & C_n \end{bmatrix} \tag{5-7}$$

方程组的解即为

$$\begin{cases} x_1 = C_1 \\ x_2 = C_2 \\ \vdots \\ x_n = C_n \end{cases} \tag{5-8}$$

【讨论】 比较顺序消元法、选主元法和 Gauss-Jordan 消去法 3 种 Gauss 消元方法，3 种算法各有其特点。

（1）顺序消元法对主元的要求较高，主元不能为 0 或接近为 0。

（2）选主元法中的列主元法的精度及计算量适中，在求解时常被采用，而全选主元法能减少舍入误差，但计算量相对较大。

（3）Gauss-Jordan 消去法的形式简单，无需回代，但计算量也相对较大。

此外，Gauss 消元法在实际应用中还存在以下困难。

（1）占用大量计算时间和存储空间。计算量为 n^3 数量级，存储量为 n^2 数量级，因此 Gauss 消元法较为适合低阶问题（$n<400$），不适合高阶问题。

（2）很多具体实际问题（如有限元分析）中系数矩阵非常庞大，且 0 元素非常多，很容易出现主元接近 0 的情况，因此 Gauss 消元法不适合稀疏问题。

5.1.2　数值迭代法

数值迭代法是采用数值迭代的方式，逐步迭代求解线性方程组的解。可用不同的方式构建不同的等价公式进行数值迭代。

对于线性方程组 $\boldsymbol{Ax}=\boldsymbol{b}$，对其系数矩阵进行分解

$$\boldsymbol{A}=\boldsymbol{M}-\boldsymbol{N}\ (\ |\boldsymbol{M}|\neq 0) \tag{5-9}$$

代入线性方程组，可得

$$(\boldsymbol{M}-\boldsymbol{N})\boldsymbol{x}=\boldsymbol{b} \tag{5-10}$$

进一步变换得

$$\boldsymbol{M}\boldsymbol{x}=\boldsymbol{N}\boldsymbol{x}+\boldsymbol{b} \tag{5-11}$$

因此方程组的解可表达为

$$\boldsymbol{x}=\boldsymbol{M}^{-1}\boldsymbol{N}\boldsymbol{x}+\boldsymbol{M}^{-1}\boldsymbol{b} \tag{5-12}$$

基于此构造迭代格式为

$$\boldsymbol{x}^{(k+1)}=\boldsymbol{B}\boldsymbol{x}^{(k)}+\boldsymbol{f} \tag{5-13}$$

其中 $\boldsymbol{B}=\boldsymbol{M}^{-1}\boldsymbol{N}$，$\boldsymbol{f}=\boldsymbol{M}^{-1}\boldsymbol{b}$。

为了保证 $\boldsymbol{x}$ 的求解过程是收敛的，需要解决两个问题。

- 分解形式的选取。
- 初始迭代点的选取。

本章重点学习两种数值迭代法：Jacobi 数值迭代法和 Gauss-Seidel 数值迭代法。

1. Jacobi 数值迭代法

把系数矩阵 $\boldsymbol{A}$ 分解为三部分：$\boldsymbol{A}=\boldsymbol{D}-\boldsymbol{L}-\boldsymbol{U}$，其中：

$$\boldsymbol{D}=\begin{bmatrix} a_{11} & 0 & \cdots & 0 & 0 \\ 0 & a_{22} & \cdots & 0 & 0 \\ \vdots & \vdots & \ddots & \vdots & \vdots \\ 0 & 0 & \cdots & a_{n-1,n-1} & 0 \\ 0 & 0 & \cdots & 0 & a_{n,n} \end{bmatrix},$$

$$\boldsymbol{L}=\begin{bmatrix} 0 & 0 & \cdots & 0 & 0 \\ -a_{21} & 0 & \cdots & 0 & 0 \\ \vdots & \vdots & \ddots & \vdots & \vdots \\ -a_{n-1,1} & -a_{n-1,2} & \cdots & 0 & 0 \\ -a_{n,1} & -a_{n,2} & \cdots & -a_{n,n-1} & 0 \end{bmatrix},\boldsymbol{U}=\begin{bmatrix} 0 & -a_{12} & \cdots & -a_{1,n-1} & -a_{1,n} \\ 0 & 0 & \cdots & -a_{2,n-1} & -a_{2,n} \\ \vdots & \vdots & \ddots & \vdots & \vdots \\ 0 & 0 & \cdots & 0 & -a_{n-1,n} \\ 0 & 0 & \cdots & 0 & 0 \end{bmatrix}$$

代入原方程组 $\boldsymbol{A}\boldsymbol{x}=\boldsymbol{b}$，得到等价变形形式：

$$\boldsymbol{D}\boldsymbol{x}=(\boldsymbol{L}+\boldsymbol{U})\boldsymbol{x}+\boldsymbol{b} \tag{5-14}$$

由 $\boldsymbol{D}$ 矩阵的表达式可知，当 $a_{ii}\neq 0$（$i=1, 2, \cdots, n$）时得到 $|\boldsymbol{D}|\neq 0$。因此上式变换为：

$$\boldsymbol{x}=\boldsymbol{D}^{-1}(\boldsymbol{L}+\boldsymbol{U})\boldsymbol{x}+\boldsymbol{D}^{-1}\boldsymbol{b} \tag{5-15}$$

进而得到迭代格式为

$$\boldsymbol{x}^{(k+1)}=\boldsymbol{B}\boldsymbol{x}^{(k)}+\boldsymbol{f} \tag{5-16}$$

其中：$\boldsymbol{B}=\boldsymbol{D}^{-1}(\boldsymbol{L}+\boldsymbol{U})$，$\boldsymbol{f}=\boldsymbol{D}^{-1}\boldsymbol{b}$。

基于上述矩阵形式，可得 Jacobi 迭代格式为

$$\begin{cases} x_1^{(k+1)} = \dfrac{-1}{a_{11}}(a_{12}x_2^{(k)} + a_{13}x_3^{(k)} + \cdots + a_{1,n-1}x_{n-1}^{(k)} + a_{1n}x_n^{(k)} - b_1) \\ x_2^{(k+1)} = \dfrac{-1}{a_{22}}(a_{21}x_1^{(k)} + a_{23}x_3^{(k)} + \cdots + a_{2,n-1}x_{n-1}^{(k)} + a_{2n}x_n^{(k)} - b_2) \\ \vdots \\ x_n^{(k+1)} = \dfrac{-1}{a_{nn}}(a_{n1}x_1^{(k)} + a_{n2}x_2^{(k)} + a_{n3}x_3^{(k)} + \cdots + a_{n,n-1}x_{n-1}^{(k)} - b_n) \end{cases} \tag{5-17}$$

【讨论】 Jacobi 迭代收敛的条件是系数矩阵 A 的元素满足严格对角占优，即

$$|a_{ii}| > \sum_{j=1,j\neq i}^{n} |a_{ij}|, (i = 1,2,\cdots,n)$$

$$|a_{jj}| > \sum_{i=1,i\neq j}^{n} |a_{ij}|, (j = 1,2,\cdots,n) \tag{5-18}$$

因此，为了使迭代收敛，在应用 Jacobi 数值迭代法时需要采用交换行、列的方式，把最大的元素放到对角线上。不过，由于实际工程问题中的线性方程组系数矩阵通常为带状或稀疏矩阵，以上条件较容易得到满足。

【算例 5-4】 已知线性代数方程组为

$$\begin{cases} 10x_1 - 2x_2 - x_3 = 3 \\ -2x_1 + 10x_2 - x_3 = 15 \\ -x_1 - 2x_2 + 5x_3 = 10 \end{cases}$$

给定初始迭代点为［0，0，0］^{T}，采用 Jacobi 数值迭代法计算该方程组的解。

解：

第 1 步：选取未知数的最大系数，移项至等式一侧

$$\begin{cases} 10x_1 = 2x_2 + x_3 + 3 \\ 10x_2 = 2x_1 + x_3 + 15 \\ 5x_3 = x_1 + 2x_2 + 10 \end{cases}$$

第 2 步：等式两边除以最大系数，等式左侧变为相应的未知数

$$\begin{cases} x_1 = 0.2x_2 + 0.1x_3 + 0.3 \\ x_2 = 0.2x_1 + 0.1x_3 + 1.5 \\ x_3 = 0.2x_1 + 0.4x_2 + 2 \end{cases}$$

第 3 步：写出 Jacobi 迭代格式

$$\begin{cases} x_1^{(k+1)} = 0.2x_2^{(k)} + 0.1x_3^{(k)} + 0.3 \\ x_2^{(k+1)} = 0.2x_1^{(k)} + 0.1x_3^{(k)} + 1.5 \\ x_3^{(k+1)} = 0.2x_1^{(k)} + 0.4x_2^{(k)} + 2 \end{cases}$$

第 4 步：以迭代前后数据差平方和的开方小于 0.001 为收敛判据进行迭代，求解过程见表 5-1，共需要进行 9 次迭代。

表 5-1　采用 Jacobi 迭代求解过程数据列表

k	0	1	2	3	4	5	6	7	8	9
$x_1^{(k)}$	0	0. 300 0	0. 800 0	0. 918 0	0. 971 6	0. 989 4	0. 996 2	0. 998 6	0. 999 5	0. 999 8
$x_2^{(k)}$	0	1. 500 0	1. 760 0	1. 926 0	1. 970 0	1. 989 7	1. 996 1	1. 998 6	1. 999 5	1. 999 8
$x_3^{(k)}$	0	2. 000 0	2. 660 0	2. 864 0	2. 954 0	2. 982 3	2. 993 8	2. 997 7	2. 999 2	2. 999 7

2. Gauss-Seidel 数值迭代法

Gauss-Seidel 数值迭代法是在 Jacobi 数值迭代法的基础上，充分利用当前迭代出来的新值进行后续迭代，其迭代格式为

$$\begin{cases} x_1^{(k+1)}=\dfrac{-1}{a_{11}}(a_{12}x_2^{(k)}+a_{13}x_3^{(k)}+\cdots+a_{1,n-1}x_{n-1}^{(k)}+a_{1n}x_n^{(k)}-b_1) \\ x_2^{(k+1)}=\dfrac{-1}{a_{22}}(a_{21}x_1^{(k+1)}+a_{23}x_3^{(k)}+\cdots+a_{2,n-1}x_{n-1}^{(k)}+a_{2n}x_n^{(k)}-b_2) \\ \vdots \\ x_n^{(k+1)}=\dfrac{-1}{a_{nn}}(a_{n1}x_1^{(k+1)}+a_{n2}x_2^{(k+1)}+a_{n3}x_3^{(k+1)}+\cdots+a_{n,n-1}x_{n-1}^{(k+1)}-b_n) \end{cases} \tag{5-19}$$

注意到在第 $k+1$ 迭代步求解 $x_i^{(k+1)}$ 的表达式中，使用了在第 $k+1$ 迭代步中已经求得的 $x_1^{(k+1)}$、$x_2^{(k+1)}$，…，$x_{i-1}^{(k+1)}$ 的数值。

【算例 5-5】 已知线性代数方程组为

$$\begin{cases} 10x_1-2x_2-x_3=3 \\ -2x_1+10x_2-x_3=15 \\ -x_1-2x_2+5x_3=10 \end{cases}$$

给定初始迭代点为 $[0,\ 0,\ 0]^{\mathrm{T}}$，采用 Gauss-Seidel 数值迭代法计算该方程组的解。

第 1 步：选取未知数的最大系数，移项至等式一侧

$$\begin{cases} 10x_1=2x_2+x_3+3 \\ 10x_2=2x_1+x_3+15 \\ 5x_3=x_1+2x_2+10 \end{cases}$$

第 2 步：等式两边除以最大系数，等式左侧变为相应的未知数

$$\begin{cases} x_1=0.2x_2+0.1x_3+0.3 \\ x_2=0.2x_1+0.1x_3+1.5 \\ x_3=0.2x_1+0.4x_2+2 \end{cases}$$

第 3 步：写出 Gauss-Seidel 迭代格式

$$\begin{cases} x_1^{(k+1)}=0.2x_2^{(k)}+0.1x_3^{(k)}+0.3 \\ x_2^{(k+1)}=0.2x_1^{(k+1)}+0.1x_3^{(k)}+1.5 \\ x_3^{(k+1)}=0.2x_1^{(k+1)}+0.4x_2^{(k+1)}+2 \end{cases}$$

第 4 步：以迭代前后数据差平方和的开方小于 0.001 为收敛判据进行迭代，求解过程见表 5-2，共需 6 次迭代。

表 5-2　采用 Gauss-Seidel 迭代求解过程数据列表

k	0	1	2	3	4	5	6
$x_1^{(k)}$	0	0.300 0	0.880 4	0.984 3	0.997 8	0.999 7	1.000 0
$x_2^{(k)}$	0	1.560 0	1.944 5	1.992 2	1.998 9	1.999 9	2.000 0
$x_3^{(k)}$	0	2.684 0	2.953 9	2.993 8	2.999 1	2.999 9	3.000 0

5.2　非线性方程

【引例 5-2：梁的变形问题】　工程结构设计与校核。图 5-3 为一端固定一端简支的梁，试求：该梁挠度最大的位置。

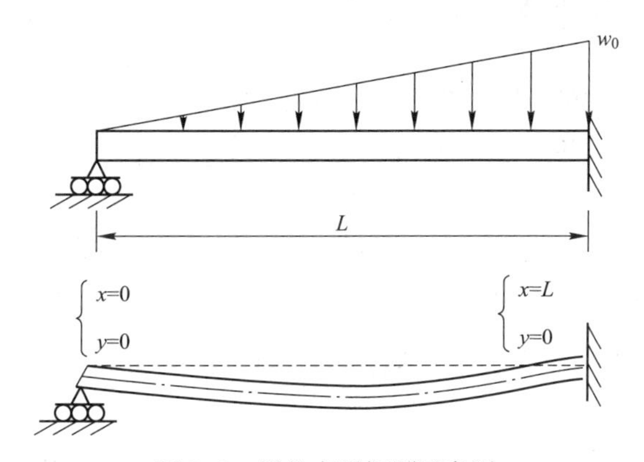

图 5-3　梁的变形问题示意图

【分析思路】　梁挠度最大的位置对应为弯曲变形函数的求极值问题。由材料力学知识可知，梁的弯曲变形函数为

$$y=f(x)=\frac{w_0}{120EIL}(-x^5+2L^2x^3-L^4x) \tag{5-20}$$

梁挠度最大的位置为变形函数的极值点，即 y 的导数为 0 的点：

$$f'(x)=\frac{w_0}{120EIL}(-5x^4+6L^2x^2-L^4)=0 \tag{5-21}$$

对该多项式方程求根，有多种方法可以采用，如求根公式法、分解因式法、数值方法。

【引例 5-3：伞兵降落问题】　已知伞兵质量 m 和重力加速度 g，试确定在某时刻速度达到一定值时对应的阻力系数。

【分析思路】　在第 2 章数值计算的误差分析中已建立过伞兵降落速度的数学模型

$$\frac{\mathrm{d}v}{\mathrm{d}t}+\frac{c}{m}v=g \tag{5-22}$$

并由高等数学知识得到了此问题的解析解：

$$v(t)=\frac{mg}{c}(1-\mathrm{e}^{-\frac{c}{m}t}) \tag{5-23}$$

则由降落速度的数学模型可得关于阻力系数的方程为

$$f(c)=\frac{mg}{c}(1-\mathrm{e}^{-\frac{c}{m}t})-v=0 \tag{5-24}$$

这是一个典型的非线性方程，可采用数值方法求解该方程的根。

5.2.1 搜索法

【知识链接 5-3】 方程根的存在性问题

(1) 假设函数 $f(x)$ 在区间 $[a, b]$ 上连续，且 $f(a)f(b)<0$，则方程 $f(x)=0$ 在 $[a, b]$ 上至少存在一个实数根。

(2) 假设函数 $f(x)$ 在区间 $[a, b]$ 上单调连续，且 $f(a)f(b)<0$，则方程 $f(x)=0$ 在 $[a, b]$ 上有且仅有一个实数根。

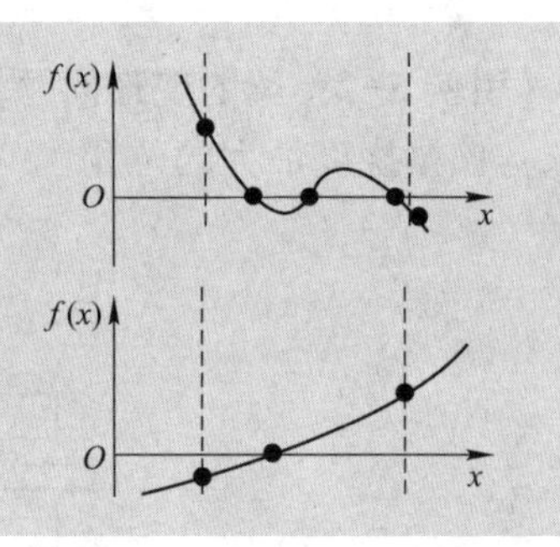

设 $[a, b]$ 为单调连续函数 $f(x)$ 的有根区间，则有 $f(a)f(b)<0$，可以通过不断缩小有根区间的范围来获得非线性方程的近似解。

(1) 思路 1：从区间左端点开始，按照一定的步长 h 一步步向前搜索，不断缩小搜索区间。

(2) 思路 2：对区间进行二分，通过比较二分点与区间左右端点的函数值，确定下一步的搜索区间并继续二分。

【算例 5-6】 已知伞兵质量 $m=68$ kg 和重力加速度 $g=9.8$ m/s^2，试确定在阻力系数多大时，可使下降 $t=10$ s 时伞兵的降落速度达到 $v=40$ m/s。

解： 根据关于阻力系数 c 的非线性方程

$$f(c)=\frac{mg}{c}(1-\mathrm{e}^{-\frac{c}{m}t})-v=0$$

将 $c=4$、8、12、16 和 20 kg/s 代入上式进行试算，试算结果见表 5-3。

表 5-3 不同阻力系数下的函数值

c	4	8	12	16	20
$f(c)$	34.086	17.613	6.024	−2.311	−8.439

得到有根区间 [12, 16]，使用逐步搜索法和区间二分法分别进行求解，见表 5-4。

表 5-4　逐步搜索法与区间二分法的比较

求解方法	逐步搜索法	区间二分法
搜索计算过程	$f(12)=6.024>0$	$[12, 16] \Rightarrow f(14)=1.526>0$
	$f(13)=3.684>0$	$[14, 16] \Rightarrow f(15)=-0.467<0$
	$f(14)=1.526>0$	$[14, 15] \Rightarrow f(14.5)=0.510>0$
	$f(15)=-0.467<0$	$[14.5, 15] \Rightarrow f(14.75)=0.0166>0$
	……	……
计算终止条件	若精度不满足给定要求，可继续由新的有根区间将步长 h 缩小进行搜索，直至 $h\leqslant\varepsilon$	如果精度不满足要求，可继续区间二分进行搜索，直至 $\frac{b-a}{2^k}\leqslant\varepsilon$
近似结果	$c=14.5$ kg/s	$c=14.875$ kg/s

【算例 5-7】 用逐步搜索法求非线性方程 $f(x)=x^3-x-1=0$ 在区间 [0, 2] 内的根，绝对误差精度取 0.01。

解：(1) 从区间 [0, 2] 左端点 0 出发，取步长 $h=0.5$，得到数据见表 5-5。

表 5-5　逐步搜索法第一轮

x	0	0.5	1	1.5
$f(x)$	<0	<0	<0	>0

(2) 从区间 [1, 1.5] 左端点 1 出发，取步长 $h=0.1$，得到数据见表 5-6。

表 5-6　逐步搜索法第二轮

x	1.1	1.2	1.3	1.4
$f(x)$	<0	<0	<0	>0

(3) 从区间 [1.3, 1.4] 左端点 1.3 出发，取步长 $h=0.01$，得到数据见表 5-7。

表 5-7　逐步搜索法第三轮

x	1.31	1.32	1.33
$f(x)$	<0	<0	>0

由此得到方程根的近似值：$x\approx1.325$。

本问题所给方程的参考解为 $x^*=1.324718$，基于此可计算上述近似值的绝对误差为 $e=0.000282$，小于给定的绝对误差精度 0.01。

【算例 5-8】 用区间二分法求非线性方程 $f(x)=x^3-x-1=0$ 在区间 [0, 2] 内的根，绝对误差精度取 0.01。

解：由二分法区间收缩公式估计计算次数

$$\frac{2-0}{2^k} \leqslant 0.01 \Rightarrow k=8$$

可见，最多进行 8 次区间二分即可满足计算精度。

（1）在区间［0，2］内取二分点：

$$f(0)<0;f(1)<0;f(2)>0$$

（2）在区间［1，2］内取二分点：

$$f(1)<0;f(1.5)>0;f(2)>0$$

（3）在区间［1，1.5］内取二分点：

$$f(1)<0;f(1.25)<0;f(1.5)>0$$

（4）在区间［1.25，1.5］内取二分点：

$$f(1.25)<0;f(1.375)>0;f(1.5)>0$$

（5）在区间［1.25，1.375］内取二分点

$$f(1.25)<0;f(1.3125)<0;f(1.375)>0$$

（6）在区间［1.312 5，1.375］内取二分点：

$$f(1.3125)<0;f(1.34375)>0;f(1.375)>0$$

（7）在区间［1.312 5，1.343 75］内取二分点：

$$f(1.3125)<0;f(1.328125)>0;f(1.34375)>0$$

（8）在区间［1.312 5，1.328 125］内取二分点：

$$\left.\begin{array}{l} x \approx 1.3203215 \\ x^* = 1.324718 \end{array}\right\} e=0.0044<0.01$$

得到的近似值的绝对误差小于给定的绝对误差精度 0.01。

5.2.2　数值迭代法

1. 简单迭代法

简单迭代法的计算步骤如下。

第 1 步：对于待求根的方程 $f(x)=0$，改写为等价形式 $x=\varphi(x)$。

第 2 步：给出根的一个初始估计值 x_0，代入右端，得 $x_1=\varphi(x_0)$。

第 3 步：再以 x_1 为新的估计值，代入后得 $x_2=\varphi(x_1)$。

第 4 步：重复以上过程，可写出迭代公式 $x_{k+1}=\varphi(x_k)$（$k=0$，1，2，…）。

第 5 步：当计算次数增多时，x_k 趋近方程 $f(x)=0$ 的根。具体可采用第 $k+1$ 步和第 k 步计算结果的绝对误差作为迭代终止条件。

$$|x_{k+1}-x_k|<\varepsilon \tag{5-25}$$

或第 k+1 步和第 k 步计算结果的相对误差作为迭代终止条件

$$\left|\frac{x_{k+1}-x_k}{x_{k+1}}\right|\times 100\%<\varepsilon_{\mathrm{r}} \tag{5-26}$$

简单迭代法的几何意义如图 5-4 所示。

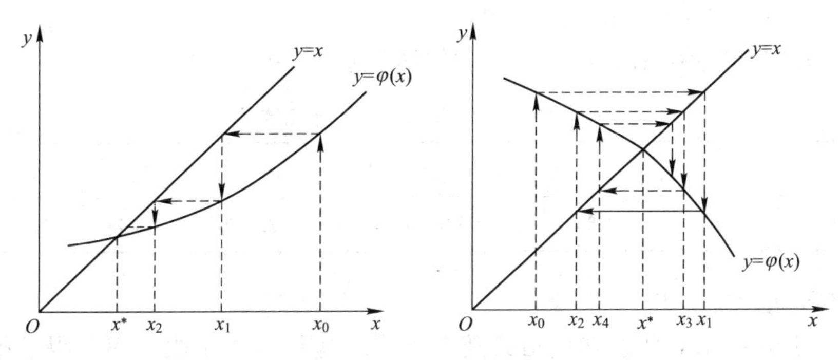

图 5-4　简单迭代法的几何意义示意图

【算例 5-9】 用简单迭代法求非线性方程 $f(x)=x^3-x-1=0$ 的根。

【分析思路】 可采用多种与原方程等价的形式构造迭代格式，如

（1）等价形式 1：

$$h(x)=x,\ g_1(x)=x^3-1\Rightarrow x=x^3-1 \tag{5-27}$$

（2）等价形式 2：

$$h(x)=x,\ g_2(x)=\sqrt[3]{x+1}\Rightarrow x=\sqrt[3]{x+1} \tag{5-28}$$

则曲线的交点即为方程的根，如图 5-5 所示。

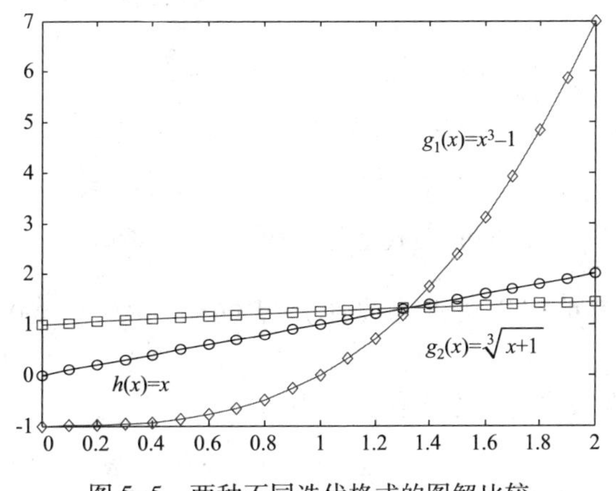

图 5-5　两种不同迭代格式的图解比较

解： 对应于式（5-27）和式（5-28）两种不同的等价形式，构造数值迭代格式 $x_{k+1}=\varphi(x_k)$ 的两种具体形式如下。

（1）第 1 种迭代格式：$x_{k+1}=x_k^3-1$。迭代结果见表 5-8。

表 5-8　第 1 种迭代格式的计算结果

k	0	1	2	3	4
x_k	1.5	2.375	12.396	190 4	690 241 126 4

迭代计算发散，未得到近似解。

（2）第 2 种迭代格式：$x_{k+1}=\sqrt[3]{x_k+1}$。迭代结果见表 5-9。

表 5-9　第 2 种迭代格式的计算结果

k	0	1	2	3	4	5	6	7	8
x_k	1.5	1.357 21	1.330 86	1.325 88	1.324 94	1.324 76	1.324 73	1.324 72	1.324 72

迭代计算收敛至近似解 1.324 72。

【讨论】 上述结果表明，迭代格式选取不当，迭代可能不收敛而使得求解失败，如图 5-6所示。

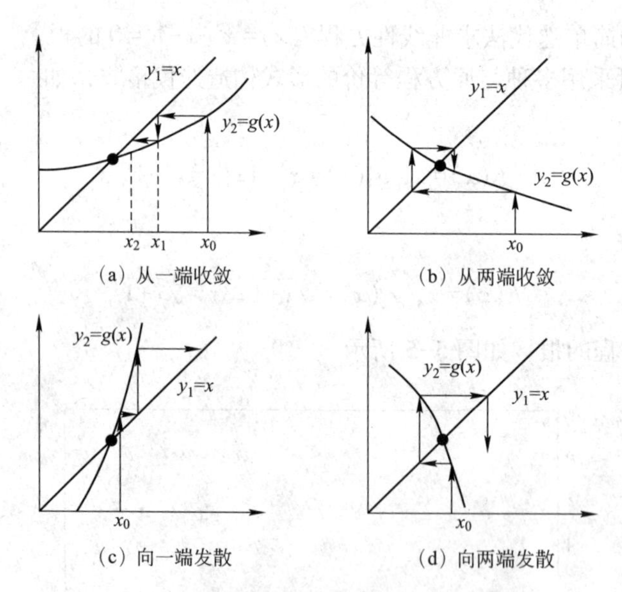

图 5-6　迭代过程的收敛与发散示意图

【算例 5-10】 用简单迭代法求非线性方程 $f(x)=e^{-x}-x=0$ 的根，绝对误差精度取 0.001。

解：对方程进行等价变形，构造迭代格式为

$$x_{k+1}=e^{-x_k} \tag{5-29}$$

则迭代过程如图 5-7 所示。

【讨论】 简单迭代法构造过程虽然简单直观，但其存在以下不足之处。

（1）迭代收敛与否取决于迭代格式的选取。

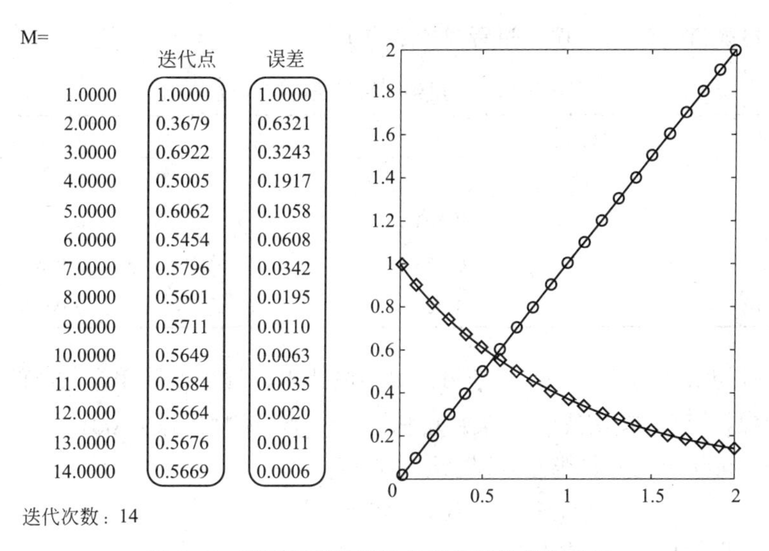

	迭代点	误差
1.0000	1.0000	1.0000
2.0000	0.3679	0.6321
3.0000	0.6922	0.3243
4.0000	0.5005	0.1917
5.0000	0.6062	0.1058
6.0000	0.5454	0.0608
7.0000	0.5796	0.0342
8.0000	0.5601	0.0195
9.0000	0.5711	0.0110
10.0000	0.5649	0.0063
11.0000	0.5684	0.0035
12.0000	0.5664	0.0020
13.0000	0.5676	0.0011
14.0000	0.5669	0.0006

图 5-7　利用简单迭代法求解非线性方程的根

（2）迭代效率较低。

2. 牛顿切线法

牛顿切线法是利用在迭代点处的函数值及导数值构造的迭代格式，表达式为

$$x_{k+1}=x_k-\frac{f(x_k)}{f'(x_k)} \tag{5-30}$$

牛顿切线法的算法思路如图 5-8 所示。

将 $f(x)$ 在 x_0 点处进行一阶泰勒级数展开，得到

$$f(x)\approx f(x_0)+(x-x_0)f'(x_0) \tag{5-31}$$

记 x^* 为方程 $f(x)=0$ 的根，则有 $f(x^*)=0$，进而有

$$f(x_0)+(x^*-x_0)f'(x_0)\approx 0 \tag{5-32}$$

变换得到 x^* 的近似表达式为

$$x^*\approx x_0-\frac{f(x_0)}{f'(x_0)} \tag{5-33}$$

由此可知得到的迭代点

$$x_1=x_0-\frac{f(x_0)}{f'(x_0)} \tag{5-34}$$

是比 x_0 更接近 x^* 的近似值，从而保证迭代计算最终收敛，得到近似解。

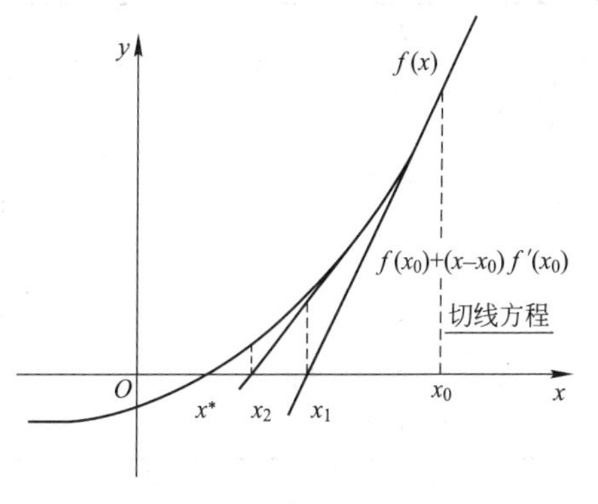

图 5-8　牛顿切线法的算法思路图

【算例 5-11】　用牛顿切线法求方程 $f(x)=e^{-x}-x=0$ 的根，绝对误差精度取 0.001。

解： 首先推导 $f(x)=e^{-x}-x$ 的导函数为

$$f'(x)=-e^{-x}-1 \tag{5-35}$$

由牛顿切线法的迭代格式可得

$$x_{k+1}=x_k-\frac{e^{-x_k}-x_k}{-e^{-x_k}-1} \tag{5-36}$$

使用上述迭代格式进行计算，迭代过程见表 5-10。

表 5-10　利用牛顿切线法的迭代过程

k	x_k	$\|x_k-x_{k-1}\|$
0	0	
1	0.500 0	0.500 0
2	0.566 3	0.066 3
3	0.567 1	0.000 8

可见，利用牛顿切线法需要 3 次迭代即可满足精度要求，远少于简单迭代法的 14 次迭代。

【算例 5-12】 用牛顿切线法计算平方根$\sqrt{c}$，绝对误差精度取 0.001。

解：将上述问题转化为非线性方程求根的形式

$$f(x)=x^2-c=0 \tag{5-37}$$

推导 $f(x)=x^2-c$ 的导函数

$$f'(x)=2x \tag{5-38}$$

代入牛顿切线法的迭代格式可得

$$x_{k+1}=x_k-\frac{x_k^2-c}{2x_k}=\frac{1}{2}\left(x_k+\frac{c}{x_k}\right) \tag{5-39}$$

使用上述迭代格式即可求解给定任意值 c 的平方根。

假设计算 $c=20$ 的结果，迭代过程见表 5-11。

表 5-11　利用牛顿切线法的迭代过程

k	x_k	$\|x_k-x_{k-1}\|$
0	1	
1	10.500 0	9.500 0
2	6.202 4	4.297 6
3	4.713 5	1.488 9
4	4.478 3	0.235 2
5	4.472 1	0.006 2
6	4.472 1	0.000 0

需要 6 次迭代即可满足误差精度要求。

【讨论】 牛顿切线法具有下列特点。

（1）牛顿切线法收敛性好，迭代效率高。在 MATLAB 软件的标准程序库中，正是使用上述迭代格式作为求平方根的标准子程序，即

$$x_{k+1}=\frac{1}{2}\left(x_k+\frac{c}{x_k}\right)\text{（1 次除法+1 次加法）} \tag{5-40}$$

（2）牛顿切线法的不足之处在于迭代格式中含导数形式，每次都要计算导数，不仅计算量大，而且对于难以计算导数的函数应用不方便；当导数较小，特别是接近 0 时计算误差很大。

3. 弦截法

弦截法可以克服牛顿切线法需要计算导数信息的不足，用两点差商来代替导数构造迭代格式，具体可分为单点弦截法和双点弦截法。

（1）单点弦截法的迭代格式为

$$x_{k+1}=x_k-\frac{x_k-x_0}{f(x_k)-f(x_0)}f(x_k)\quad (k=1,2,\cdots) \tag{5-41}$$

单点弦截法的收敛示意图如图 5-9 所示。

（2）双点弦截法的迭代格式为

$$x_{k+1}=x_k-\frac{x_k-x_{k-1}}{f(x_k)-f(x_{k-1})}f(x_k)\quad (k=1,2,\cdots) \tag{5-42}$$

双点弦截法的收敛示意图如图 5-10 所示。

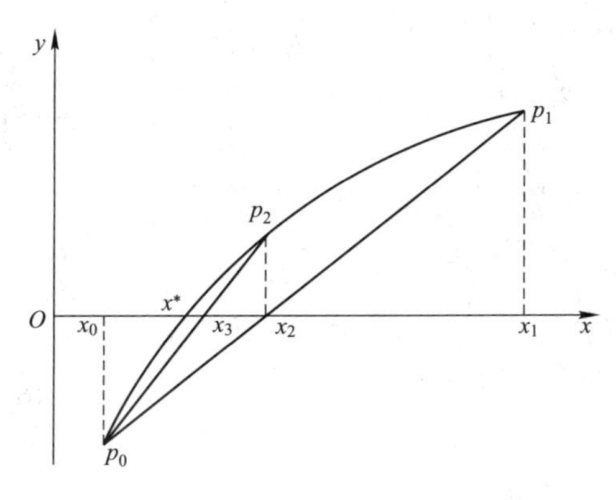

图 5-9　单点弦截法的收敛示意图

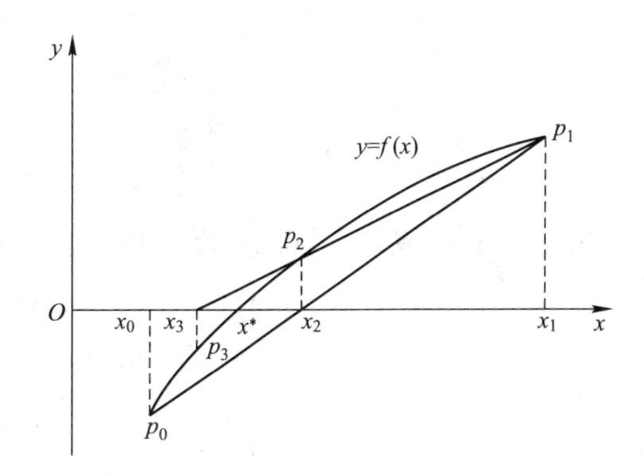

图 5-10　双点弦截法的收敛示意图

说明：弦截法的迭代格式的构造推导过程可参照牛顿切线法。

5.3　非线性方程组的求解

前面讨论了单个方程的求根，在本节讨论关于如何求解联立方程组的根。

假设给定方程组：

$$\begin{cases} f_1(x_1,x_2,\cdots,x_n)=0 \\ f_2(x_1,x_2,\cdots,x_n)=0 \\ \vdots \\ f_n(x_1,x_2,\cdots,x_n)=0 \end{cases} \tag{5-43}$$

则这个方程组的解是使上面所有方程都满足的值 $\boldsymbol{x}=[x_1,\ x_2,\ \cdots,\ x_n]^{\mathrm{T}}$。若上述方程组中的所有方程均是线性的，则该方程组为线性方程组，可由 5.1 节中的消元法或数值迭代法求解；若上述方程组中至少有一个非线性方程，则该方程组为非线性方程组。本书主要介绍两种用于求解非线性方程组的数值方法：定点迭代法和牛顿-瑞普逊法。

5.3.1 定点迭代法

类似于非线性方程中的简单迭代法，用于求解非线性方程组的定点迭代法计算步骤如下。

第 1 步：对于待求解的方程组（5-43），改写为等价形式

$$\begin{cases} x_1 = g_1(x_1, x_2, \cdots, x_{n-1}, x_n) \\ x_2 = g_2(x_1, x_2, \cdots, x_{n-1}, x_n) \\ \vdots \\ x_n = g_n(x_1, x_2, \cdots, x_{n-1}, x_n) \end{cases} \tag{5-44}$$

第 2 步：给出解的一组初始估计值 $\boldsymbol{x}^{(0)} = [x_1^{(0)}, x_2^{(0)}, \cdots, x_{n-1}^{(0)}, x_n^{(0)}]^{\mathrm{T}}$，采取 Gauss-Seidel 迭代格式，逐个代入方程，得到一组新的估计值

$$\begin{cases} x_1^{(1)} = g_1(x_1^{(0)}, x_2^{(0)}, \cdots, x_{n-1}^{(0)}, x_n^{(0)}) \\ x_2^{(1)} = g_2(x_1^{(1)}, x_2^{(0)}, \cdots, x_{n-1}^{(0)}, x_n^{(0)}) \\ \vdots \\ x_n^{(1)} = g_n(x_1^{(1)}, x_2^{(1)}, \cdots, x_{n-1}^{(1)}, x_n^{(0)}) \end{cases} \tag{5-45}$$

第 3 步：重复以上过程，再以新点 $\boldsymbol{x}^{(k)}$ 继续代入式（5-44）可得

$$\begin{cases} x_1^{(k+1)} = g_1(x_1^{(k)}, x_2^{(k)}, \cdots, x_{n-1}^{(k)}, x_n^{(k)}) \\ x_2^{(k+1)} = g_2(x_1^{(k+1)}, x_2^{(k)}, \cdots, x_{n-1}^{(k)}, x_n^{(k)}) \\ \vdots \\ x_n^{(k+1)} = g_n(x_1^{(k+1)}, x_2^{(k+1)}, \cdots, x_{n-1}^{(k+1)}, x_n^{(k)}) \end{cases} \tag{5-46}$$

第 4 步：当计算次数增多时，判断 $|\boldsymbol{x}^{(k+1)} - \boldsymbol{x}^{(k)}|$ 是否达到要求的计算精度，作为迭代终止条件，即

$$|\boldsymbol{x}^{(k+1)} - \boldsymbol{x}^{(k)}| < \varepsilon \tag{5-47}$$

有时也需要同时考察 $|\boldsymbol{f}(\boldsymbol{x}^{(k+1)}) - \boldsymbol{f}(\boldsymbol{x}^{(k)})|$，作为迭代终止条件。

【算例 5-13】 用定点迭代法求解由两个未知数 x 和 y 联合的非线性方程组

$$\begin{cases} f_1(x, y) = x^2 + xy - 10 = 0 \\ f_2(x, y) = y + 3xy^2 - 57 = 0 \end{cases} \tag{5-48}$$

计算的初始点为 $x^{(0)} = 1.5$；$y^{(0)} = 3.5$，迭代终止计算精度 $\varepsilon = 0.1$。

解：分别讨论两种不同的等价迭代格式。

【迭代格式 1】 将式（5-48）改写为等价形式

$$\begin{cases} x = \dfrac{10 - x^2}{y} \\ y = 57 - 3xy^2 \end{cases}$$

将初始点代入上式，应用定点迭代法，可得

$$\begin{cases} x^{(1)} = \dfrac{10 - 1.5^2}{3.5} = 2.214\ 29 \\ y^{(1)} = 57 - 3 \times 2.214\ 29 \times 3.5^2 = -24.375\ 16 \end{cases}$$

继续迭代，可得

$$\begin{cases}x^{(2)}=\dfrac{10-2.214\ 29^2}{-24.375\ 16}=-0.209\ 10\\y^{(2)}=57-3\times(-0.209\ 10)\times(-24.375\ 16)^2=429.709\end{cases}$$

至此可见，算法是发散的，求得的根越来越偏离真实解。

【迭代格式 2】 将式（5-48）改写为另一种等价形式

$$\begin{cases}x=\sqrt{10-xy}\\y=\sqrt{\dfrac{57-y}{3x}}\end{cases}$$

将初始点代入上式，应用定点迭代法，可得

$$\begin{cases}x^{(1)}=\sqrt{10-1.5\times3.5}=2.179\ 45\\y^{(1)}=\sqrt{\dfrac{57-3.5}{3\times2.179\ 45}}=2.860\ 51\end{cases}$$

继续迭代，可得

$$\begin{cases}x^{(2)}=\sqrt{10-2.179\ 45\times2.860\ 51}=1.940\ 53\\y^{(2)}=\sqrt{\dfrac{57-2.860\ 51}{3\times1.940\ 53}}=3.049\ 55\end{cases}$$

迭代收敛，计算迭代终止判断条件

$$|\boldsymbol{x}^{(2)}-\boldsymbol{x}^{(1)}|=\sqrt{(x^{(2)}-x^{(1)})^2+(y^{(2)}-y^{(1)})^2}=0.304\ 7>\varepsilon$$

继续迭代，得到

$$\begin{cases}x^{(3)}=\sqrt{10-1.940\ 53\times3.049\ 55}=2.020\ 46\\y^{(3)}=\sqrt{\dfrac{57-3.049\ 55}{3\times2.020\ 46}}=2.983\ 40\end{cases}$$

计算迭代终止判断条件

$$|\boldsymbol{x}^{(3)}-\boldsymbol{x}^{(2)}|=\sqrt{(x^{(3)}-x^{(2)})^2+(y^{(3)}-y^{(2)})^2}=0.103\ 8>\varepsilon$$

继续迭代，得到

$$\begin{cases}x^{(4)}=\sqrt{10-2.020\ 46\times2.983\ 40}=1.993\ 03\\y^{(4)}=\sqrt{\dfrac{57-2.983\ 40}{3\times1.993\ 03}}=3.005\ 70\end{cases}$$

计算迭代终止判断条件

$$|\boldsymbol{x}^{(4)}-\boldsymbol{x}^{(3)}|=\sqrt{(x^{(4)}-x^{(3)})^2+(y^{(4)}-y^{(3)})^2}=0.035\ 4<\varepsilon$$

可见，迭代结果逐渐收敛到真实解 $x^*=2$，$y^*=3$。

【讨论】 上述例子说明了定点迭代法最严重的缺点：算法是否收敛取决于方程组的等价迭代格式。另外，即使在可能收敛的情况下，如果初始估计值不充分接近真实解，算法也可能发散或收敛很慢。可以推导出（推导过程略），对于含两个未知数的非线性方程组，算法能够收敛的充分条件是

$$\left|\frac{\partial f_1}{\partial x}\right|+\left|\frac{\partial f_1}{\partial y}\right|<1 \text{ 与 } \left|\frac{\partial f_2}{\partial x}\right|+\left|\frac{\partial f_2}{\partial y}\right|<1 \tag{5-49}$$

这些准则是非常严格的，以至于限制了定点迭代法用于求解非线性方程组的应用。

5.3.2 牛顿-瑞普逊法

在单个非线性方程的解法中，本书重点介绍了牛顿切线法。基于一阶泰勒级数展开式

$$f(x_{k+1})=f(x_k)+f'(x_k)(x_{k+1}-x_k) \tag{5-50}$$

可以得到通过函数导数来估计方程解的牛顿切线法迭代格式，即

$$x_{k+1}=x_k-\frac{f(x_k)}{f'(x_k)} \tag{5-51}$$

同样，对于多个方程构成的非线性方程组，使用多变量泰勒级数展开可以推导出非线性方程组的求解迭代格式，即牛顿-瑞普逊法。

考虑两个自变量的情况，非线性方程组中每个方程的一阶泰勒级数展开可以写为

$$\begin{cases} f_1(x_{k+1},y_{k+1})=f_1(x_k,y_k)+\dfrac{\partial f_1(x_k,y_k)}{\partial x}(x_{k+1}-x_k)+\dfrac{\partial f_1(x_k,y_k)}{\partial y}(y_{k+1}-y_k) \\ f_2(x_{k+1},y_{k+1})=f_2(x_k,y_k)+\dfrac{\partial f_2(x_k,y_k)}{\partial x}(x_{k+1}-x_k)+\dfrac{\partial f_2(x_k,y_k)}{\partial y}(y_{k+1}-y_k) \end{cases} \tag{5-52}$$

方程组的解也即使$f_1(x_{k+1},\ y_{k+1})$ 和$f_2(x_{k+1},\ y_{k+1})$ 等于0的 x 和 y 的值，则式（5-52）可以写为

$$\begin{cases} \dfrac{\partial f_1(x_k,y_k)}{\partial x}x_{k+1}+\dfrac{\partial f_1(x_k,y_k)}{\partial y}y_{k+1}=-f_1(x_k,y_k)+\dfrac{\partial f_1(x_k,y_k)}{\partial x}x_k+\dfrac{\partial f_1(x_k,y_k)}{\partial y}y_k \\ \dfrac{\partial f_2(x_k,y_k)}{\partial x}x_{k+1}+\dfrac{\partial f_2(x_k,y_k)}{\partial y}y_{k+1}=-f_2(x_k,y_k)+\dfrac{\partial f_2(x_k,y_k)}{\partial x}x_k+\dfrac{\partial f_2(x_k,y_k)}{\partial y}y_k \end{cases} \tag{5-53}$$

上式中的未知量只有 x_{k+1} 和 y_{k+1}。因此式（5-53）是一个带有两个未知数的线性方程组，求解该线性方程组可以得到

$$\begin{cases} x_{k+1}=x_k-\dfrac{f_1(x_k,y_k)\dfrac{\partial f_2(x_k,y_k)}{\partial y}-f_2(x_k,y_k)\dfrac{\partial f_1(x_k,y_k)}{\partial y}}{|J|} \\ y_{k+1}=y_k-\dfrac{f_2(x_k,y_k)\dfrac{\partial f_1(x_k,y_k)}{\partial x}-f_1(x_k,y_k)\dfrac{\partial f_2(x_k,y_k)}{\partial x}}{|J|} \end{cases} \tag{5-54}$$

上述表达式的分母为雅可比矩阵的行列式，即

$$|J|=\begin{vmatrix} \dfrac{\partial f_1}{\partial x} & \dfrac{\partial f_1}{\partial y} \\ \dfrac{\partial f_2}{\partial x} & \dfrac{\partial f_2}{\partial y} \end{vmatrix}=\frac{\partial f_1(x_k,y_k)}{\partial x}\frac{\partial f_2(x_k,y_k)}{\partial y}-\frac{\partial f_2(x_k,y_k)}{\partial x}\frac{\partial f_1(x_k,y_k)}{\partial y} \tag{5-55}$$

【算例 5-14】 用牛顿-瑞普逊法求解由两个未知数 x 和 y 联合的非线性方程组

$$\begin{cases}f_1(x,y)=x^2+xy-10=0\\f_2(x,y)=y+3xy^2-57=0\end{cases}$$

计算的初始点为 $x_0=1.5$，$y_0=3.5$。

解： 首先求偏导，并计算在初始估计值处的偏导数

$$\begin{cases}\dfrac{\partial f_1(x_0,y_0)}{\partial x}=2x+y=2\times1.5+3.5=6.5\\\dfrac{\partial f_1(x_0,y_0)}{\partial y}=x=1.5\\\dfrac{\partial f_2(x_0,y_0)}{\partial x}=3y^2=3\times3.5^2=36.75\\\dfrac{\partial f_2(x_0,y_0)}{\partial y}=1+6xy=1+6\times1.5\times3.5=32.5\end{cases}$$

因此，首次迭代的雅可比矩阵行列式为

$$|J|=6.5\times32.5-1.5\times36.75=156.125$$

初始估计值处的函数值为

$$\begin{cases}f_1(x_0,y_0)=1.5^2-1.5\times3.5-10=-2.5\\f_2(x_0,y_0)=3.5+3\times1.5\times3.5^2-57=1.625\end{cases}$$

将雅可比矩阵行列式、偏导数值和函数值代入式（5-54），得到新的估计值

$$\begin{cases}x_1=1.5-\dfrac{-2.5\times32.5-1.625\times1.5}{156.125}=2.036\,03\\y_1=3.5-\dfrac{1.625\times6.5-(-2.5)\times36.75}{156.125}=2.843\,88\end{cases}$$

可见，结果向真实解 $x^*=2$，$y^*=3$ 收敛，反复计算，可得到满足精度要求的近似值。

【讨论】 与定点迭代法一样，如果初始估计值不充分接近真实值，牛顿-瑞普逊法也常常发散。在单个方程的情况下，可以使用图解法得到好的估计值。然而对于多个方程，尽管有一些方法能得到可以接受的初始估计值，但更多的情况下初始估计值是根据试错法和物理建模知识来获得的。

此外，类似地，将多元函数一阶泰勒级数展开式推广应用到含 n 个未知数的非线性方程组，可以将其转化为 n 维线性方程组的求解问题。

5.4　非线性方程（组）的 MATLAB 求解函数

5.4.1　多项式方程的求解函数

MATLAB 函数库中有专用于求解多项式方程

$$f(x)=a_0+a_1x+a_2x^2+\cdots+a_nx^n=0 \tag{5-56}$$

的标准函数：roots。其调用格式为

$$\text{roots}([a_n, a_{n-1}, \cdots, a_2, a_1, a_0])$$

注意多项式系数应按照相应未知数的次数由高到低进行排序。

【算例 5-15】 梁的变形——工程中的求根问题。

解： 对于以下方程

$$f'(x)=\frac{w_0}{120\text{EI}L}(-5x^4+6L^2x^2-L^4)=0$$

不失一般性，令 $L=1$，问题转化为求解多项式方程的根，即

$$g(x)=-5x^4+6x^2-1=0$$

运用 roots 函数

$$\text{roots}([-5,0,6,0,-1])$$

计算出方程的 4 个根为

$$x=\begin{bmatrix}-1.000\ 0\\ 1000\ 0\\ -0.447\ 2\\ \boxed{0.447\ 2}\end{bmatrix}$$

其中加框的第 4 个解为本问题的解，即该梁挠度最大的位置出现在 $x=0.447\ 2$ 处。

5.4.2 一般非线性方程的求解函数

MATLAB 函数库中有用于一般非线性方程求解的标准函数：fsolve。其基本调用格式为

X=fsolve(@Fun,X0)

其他调用格式可在软件中输入 help fsolve 进行查阅。在调用 fsolve 函数时，需要对调用格式中的函数 Fun 进行定义。MATLAB 中有多种函数调用的命令，如

X=fsolve(@myfun,X0)

或者

[X,Fval]=fsolve(@myfun,X0)

或者

[X,Fval,Exitflag]=fsolve(@myfun,X0)

函数定义的命令为

```
function F = myfun(x)
F = sin(3*x)
```

【算例 5-16】 伞兵降落——工程中的求根问题。已知伞兵质量 $m=68$ kg 和重力加速度 $g=9.8\ \text{m/s}^2$，试确定在阻力系数多大时，可使下降 $t=10$ s 时伞兵的降落速度达到 $v=40$ m/s。

解： 由数学模型得到关于阻力系数 c 的非线性方程

$$f(c)=\frac{mg}{c}(1-e^{-\frac{c}{m}t})-v=0$$

据此定义 myfun1 作为待求函数，输入命令

```
function F=myfun1(x)
```

F = m * g/x * (1-exp(-x/m * t)) -v

给定初值，便可调用 fsolve 函数

X0 = 1

[X, Fval, EXITFLAG] = fsolve(@ myfun1, X0)

进行计算，得到结果

X = 14.779 4，Fval = 2.504 7e-008，Exitflag = 1

5.4.3　非线性方程（组）的求解函数

MATLAB 函数库中有用于非线性方程组求解的标准函数：solve，也可用于求解单个非线性方程。其基本调用格式为

[x1, x2, …, xn] = solve('Eq1', 'Eq2', …, 'Eqn', 'var1', 'var2', …, 'varn')

其他调用格式可在软件中输入 help solve 进行查阅。

【算例 5-17】　调用 solve 函数求解线性方程组

$$\begin{cases} 10x_1-2x_2-x_3=3 \\ -2x_1+10x_2-x_3=15 \\ -x_1-2x_2+5x_3=10 \end{cases}$$

解：由 solve 函数的基本调用格式

[x1, x2, x3] = solve('10 * x1-2 * x2-x3-3 = 0', '-2 * x1+10 * x2-x3-15 = 0', '-x1-2 * x2+5 * x3-10 = 0')

运行上述命令，得到结果

x1 = 1；x2 = 2；x3 = 3

【算例 5-18】　调用 solve 函数求解非线性方程组

$$\begin{cases} x^2+xy+y=3 \\ x^2-4x+3=0 \end{cases}$$

解：由 solve 函数的基本调用格式

[x, y] = solve('x^2+x * y+y-3 = 0', 'x^2-4 * x+3 = 0')

运行上述命令，得到结果

x = [1;3]，y = [1;-3/2]

【算例 5-19】　调用 solve 函数求解含待定系数的非线性方程组

$$\begin{cases} au^2+v^2=0 \\ u-v=1 \end{cases}$$

解：由 solve 函数的基本调用格式

[u, v] = solve('a * u^2+v^2 = 0', 'u-v = 1')

运行上述命令，得到形如

$$\begin{cases} u=u(a) \\ v=v(a) \end{cases}$$

的结果。代入 $a=2$，进一步得到

$$\begin{cases} u=0.333\ 3\pm0.471\ 4\text{i} \\ v=-0.666\ 7\pm0.471\ 4\text{i} \end{cases}$$

5.5 方程与方程组求解的 MATLAB 程序实现

【M5-1】 线性方程组求解。

```
>> clear;
>> A=[10,-2,-1;-2,10,-1;-1,-2,5];
>> b=[3;15;10];
>> x_k=inv(A)* b;
>> % Jacobi 数值迭代法
>> n=length(b);
>> N=200;
>> H=zeros(N,n);
>> e2=zeros(N,1);
>> eb=1e-3;
>> for i=1:n
>> x(1,i)=0;
>> end
>> for i=1:N
>>      i
>>      for j=1:n
>>            for k=1:n
>>              if k~=j
>>              H(i,j)=H(i,j)+A(j,k)* x(i,k);
>>            end
>>      end
>>      x(i+1,j)=(b(j)-H(i,j))/A(j,j);
>>    end
>>    for k2=1:n
>>        e2(i)=e2(i)+(x(i+1,k2)-x(i,k2))^2;
>>    end
>>    e(i)=sqrt(e2(i));
>>    if e(i)<eb
>>        break
>>    end
>> end

>> % Gauss-Seidel 数值迭代法
>> n=length(b);
>> N=20;
>> H=zeros(N,n);
```

```
>> eb=1e-3;
>> for i=1:n
>>     x(1,i)=0;
>> end
>> for i=1:N
>>     i
>>     x(i+1,1)=(b(1)-A(1,2)* x(i,2)-A(1,3)* x(i,3))/A(1,1);
>>     x(i+1,2)=(b(2)-A(2,1)* x(i+1,1)-A(2,3)* x(i,3))/A(2,2);
>>     x(i+1,3)=(b(3)-A(3,1)* x(i+1,1)-A(3,2)* x(i+1,2))/A(3,3);
>>       e(i)=abs(x(i+1,1)-x(i,1));
>>     if e(i)<eb
>>         break
>>     end
>> end
```

【M5-2】 非线性方程的图解法求解（求与 y=0 的交点）。

```
>> clear;
>> m=68;
>> g=9.8;
>> t=10;
>> v=40;
>> ci=4:2:20;
>> for i=1:length(ci)
>> fci(i)=m* g/ci(i)* (1-exp(-ci(i)* t/m))-v;
>> u(i)=0;
>> end
>> ci
>> fci
>> plot(c,u,'r-',c,y,'ko-');
```

【M5-3】 非线性方程：利用图解法比较两种不同的迭代格式。

```
>> clear;
>> x=0:0.001:2;
>> for i=1:length(x)
>>     y1(i)=x(i);
>>     y2(i)=x(i)^3-1;
>>     y3(i)=(x(i)+1)^(1/3);
>> end
>> plot(x,y1,'ko-',x,y2,'rd-',x,y3,'bs-')
```

【M5-4】 非线性方程：简单迭代法。

```
>> % 简单迭代法求解非线性方程
>> clear;
```

```
>> x=0:0.1:2;
>> for i=1:length(x)
>>    y1(i)=x(i);
>>    y2(i)=exp(-x(i));
>> end
>> plot(x,y1,'ko-',x,y2,'rd-')
>> N=20;
>> xr=zeros(N+1,1)
>> eb=0.01;
>> for i=1:N
>>    i
>>    xr(i+1,1)=exp(-xr(i,1));
>>    M(i,1)=i;
>>    M(i,2)=xr(i+1,1);
>>    M(i,3)=abs(xr(i+1,1)-xr(i,1));
>>    if M(i,3)<eb
>>        xs=xr(i+1,1);
>>        break
>>    end
>> end
>> xs
>> M
```

【M5-5】 非线性方程：牛顿切线法。

```
>> % 牛顿切线法求解非线性方程
>> clear;
>> N=50;
>> xr=zeros(N+1,1)
>> eb=0.0001;
>> for i=1:N
>>    i
>>    xr(i+1,1)=xr(i,1)-(exp(-xr(i,1))-xr(i,1))/(-exp(-xr(i,1))-1);
>>    M(i,1)=i;
>>    M(i,2)=xr(i+1,1);
>>    M(i,3)=abs(xr(i+1,1)-xr(i,1));
>>    if M(i,3)<eb
>>        xs=xr(i+1,1);
>>        break
>>    end
>> end
>> xs
>> M
```

【M5-6】　牛顿切线法的应用：求平方根的标准子程序。

```
>> function xs=sqrt_s(c)
>> N=50;
>> xr=zeros(N+1,1);
>> xr(1)=1;
>> eb=0.0001;
>> % c=20; 给定任意值取平方根
>> for i=1:N
>>     i
>>     xr(i+1,1)=1/2* (xr(i,1)+c/xr(i,1));
>>     M(i,1)=i;
>>     M(i,2)=xr(i+1,1);
>>     M(i,3)=abs(xr(i+1,1)-xr(i,1));
>>     if M(i,3)<eb
>>         xs=xr(i+1,1);
>>         break
>>     end
>> end
```

【M5-7】　利用 fsolve 函数求伞兵降落过程中的阻力系数。

```
>> clear;
>> global m g v t
>> m=68;
>> g=9.81;
>> t=10;
>> v=40;
>> X0=12;
>> [X,Fval,Exit]=fsolve(@ myfun1,X0)
>> % 待求非线性方程定义
>> function F=myfun1(x)
>> global m g t v
>> F=m* g/x* (1-exp(-x/m* t))-v;
```

【M5-8】　利用 solve 函数求非线性方程组。

```
>> clear;
>> % [x1,x2,x3]=solve('10* x1-2* x2-x3-3=0','-2* x1+10* x2-x3-15=0','-x1-2* x2+
5* x3=10=0','x1','x2','x3') % case1
>> % [x1,x2,x3]=solve('10* x1-2* x2-x3-3=0','-2* x1+10* x2-x3-15=0','-x1-2* x2+
5* x3=10=0') % case2
>> [x,y]=solve('x^2+x* y+y-3=0','x^2-4* x+3=0') % case3
```

习题

1. 用基于 Gauss 消元法的全选主元方案，求线性方程组

$$\begin{cases}0.002x_1+87.13x_2=87.10\\4.453x_1-7.26x_2=37.20\end{cases}$$

的解，计算结果保留 4 位有效数字。

2. 给定方程组

$$\begin{cases}0.5x_1-x_2=-9.5\\1.02x_1-2x_2=-18.8\end{cases}$$

（1）用图解法求解。

（2）计算方程组的行列式。

（3）通过消去未知数法求解方程组。

（4）将 a_{11} 值稍稍修改为 0.52，重新求解方程组并解释该结果。

3. 使用 Gauss-Jordan 消元法求解下列方程组，并将结果代入原方程，检验结果。

（1）$\begin{cases}2x_1-6x_2-x_3=-38\\-3x_1-x_2+7x_3=-34\\-8x_1+x_2-2x_3=-20\end{cases}$

（2）$\begin{cases}10x_1+2x_2-x_3=27\\-3x_1-6x_2+2x_3=-61.5\\x_1+x_2+5x_3=-21.5\end{cases}$

4. 使用 Gauss-Jordan 消去法求解下述方程组，并将结果代入原方程组，检验解。

$$\begin{cases}2x_1+x_2-x_3=1\\5x_1+2x_2+2x_3=-4\\3x_1+x_2+x_3=5\end{cases}$$

5. 分别用 Jacobi 迭代法和 Gauss-Seidel 迭代法，写出方程组

$$\begin{cases}x_1+2x_2-x_3=2\\x_1+x_2+x_3=3\\2.5x_1+1.5x_2+x_3=5\end{cases}$$

的迭代格式，并以 $[x_1^{(0)} \quad x_2^{(0)} \quad x_3^{(0)}]^{\mathrm{T}}=[0 \quad 0 \quad 0]^{\mathrm{T}}$ 为初始值各进行 2 次迭代（提示：求解方程组时先进行全选主元操作，以保证收敛性）。

6. 下面的方程组用于确定一系列耦合反应物的浓度，该浓度是每个反应物所添加的质量的函数（c 的单位为 g/m^3，右边常数向量的单位是 g/d）。

$$\begin{cases}15c_1-3c_2-c_3=3\ 300\\-3c_1+18c_2-6c_3=1\ 200\\-4c_1-c_2+12c_3=2\ 400\end{cases}$$

给定初始迭代点为 $[0,\ 0,\ 0]^T$，使用 Gauss-Seidel 数值迭代法求解本问题。

7. 一个电子公司生产晶体管、电阻器和计算机芯片。每个晶体管需要 4 个单位的铜、1 个单位的锌和 2 个单位的玻璃。每个电阻器分别需要 3 个、3 个和 1 个单位的 3 种材料。每个计算机芯片则分别需要 2 个、1 个和 3 个单位的 3 种材料。这些数据见表 5-12。

表 5-12　习题 7 数据

组件	铜	锌	玻璃
晶体管	4	1	2
电阻器	3	3	1
计算机芯片	2	1	3

这些材料的供应商每周都不一样，所以公司需要确定每周不同的产量。例如，某周可用的材料为 960 单位铜、510 单位锌和 610 单位玻璃。给生产产品建模，构造一个方程组，并求解该周公司可以生产的晶体管、电阻器和计算机芯片的数量。

8. 用二分法求 $x^3-5x-1=0$ 在区间 $[2,\ 3]$ 内的近似根，如果要求误差小于 1×10^{-3}，需要进行多少次二分？写出每次二分后的结果。（计算结果保留小数点后 4 位数字）

9. 用以下方法求函数 $f(x)=-0.6x^2+2.4x+5.5$ 的实数根：

（1）图解法。

（2）使用二次求根公式。

（3）初始上下限估计值 $x_d=5$ 和 $x_u=10$，用二分法求解，在每次迭代后，计算估计误差。

10. 用二分法求解方程 $\ln(x^4)=0.7$ 的正实数根，初始上下限估计值 $x_d=0.5$ 和 $x_u=2$，在每次迭代后，计算估计误差。

11. 使用简单迭代法求非线性方程

$$f(x)=2\sin(\sqrt{x})-x$$

的根。初始估计值为 $x_0=0.5$，且迭代终止条件为相对误差 ε_r 小于 1×10^{-5}。

12. 根据牛顿切线法的求根公式，写出求函数 $f(x)=x^3-10=0$ 根的迭代公式，并以 $x_0=1$ 为初值进行 5 次迭代（计算结果保留小数点后 4 位数字）。

13. 根据牛顿切线法的求根公式，写出求函数 $f(x)=e^{-0.5x}(4-x)-2$ 根的迭代公式，并以 $x_0=2,\ 4,\ 6$ 为初值进行 5 次迭代（计算结果保留小数点后 4 位数字）。

14. 一次性购买一套设备需要 25 000 美元，如果分 6 年付款则每年需要 5 500 美元。那么支付的利率是多少？当前价值 P，实际支付 A，年数 n 和利率 i 的关系为

$$A=P\frac{i(1+i)^n}{(1+i)^n-1}$$

使用牛顿切线法求解该非线性方程。

15. 分别用以下不同的方法求解方程

$$f(x)=2x^3-11.7x^2+17.7x-5$$

的最大实数根。

（1）图解法。

（2）简单迭代法（迭代 3 次，且 $x_0=3$）。

（3）牛顿切线法（迭代 3 次，且 $x_0=3$）。

（4）弦截法（迭代 3 次，且 $x_0=3$，$x_1=4$）。

16. 求函数 $f(x)=\sin x+\cos(1+x^2)-1$ 的一个正数根，其中 x 的单位为弧度，使用双点弦截法写出迭代格式，并迭代 4 次求近似结果。初始估计值分别为

（1）初始估计值：$x_0=1$，$x_1=3$。

（2）初始估计值：$x_0=1.5$，$x_1=2.5$。

（3）初始估计值：$x_0=1.5$，$x_1=2.25$。

17. 使用牛顿-瑞普逊法求解下列非线性方程组：

$$\begin{cases}-x^2+x+0.75-y=0\\ y+5xy-x^2=0\end{cases}$$

初始估计值：$x_0=1.2$，$y_0=1.2$，迭代终止计算精度为 1×10^{-4}。

18. 求解下面的联立非线性方程组

$$\begin{cases}(x-4)^2+(y-4)^2=5\\ x^2+y^2=16\end{cases}$$

（1）使用图解法得到初始估计值。

（2）按照牛顿-瑞普逊法求其近似解，迭代终止计算精度为 1×10^{-4}。

第 6 章　微分方程的数值求解

在工程技术与科学研究中，很多问题或现象经常要用微分方程来描述，如伞兵降落问题、机械系统的振动问题、热传导问题、波动问题，等等。求解微分方程有一些解析方法，但它们基本上只限于一些特殊的简单方程（如高等数学中学习的一阶或二阶常系数线性微分方程），而实际问题和科学研究中所遇到的微分方程往往很复杂，如变系数问题和非线性问题等，很多情况下无法用解析方法进行求解；有时候即使能求出解析解，也会由于解的表达式过于繁复而不实用。因此，在微分方程的实际应用中，数值计算方法具有非常重要的意义。

【引例 6-1：伞兵降落问题】

基于牛顿第二运动定律进行建模，由运动分析及受力分析，可得关于速度的数学模型为一阶常微分方程（详见第 2 章引例）

$$\frac{\mathrm{d}v}{\mathrm{d}t}+\frac{c}{m}v=g \tag{6-1}$$

【引例 6-2：单自由度系统的自由振动】

工程中很多机械系统可以等效为弹簧-质量力学模型，表 6-1 给出了几种典型的单自由度问题，可以是垂直方向的平动位移、任意方向的平动位移、摆动角位移或扭转角位移等，在力学模型等效时考虑忽略阻尼的影响。

表 6-1　单自由度系统的自由振动

问题 1	问题 2	问题 3	问题 4
忽略阻尼影响	忽略阻尼影响	忽略阻尼影响 考虑微幅摆动	忽略阻尼影响
$m\ddot{x}+kx=0$	$m\ddot{x}+kx=0$	$l\ddot{\theta}+g\theta=0$	$J\ddot{\theta}+k_\theta\theta=0$
$\omega_n^2=\frac{k}{m}$	$\omega_n^2=\frac{k}{m}$	$\omega_n^2=\frac{g}{l}$	$\omega_n^2=\frac{k_\theta}{J}$

表 6-1 所示各种不同类型的单自由度自由振动问题可用统一的二阶常微分方程描述：

$$\ddot{x}+\omega_n^2x=0 \tag{6-2}$$

其中 ω_n 为固有频率，表示自由振动的快慢，由系统本身的结构参数决定。

【引例 6-3：两自由度系统的振动】

表 6-2 所示各种不同类型的两自由度振动问题可用统一的二阶常微分方程组描述，即

$$\boldsymbol{M}\ddot{\boldsymbol{x}}+\boldsymbol{K}\boldsymbol{x}=\boldsymbol{P} \tag{6-3}$$

其中 $\boldsymbol{M}$，$\boldsymbol{K}$ 分别为质量矩阵和刚度矩阵，$\boldsymbol{P}$ 为外激励列向量，$\boldsymbol{x}$，$\ddot{\boldsymbol{x}}$ 分别为位移列向量和加速度列向量。

表 6-2　两自由度系统的振动

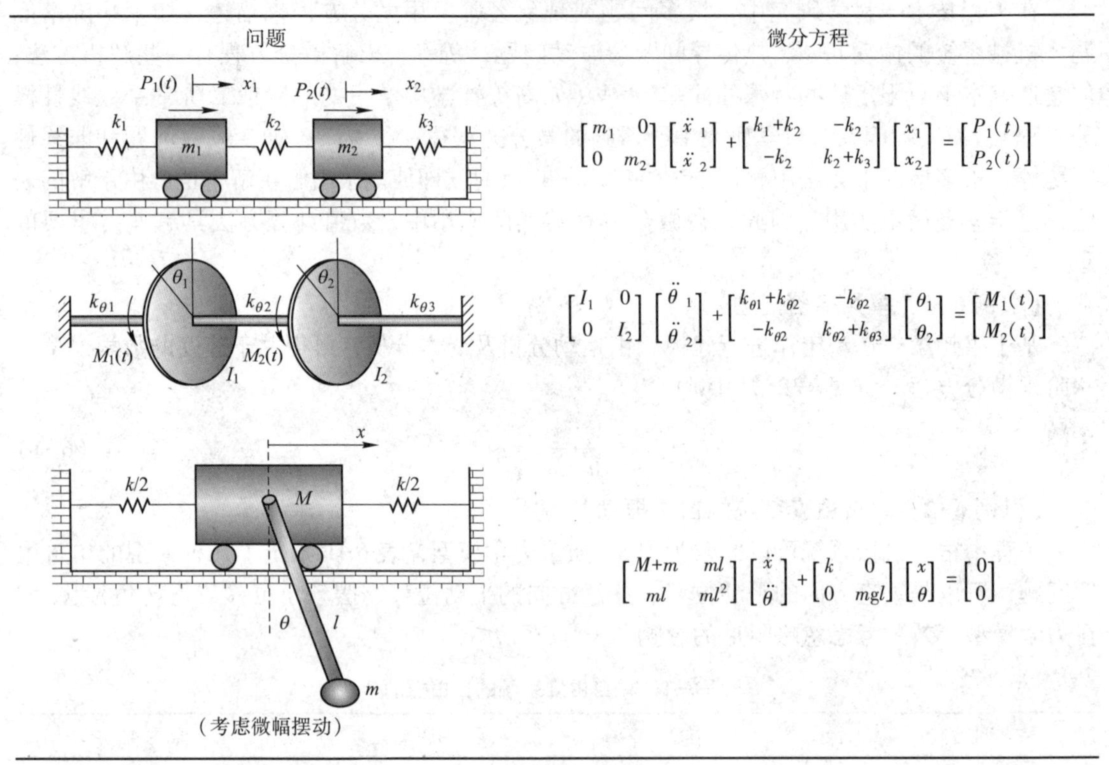

问题	微分方程
两质量弹簧系统	$\begin{bmatrix} m_1 & 0 \\ 0 & m_2 \end{bmatrix}\begin{bmatrix} \ddot{x}_1 \\ \ddot{x}_2 \end{bmatrix}+\begin{bmatrix} k_1+k_2 & -k_2 \\ -k_2 & k_2+k_3 \end{bmatrix}\begin{bmatrix} x_1 \\ x_2 \end{bmatrix}=\begin{bmatrix} P_1(t) \\ P_2(t) \end{bmatrix}$
两圆盘扭转系统	$\begin{bmatrix} I_1 & 0 \\ 0 & I_2 \end{bmatrix}\begin{bmatrix} \ddot{\theta}_1 \\ \ddot{\theta}_2 \end{bmatrix}+\begin{bmatrix} k_{\theta1}+k_{\theta2} & -k_{\theta2} \\ -k_{\theta2} & k_{\theta2}+k_{\theta3} \end{bmatrix}\begin{bmatrix} \theta_1 \\ \theta_2 \end{bmatrix}=\begin{bmatrix} M_1(t) \\ M_2(t) \end{bmatrix}$
（考虑微幅摆动）	$\begin{bmatrix} M+m & ml \\ ml & ml^2 \end{bmatrix}\begin{bmatrix} \ddot{x} \\ \ddot{\theta} \end{bmatrix}+\begin{bmatrix} k & 0 \\ 0 & mgl \end{bmatrix}\begin{bmatrix} x \\ \theta \end{bmatrix}=\begin{bmatrix} 0 \\ 0 \end{bmatrix}$

【引例 6-4：弦的振动问题】

如图 6-1 所示，一根两端固定、用张力 T_0 拉紧的弦，则弦的振动可用偏微分方程描述，即

$$T_0\frac{\partial^2 y(x,\ t)}{\partial x^2}=\rho(x)\ \frac{\partial^2 y(x,\ t)}{\partial t^2} \tag{6-4}$$

图 6-1　弦的振动示意图

综合前述4个具体的工程问题，包含自变量、未知函数及未知函数导数的方程称为“微分方程”，可以根据不同的方式对微分方程进行分类。

(1) 按照方程中导数的最高阶数：一阶微分方程(引例6-1)、二阶微分方程(引例6-2)、三阶微分方程，甚至更高阶微分方程。

(2) 按照微分方程的个数：由多个微分方程构成的微分方程组（引例6-3)。

(3) 按照未知函数所含自变量的个数：只含有一个自变量的微分方程称为“常微分方程”(引例6-1，引例6-2，引例6-3)，含有两个或多个自变量的微分方程称为“偏微分方程”(引例6-4)。

此外，求解不同类型的微分方程需要不同的数值方法，也相应需要给定一些条件。常微分方程的数值求解需要给出待解函数在初始时刻的状态，即初始条件

$$y(t)\big|_{t=t_0}=y_0\,;\ y'(t)\big|_{t=t_0}=y'_0 \tag{6-5}$$

偏微分方程的数值求解需要给出待解函数在初始时刻的状态及在边界端点的状态，即初始条件与边界条件：

$$y(x,t)\big|_{t=t_0}=y_0(x)\,;\ y'(x,t)\big|_{t=t_0}=y'_0(x) \tag{6-6}$$

$$y(x,t)\big|_{x=x_0}=y_0(t)\,;\ y'(x,t)\big|_{x=x_0}=y'_0(t) \tag{6-7}$$

下面将介绍各种类型的微分方程及其数值求解方法。

6.1　常微分方程的数值求解

6.1.1　一阶常微分方程的求解

在高等数学中，我们学习了用解析法可以求解一些特殊的、简单的一阶常微分方程。

【知识链接6-1】　高等数学：一阶常微分方程的解

线性齐次方程：$\dfrac{dy}{dx}+P(x)y=0 \Longrightarrow$ 通解：$y=C\cdot e^{-\int P(x)dx}$

线性非齐次方程：$\dfrac{dy}{dx}+P(x)y=Q(x)$

通解：$y=C\cdot e^{-\int P(x)dx}+e^{-\int P(x)dx}\cdot\int Q(x)e^{\int P(x)dx}dx$

对于一般形式的一阶常微分方程，如未知函数或未知函数导数为非线性形式、自变量和因变量不能进行变量分离等问题，很难应用解析法求解，需要运用数值方法求解。

采用数值方法求解一阶常微分方程时，需要考虑计算精度、计算效率、稳定性等因素。最常用的两种数值方法为Euler法和Runge-Kutta法。

1. Euler法

一阶常微分方程的初值问题

$$\begin{cases}y'=f(x,y)\\ y(x_0)=y_0\end{cases} \tag{6-8}$$

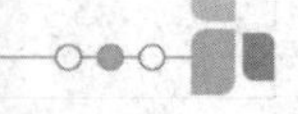

可以用 Euler 法数值求解。

1）显式 Euler 公式

显式 Euler 公式的几何意义是用一条初始点重合的折线来近似表示函数曲线（见图 6-2），其具体求解步骤如下。

第 1 步：已知初始点处的函数值，求其导数值

$$\begin{cases}y_0=y(x_0)\\y_0'=f(x_0,y_0)\end{cases} \tag{6-9}$$

第 2 步：建立过初始点的切线方程

$$y^*(x)=y_0+y_0'(x-x_0)=y_0+f(x_0,y_0)(x-x_0) \tag{6-10}$$

第 3 步：取步长为 h，$x_1=x_0+h$，根据切线方程近似计算新点处的函数值

$$y_1\approx y^*(x_1)=y_0+f(x_0,y_0)h \tag{6-11}$$

第 4 步：重复以上流程，递推得到显式 Euler 公式的数值格式

$$y_{n+1}=y(x_n)+hf(x_n,y_n)=y_n+hy_n' \qquad (n=0,1,2,\cdots) \tag{6-12}$$

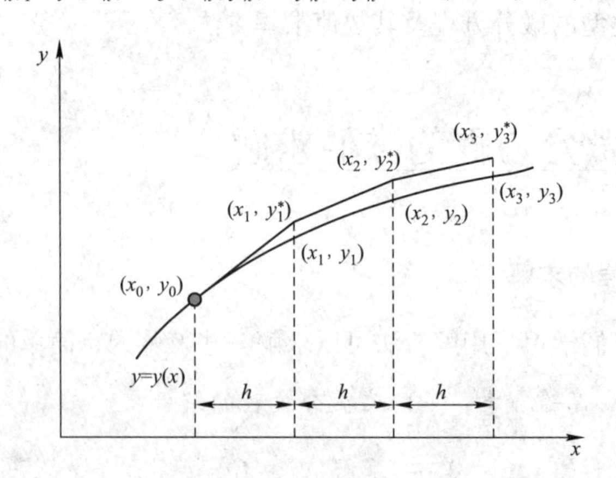

图 6-2　显式 Euler 公式的几何意义

【算例 6-1】　应用显式 Euler 公式求解微分方程，并分析数值计算步长对计算结果的影响。

$$\begin{cases}y'=-2x^3+12x^2-20x+8.5\\y(0)=1\end{cases}$$

解：该微分方程形式比较简单，可以利用解析求解得到其精确解形式，即

$$y(x)=-0.5x^4+4x^3-10x^2+8.5x+1$$

可用该精确解与数值解进行比较，分析步长对数值计算结果的影响。

第 1 步：应用显式 Euler 公式的数值格式

$$y_{n+1}=y_n+h(-2x_n^3+12x_n^2-20x_n+8.5)$$

第 2 步：当取步长 $h=0.5$ 时，计算结果见表 6-3。

表 6-3　步长为 $h=0.5$ 时精确解与数值解的计算结果比较

n	0	1	2	3	4	5	6	7	8
x_n	0	0.5	1	1.5	2	2.5	3	3.5	4
数值解 y_n	1.000 0	5.250 0	5.875 0	5.125 0	4.500 0	4.750 0	5.875 0	7.125 0	7.000 0
解析解 $y(x_n)$	1.000 0	3.218 7	3.000 0	2.218 7	2.000 0	2.718 7	4.000 0	4.718 7	3.000 0
绝对误差	0	2.031 3	2.875	2.906 3	2.5	2.031 3	1.875	2.406 3	4.000 0

第 3 步：若缩小步长至 $h=0.25$、$h=0.1$、$h=0.01$ 时，计算结果如图 6-3 所示，即随着步长的减小，计算结果逐渐靠近精确解。

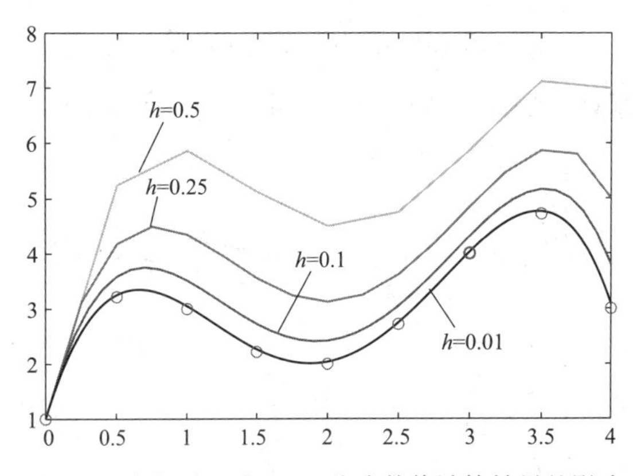

图 6-3　步长对显式 Euler 公式数值计算结果的影响

【算例 6-2】　应用显式 Euler 公式求解微分方程

$$\begin{cases} y'=y-\dfrac{2x}{y} & (0\leqslant x\leqslant 1) \\ y(0)=1 \end{cases}$$

解：

第 1 步：应用显式 Euler 公式的数值格式，可得

$$y_{n+1}=y_n+\left(y_n-\frac{2x_n}{y_n}\right)\cdot h$$

第 2 步：取步长 $h=0.1$，计算结果见表 6-4。

表 6-4　应用显式 Euler 公式的计算结果

n	0	1	2	3	4	5	6	7	8	9	10
x_n	0	0.1	0.2	0.3	0.4	0.5	0.6	0.7	0.8	0.9	1.0
y_n	1	1.100 0	1.191 8	1.277 4	1.358 2	1.435 1	1.509 0	1.580 3	1.649 8	1.717 8	1.784 8

【讨论：显式 Euler 公式的计算精度】

对未知函数 $y(x)$ 在 x_n 处泰勒级数展开，可得 $x_{n+1}=x_n+h$ 处的函数值为

$$y(x_{n+1})=y(x_n+h)=y(x_n)+y'(x_n)h+O(h^2) \tag{6-13}$$

则显式 Euler 公式的截断误差为

$$\begin{aligned}R_{n+1}&=y(x_{n+1})-y_{n+1}\\&=[y(x_n)+y'(x_n)h+O(h^2)]-[y(x_n)+y'(x_n)h]\\&=O(h^2)\end{aligned} \tag{6-14}$$

也即显式 Euler 公式具有 1 阶精度。由于显式 Euler 公式的计算精度不高，在采用其进行数值计算时，需要选择较小的步长。

2）隐式 Euler 公式

基于显式 Euler 公式的基本步骤，若公式（6-10）所示的切线方程斜率采用 x_1 处的斜率，即

$$y^*(x)=y_0+f(x_1,y_1)(x-x_0) \tag{6-15}$$

即采用步长区间末端点来计算切线方程的斜率，如图 6-4 所示。

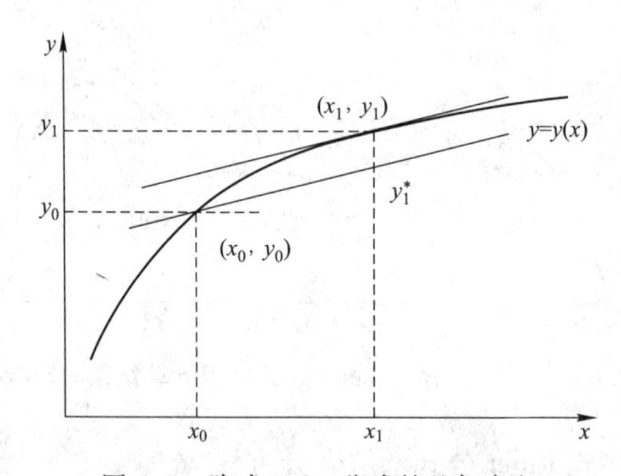

图 6-4　隐式 Euler 公式的几何意义

则隐式 Euler 公式的数值格式为

$$y_{n+1}=y(x_n)+f(x_{n+1},y_{n+1})h=y_n+y'_{n+1}h \tag{6-16}$$

此时，公式两边都有 y_{n+1}项，所以称为“隐式 Euler 公式”。

【讨论：隐式 Euler 公式的计算精度分析】

将未知函数 $y(x)$ 及其导函数 $y'(x)$ 在 x_n 处泰勒级数展开，得 $x_{n+1}=x_n+h$ 处的函数值和导数值为

$$y(x_{n+1})=y(x_n+h)=y(x_n)+y'(x_n)h+O_1(h^2) \tag{6-17}$$

$$y'(x_{n+1})=y'(x_n+h)=y'(x_n)+O_2(h) \tag{6-18}$$

由式（6-16）、（6-17）和（6-18），可得隐式 Euler 公式的截断误差为

$$R_{n+1}=y(x_{n+1})-y_{n+1}=O(h^2) \tag{6-19}$$

隐式 Euler 公式的计算精度仍为 1 阶精度。

3）梯形公式

同样，基于显式 Euler 公式的基本步骤，若公式（6-10）所示的切线方程斜率采用 x_0 和 x_1 处切线斜率的平均值，即

$$y^*(x)=y_0+\frac{f(x_0,y_0)+f(x_1,y_1)}{2}(x-x_0) \tag{6-20}$$

则梯形公式求解一阶常微分方程的数值格式为

$$y_{n+1}=y(x_n)+\frac{h}{2}[f(x_n,y_n)+f(x_{n+1},y_{n+1})]=y_n+\frac{h}{2}(y'_n+y'_{n+1}) \tag{6-21}$$

【讨论：梯形公式的计算精度分析】

将未知函数 $y(x)$ 及其导函数 $y'(x)$ 在 x_n 处泰勒级数展开，得 $x_{n+1}=x_n+h$ 处的函数值和导数值为

$$y(x_{n+1})=y(x_n+h)=y(x_n)+y'(x_n)h+\frac{1}{2}y''(x_n)h^2+O_1(h^3) \tag{6-22}$$

$$y'(x_{n+1})=y'(x_n+h)=y'(x_n)+y''(x_n)h+O_2(h^2) \tag{6-23}$$

由式（6-21）、（6-22）和（6-23），可得梯形公式的截断误差为

$$R_{n+1}=y(x_{n+1})-y_{n+1}=O(h^3) \tag{6-24}$$

可见梯形公式具有 2 阶精度，比显式 Euler 公式和隐式 Euler 公式的精度高一阶。

4）预报-校正公式

隐式 Euler 公式和梯形公式均为隐式公式，为了避免对隐式公式进行迭代计算，对其进行改进，即“预报-校正公式”。计算步骤如下。

第 1 步：针对梯形公式右端的 y_{n+1} 项，先采用一次显式 Euler 公式，计算出 y_{n+1} 的一个初值，作为预报值为

$$y_{n+1}^{(0)}=y_n+hf(x_n,y_n) \tag{6-25}$$

第 2 步：将得到的结果回代入梯形 Euler 公式，得到 y_{n+1} 的一个校正值为

$$y_{n+1}=y_n+\frac{h}{2}[f(x_n,y_n)+f(x_{n+1},y_{n+1}^{(0)})] \tag{6-26}$$

第 3 步：将式（6-25）代入（6-26），可得预报-校正 Euler 公式为

$$y_{n+1}=y_n+\frac{h}{2}\{f(x_n,y_n)+f[x_{n+1},y_n+hf(x_n,y_n)]\} \tag{6-27}$$

对上述 4 种数值格式进行比较，见表 6-5。

表 6-5　4 种数值格式的比较

数值方法	类型	稳定性	计算精度	计算量	计算方式
显式 Euler 公式	显式	差	1 阶	小	直接计算
隐式 Euler 公式	隐式	好	1 阶	大	迭代计算
梯形公式	隐式	好	2 阶	大	迭代计算
预报-校正公式	显式	较好	2 阶	中	近似计算

2. Runge-Kutta 法

对于式（6-8）所示一阶常微分方程的初值问题也可以采用 Runge-Kutta 数值方法求解。显式 Euler 公式（6-12）可改写为以下形式：

$$y_{n+1}=y_n+hy'_n=y_n+hK_1 \tag{6-28}$$

其中 $K_1=y'_n=f(x_n,\ x_n)$。

预报-校正 Euler 公式（6-27）可改写为以下形式：

$$y_{n+1}=y_n+\frac{h}{2}(K_1+K_2) \tag{6-29}$$

其中 $K_1=y'_n=f(x_n,\ x_n)$，$K_2=y'_{n+1}=f(x_n+h,\ y_n+hK_1)$。

可见，从显式 Euler 公式到预报-校正 Euler 公式，使用其导数值的点数从 1 个增加到 2 个，计算精度从 1 阶上升为 2 阶，那么在区间［x_n，x_n+h］上计算多个不同点处的导数值，用它们的加权平均值来作为该区间曲线段的平均斜率，可以提高精度。此外，每计算一个新点处的导数值时，都可以采用前面已计算出的各点导数值，以此避免重复计算。

1）二阶 Runge-Kutta 法

以预报-校正公式为基础，考虑将其写成一般形式为

$$\begin{cases} y_{n+1}=y_n+h(\lambda_1K_1+\lambda_2K_2) \\ K_1=f(x_n,y_n) \\ K_2=f(x_n+ph,y_n+phK_1) \end{cases} \tag{6-30}$$

确定待定系数 λ_1、λ_2、p 的取值，使得到的算法格式具有 2 阶精度。具体的算法步骤如下。

第 1 步：将 K_2 写为泰勒级数展开式

$$\begin{aligned} K_2 &=f(x_n+ph,y_n+phK_1) \\ &=f(x_n,y_n)+ph\cdot f_x(x_n,y_n)+phK_1\cdot f_y(x_n,y_n)+O(h^2) \end{aligned} \tag{6-31}$$

其中 $f_x=\dfrac{\partial f(x,\ y)}{\partial x}$，$f_y=\dfrac{\partial f(x,\ y)}{\partial y}$。

由待求函数的一阶微分形式

$$y'(x_n)=f(x_n,y_n)=K_1 \tag{6-32}$$

可得待求函数的二阶微分形式

$$y''(x_n)=f_x(x_n,y_n)+f_y(x_n,y_n)y'(x_n)=f_x(x_n,y_n)+K_1\cdot f_y(x_n,y_n) \tag{6-33}$$

将式（6-32）和（6-33）代入（6-31），得

$$K_2=y'(x_n)+phy''(x_n)+O(h^2) \tag{6-34}$$

第 2 步：将式（6-32）和（6-34）代入（6-30）得

$$\begin{aligned} y_{n+1}&=y_n+h\{\lambda_1 y'(x_n)+\lambda_2[y'(x_n)+phy''(x_n)+O_1(h^2)]\} \\ &=y_n+(\lambda_1+\lambda_2)hy'(x_n)+\lambda_2ph^2y''(x_n)+O_1(h^3) \end{aligned} \tag{6-35}$$

第 3 步：将未知函数 $y(x)$ 在 x_n 处泰勒级数展开，可得 $x_{n+1}=x_n+h$ 处的函数值为

$$y(x_{n+1})=y(x_n)+hy'(x_n)+\frac{h^2}{2}y''(x_n)+O_2(h^3) \tag{6-36}$$

将式（6-35）与（6-36）进行比较，当要求得到的算法格式具有 2 阶精度，则截断误差为

$$R_{n+1}=y(x_{n+1})-y_{n+1}=O(h^3) \tag{6-37}$$

因此可得待定系数 λ_1、λ_2、p 需要满足

$$\lambda_1+\lambda_2=1,\lambda_2 p=\frac{1}{2} \tag{6-38}$$

对于 2 个方程求解 3 个未知数的问题，存在无穷多个解。满足上式的所有格式统称为“二阶 Runge-Kutta 法”。若取 $\lambda_1=\frac{1}{2}$，$\lambda_2=\frac{1}{2}$，$p=1$，此时的二阶 Runge-Kutta 法即为预报-校正公式。

2）三阶 Runge-Kutta 法

为了进一步提高精度，再增加一个点，即在区间 $[x_n,\ x_n+h]$ 内取 3 个点 x_n，x_n+ph 和 x_n+qh，其中 $0<p<q\leqslant 1$，将该 3 个点处的斜率值进行加权平均作为区间的平均斜率，则其一般形式为

$$\begin{cases} y_{n+1}=y_n+h[(1-\lambda-\mu)K_1+\lambda K_2+\mu K_3] \\ K_1=f(x_n,y_n) \\ K_2=f(x_n+ph,y_n+phK_1) \\ K_3=f(x_n+qh,y_n+qh(1-\alpha)K_1+qh\alpha K_2) \end{cases} \tag{6-39}$$

根据二阶 Runge-Kutta 法的步骤，通过泰勒级数展开、回代和比较 3 个步骤，能够确定 p，q，λ，μ，α 之间需要满足的关系，使得上述公式的截断误差变为 $O(h^4)$，即具有 3 阶精度。类似于二阶 Runge-Kutta 法，由于参数 p，q，λ，μ，α 的不唯一性，相应地三阶 Runge-Kutta 法也具有不同的格式。

若 $p=\frac{1}{3}$，$q=\frac{2}{3}$，$\lambda=0$，$\mu=\frac{3}{4}$，$\alpha=1$，三阶 Runge-Kutta 格式为

$$\begin{cases} y_{n+1}=y_n+h\left(\frac{1}{4}K_1+\frac{3}{4}K_3\right) \\ K_1=f(x_n,y_n) \\ K_2=f(x_n+\frac{1}{3}h,y_n+\frac{1}{3}hK_1) \\ K_3=f(x_n+\frac{2}{3}h,y_n+\frac{2}{3}hK_2) \end{cases} \tag{6-40}$$

若 $p=\frac{1}{2}$，$q=1$，$\lambda=\frac{4}{6}$，$\mu=\frac{1}{6}$，$\alpha=2$，三阶 Runge-Kutta 格式为

$$\begin{cases} y_{n+1}=y_n+h\left(\frac{1}{6}K_1+\frac{4}{6}K_2+\frac{1}{6}K_3\right) \\ K_1=f(x_n,y_n) \\ K_2=f(x_n+\frac{1}{2}h,y_n+\frac{1}{2}hK_1) \\ K_3=f(x_n+h,y_n-hK_1+2hK_2) \end{cases} \tag{6-41}$$

3）四阶 Runge-Kutta 法

类似地，可得最常用的四阶 Runge-Kutta 法，其经典格式为

$$
\begin{cases}
y_{n+1}=y_n+\dfrac{h}{6}(K_1+2K_2+2K_3+K_4)\\
K_1=f(x_n,y_n)\\
K_2=f(x_n+\dfrac{h}{2},y_n+\dfrac{h}{2}K_1)\\
K_3=f(x_n+\dfrac{h}{2},y_n+\dfrac{h}{2}K_2)\\
K_4=f(x_n+h,y_n+hK_3)
\end{cases}
\tag{6-42}
$$

其中 K_2，K_3 都是区间中点的导数值，但 K_3 是由 K_2 导出的，理论上更精确。

四阶 Runge-Kutta 法在区间 $[x_n,\ x_n+h]$ 内取 3 个点 x_n，$x_n+h/2$ 和 x_n+h，利用 3 个点处的斜率值，外加一个 $x_n+h/2$ 处斜率推导出的斜率值，共 4 个斜率进行加权平均作为区间的平均斜率，其截断误差为 $O(h^5)$，即具有 4 阶精度。

四阶 Runge-Kutta 是用于求解一阶常微分方程的经典数值方法，具有以下特点。

（1）要达到同样的精度，四阶的步长可以比二阶的步长大 10 倍，而每步的计算量仅大 1 倍，总的计算量会大大减少。

（2）高于四阶的 Runge-Kutta 法由于计算量增加较多，但精度提高很小，所以很少使用高于四阶的 Runge-Kutta 法。

（3）Runge-Kutta 法的导出基于泰勒级数展开，故精度受解函数的光滑性影响，对于光滑性不太好的解，采用小步长的低阶算法会更好。

（4）可以采用变步长方法，以便在精度和计算量方面更好地平衡。

【算例 6-3】 应用四阶 Runge-Kutta 公式求解常微分方程。

$$
\begin{cases}
y'=y-\dfrac{2x}{y} \quad (0\leqslant x\leqslant 1)\\
y(0)=1
\end{cases}
$$

解：根据式（6-42）的四阶 Runge-Kutta 公式，可得数值计算格式为

$$
y_{n+1}=y_n+\frac{h}{6}(K_1+2K_2+2K_3+K_4)
$$

其中 $K_1 \sim K_4$ 为

$$
\begin{cases}
K_1=y_n-\dfrac{2x_n}{y_n};\\
K_2=y_n+\dfrac{h}{2}K_1-\dfrac{2(x_n+h/2)}{y_n+\dfrac{h}{2}K_1}\\
K_3=y_n+\dfrac{h}{2}K_2-\dfrac{2(x_n+h/2)}{y_n+\dfrac{h}{2}K_2}\\
K_4=y_n+hK_3-\dfrac{2(x_n+h)}{y_n+hK_3}
\end{cases}
$$

代入初始条件，可得计算结果见表 6-6。

表 6-6　四阶 Runge-Kutta 公式的计算结果

n	0	1	2	3	4	5
x_n	0	0.2	0.4	0.6	0.8	1.0
y_n	1	1.183 22	1.341 66	1.483 28	1.612 51	1.732 14

【算例 6-4】　分别应用显式 Euler 公式、预报-校正公式和四阶 Runge-Kutta 公式 3 种不同的数值方法求解常微分方程，并对计算结果进行比较分析。

$$\begin{cases} y'(x) = -y+1 \quad (0 \leqslant x \leqslant 0.5) \\ y(0) = 0 \end{cases}$$

解：该微分方程形式比较简单，可以利用解析求解得到其精确解形式，即

$$y = 1 - e^{-x}$$

可用该精确解与不同数值方法的计算结果进行比较，见表 6-7。

表 6-7　不同数值方法的计算结果比较

n	1	2	3	4	5
x_n	0.1	0.2	0.3	0.4	0.5
显式 Euler 公式（h=0.025）	0.096 312	0.183 348	0.262 001	0.333 079	0.397 312
预报-校正公式（h=0.05）	0.095 123	0.181 193	0.259 085	0.329 563	0.393 337
四阶 Runge-Kutta 公式（h=0.1）	0.095 162	0.181 269	0.259 182	0.329 680	0.393 469
精确解	0.095 162 58	0.181 269 25	0.259 181 78	0.329 679 95	0.393 469 34

四阶 Runge-Kutta 法在采用较大步长的情况下，计算精度依然保持最高，由此说明该方法优于 Euler 法。

6.1.2　高阶常微分方程的求解

当常微分方程中导数的最高阶数大于 1 时，称为“高阶常微分方程”，如二阶常微分方程、三阶常微分方程、四阶常微分方程等。在高等数学中，我们学习了用解析法可以求解一些特殊的、简单的二阶常微分方程，如二阶常系数线性齐次或非齐次常微分方程。

【知识链接 6-2】　高等数学：二阶常微分方程的解

（1）二阶常系数线性齐次常微分方程：$\frac{d^2y}{dt^2}+p\frac{dy}{dt}+qy=0$

设 $y=Ye^{st}$ 并代入方程，得到其特性方程：$s^2+ps+q=0 \Rightarrow s_{1,2}=\frac{-p\pm\sqrt{p^2-4q}}{2}$

$$
\text{方程的通解取决于特征根的形式}\begin{cases}\text{实数根}\begin{cases}s_1\neq s_2\Rightarrow y(t)=c_1\mathrm{e}^{s_1t}+c_2\mathrm{e}^{s_2t}\\ s_1=s_2=s\Rightarrow y(t)=(c_1+c_t)\mathrm{e}^{st}\end{cases}\\ \text{复数根}\begin{cases}s_{1,2}=\alpha\pm\beta\mathrm{i}\Rightarrow y(t)=\mathrm{e}^{\alpha t}(c_1\cos\beta t+c_2\sin\beta t)\\ s_{1,2}=\pm\beta\mathrm{i}\Rightarrow y(t)=c_1\cos\beta t+c_2\sin\beta t\end{cases}\end{cases}
$$

(2) 二阶常系数线性非齐次常微分方程：$\dfrac{\mathrm{d}^2y}{\mathrm{d}t^2}+p\dfrac{\mathrm{d}y}{\mathrm{d}t}+qy=f(t)$

$y(t)=$ 齐次微分方程通解 $y_1(t)+$非齐次微分方程特解 $y_2(t)$

【算例 6-5】 单自由度有阻尼自由振动微分方程的求解（见图 6-5）：求弹簧-质量-阻尼系统的动态响应 $y(t)$。

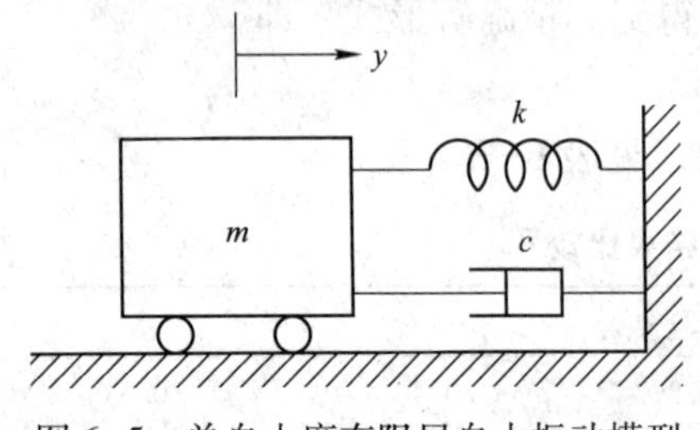

图 6-5 单自由度有阻尼自由振动模型

解：

第 1 步：根据受力分析和牛顿第二运动定律，建立数学模型

$$my''+cy'+ky=0$$

令 $\omega_{\mathrm{n}}=\sqrt{\dfrac{k}{m}}$，$\xi=\dfrac{c}{2m\omega_{\mathrm{n}}}$，则数学模型可转化为

$$y''+2\xi\omega_{\mathrm{n}}y'+\omega_{\mathrm{n}}^2y=0$$

该方程为二阶常系数线性齐次微分方程，可以应用解析法求解。

第 2 步：设该二阶常系数线性齐次微分方程的特解为

$$y=A\mathrm{e}^{st}$$

第 3 步：特征方程为

$$s^2+2\xi\omega_{\mathrm{n}}s+\omega_{\mathrm{n}}^2=0$$

计算该特征方程可得特征根

$$s_{1,2}=(-\xi\pm\sqrt{\xi^2-1})\omega_{\mathrm{n}}$$

第 4 步：基于系统参数的取值不同，可以分为以下几种情况。

- $\xi=0$（无阻尼）：$s_{1,2}=\pm\mathrm{i}\omega_{\mathrm{n}}\Rightarrow y(t)=c_1\cos(\omega_{\mathrm{n}}t)+c_2\sin(\omega_{\mathrm{n}}t)$
- $0<\xi<1$（欠阻尼）：$s_{1,2}=-\xi\omega_{\mathrm{n}}\pm\mathrm{i}\sqrt{1-\xi^2}\,\omega_{\mathrm{n}}\Rightarrow y(t)=\mathrm{e}^{-\xi\omega_{\mathrm{n}}t}[c_1\cos(\omega_{\mathrm{d}}t)+c_2\sin(\omega_{\mathrm{d}}t)]$
- $\xi=1$（临界阻尼）：$s_{1,2}=-\omega_{\mathrm{n}}\Rightarrow y(t)=(c_1+c_2t)\mathrm{e}^{-\omega_{\mathrm{n}}t}$
- $\xi>1$（过阻尼）：$s_{1,2}=(-\xi\pm\sqrt{\xi^2-1})\omega_{\mathrm{n}}\Rightarrow y(t)=c_1\mathrm{e}^{s_1t}+c_2\mathrm{e}^{s_2t}$

其中 c_1，c_2 为待定系数，由给定的初始条件（初始位移和初始速度）决定，有初始位移即输入了弹性势能，有初始速度即输入了动能。

以上不同阻尼情况下的振动响应比较如图 6-6 所示。无阻尼时系统做无休止的简谐振动；欠阻尼时为一种振幅逐渐衰减的振动；临界阻尼和过阻尼时系统按指数规律衰减的非周期运动。

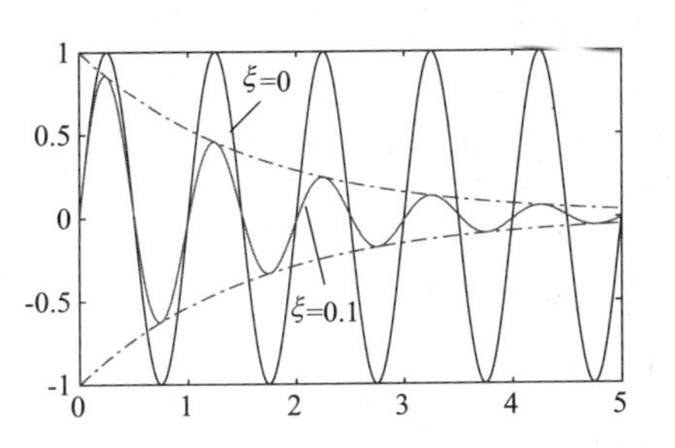

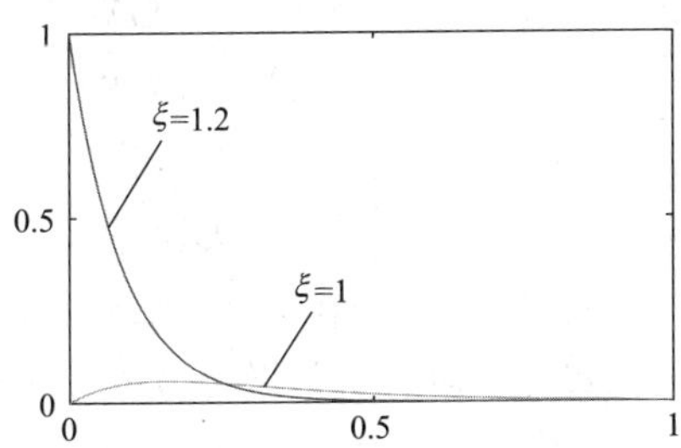

图 6-6　不同阻尼情况下单自由度系统自由振动响应

一般形式的二阶常微分方程很难应用解析法求解，需要运用数值方法，如以下两种情况。

（1）未知函数或未知函数导数项的系数不为常数，即

$$y''+p(x,y)y'+q(x,y)y=0 \tag{6-43}$$

（2）未知函数导数项或未知函数不是线性形式，即

$$y''+p\cdot g(y,y')+q\cdot h(y,y')=0 \tag{6-44}$$

对于一般形式的二阶常微分方程初值问题为

$$\begin{cases}y''=f(x,y,y')\\ y(x_0)=y_0,y'(x_0)=y'_0\end{cases} \tag{6-45}$$

令 $y'=z$，可以将其变换为两个一阶微分方程构成的方程组的初值问题，即

$$\begin{cases}y'=z\\ z'=f(x,y,z)\\ y(x_0)=y_0,z(x_0)=y'_0\end{cases} \tag{6-46}$$

推广到更高阶的常微分方程初值问题，则

$$\begin{cases}y^{(n)}=f(x,y,y',\cdots,y^{(n-1)})\\ y(x_0)=y_0,y'(x_0)=y'_0,\cdots,y^{(n-1)}(x_0)=y_0^{(n-1)}\end{cases} \tag{6-47}$$

令 $y_1=y$，$y_2=y'$，…，$y_n=y^{(n-1)}$，可以将其变换为 n 个一阶微分方程构成的方程组，即

$$\begin{cases}y'_1=y_2\\ y'_2=y_3\\ \vdots\\ y'_{n-1}=y_n\\ y'_n=f(x,y_1,y_2,\cdots,y_{n-1},y_n)\\ y_1(x_0)=y_0,y_2(x_0)=y'_0,\cdots,y_n(x_0)=y_0^{(n-1)}\end{cases} \tag{6-48}$$

6.1.3　常微分方程组的求解

高阶常微分方程和常微分方程组，都可以通过变量代换，统一转化为一阶常微分方程组：

$$\begin{cases}y_1'(t)=f_1(x,y_1,y_2,\cdots,y_n)\\y_2'(t)=f_2(x,y_1,y_2,\cdots,y_n)\\\vdots\\y_n'(t)=f_n(x,y_1,y_2,\cdots,y_n)\\y_1(x_0)=y_{10},y_2(x_0)=y_{20},\cdots,y_n(x_0)=y_{n0}\end{cases}\tag{6-49}$$

用显式 Euler 公式可以对一阶常微分方程组进行数值求解，计算格式为

$$\begin{cases}y_{1,k+1}=y_{1,k}+hf_1(x_k,y_{1,k},y_{2,k},\cdots,y_{n,k})\\y_{2,k+1}=y_{2,k}+hf_2(x_k,y_{1,k},y_{2,k},\cdots,y_{n,k})\\\vdots\\y_{n,k+1}=y_{n,k}+hf_n(x_k,y_{1,k},y_{2,k},\cdots,y_{n,k})\end{cases}\tag{6-50}$$

同样，也可以用四阶 Runge-Kutta 法对一阶常微分方程组进行数值求解，计算格式为

$$\begin{cases}y_{1,k+1}=y_{1,k}+\dfrac{h}{6}(K_{1,1}^{(k)}+2K_{1,2}^{(k)}+2K_{1,3}^{(k)}+K_{1,4}^{(k)})\\y_{2,k+1}=y_{2,k}+\dfrac{h}{6}(K_{2,1}^{(k)}+2K_{2,2}^{(k)}+2K_{2,3}^{(k)}+K_{3,4}^{(k)})\\\vdots\\y_{n,k+1}=y_{n,k}+\dfrac{h}{6}(K_{n,1}^{(k)}+2K_{n,2}^{(k)}+2K_{n,3}^{(k)}+K_{n,4}^{(k)})\end{cases}\tag{6-51}$$

其中

$$\begin{cases}K_{j,1}^{(k)}=f_j(x_k,y_{1,k},y_{2,k},\cdots,y_{n,k})\\K_{j,2}^{(k)}=f_j(x_k+\dfrac{h}{2},y_{1,k}+\dfrac{h}{2}K_{j,1}^{(k)},\cdots,y_{n,k}+\dfrac{h}{2}K_{j,1}^{(k)})\\K_{j,3}^{(k)}=f_j(x_k+\dfrac{h}{2},y_{1,k}+\dfrac{h}{2}K_{j,2}^{(k)},\cdots,y_{n,k}+\dfrac{h}{2}K_{j,2}^{(k)})\\K_{j,4}^{(k)}=f_j(x_k+h,y_{1,k}+hK_{j,3}^{(k)},\cdots,y_{n,k}+hK_{j,3}^{(k)})\end{cases}\quad(j=1,2,\cdots,n)\tag{6-52}$$

【算例 6-6】 蝴蝶效应：巴西亚马孙热带雨林里的一只蝴蝶扇动翅膀，可能会引起美国得克萨斯州的一场飓风。蝴蝶效应起源于 Lorenz（洛伦兹）方程

$$\begin{cases}x'=10(y-x)\\y'=28x-xz-y\\z'=xy-8z/3\end{cases}$$

即用一阶微分方程组来模拟空气中流体运动以预报长时间历程后的天气。其中 x 表示气体对流的翻动速率，y 表示上流与下流液体温差，z 表示垂直方向温度梯度。给定时间步长 $\Delta t=0.005$，应用显式 Euler 公式对该一阶微分方程组求解，并比较两组不同初始条件下的解。

（1）$x_0=0.506$，$y_0=1.3$，$z_0=1.6$；

（2）$x_0=0.506\ 127$，$y_0=1.3$，$z_0=1.6$。

解：

第 1 步：采用显式 Euler 公式

$$\begin{cases}x_{n+1}=x_n+10(y_n-x_n)\cdot\Delta t\\ y_{n+1}=y_n+(28x_n-x_nz_n-y_n)\cdot\Delta t\\ z_{n+1}=z_n+(x_ny_n-8z_n/3)\cdot\Delta t\end{cases}$$

第 2 步：取时间步长 $\Delta t=0.005$，给定两组不同的初始条件进行数值计算，得到的时间序列结果比较如图 6-7 所示。

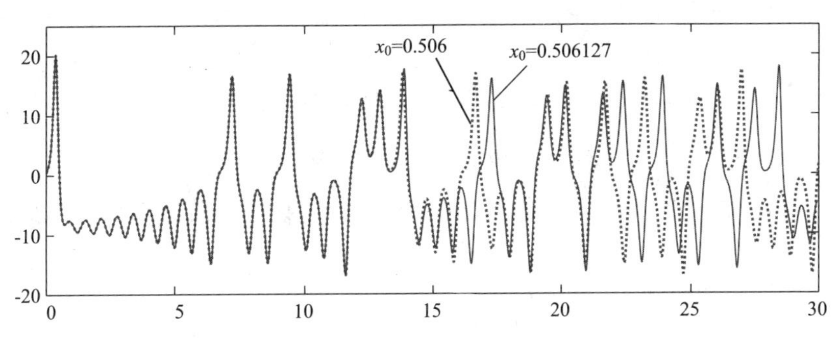

图 6-7 不同的初始条件下得到的时间序列比较

由图 6-7 可知，初始条件的微小差别引起了长时间后动态响应的极大不同，而造成这一现象的原因是洛伦兹方程具有非线性。也即初始条件中的微小差别，会引起长时间历程后的动力学响应巨大变化，因此无法预测较长时间后的天气。

第 3 步：再将得到的数值模拟结果绘制成三维相图的形式，并向不同的二维平面投影，结果如图 6-8 所示，其相图像一只翩翩飞舞的蝴蝶，“蝴蝶效应”由此而来。

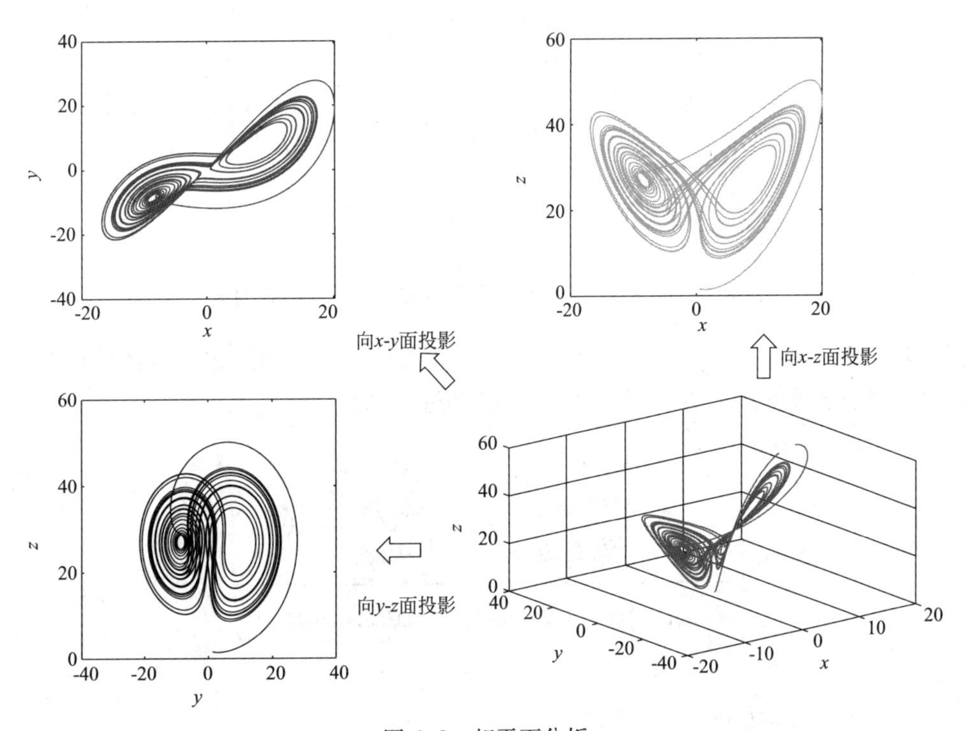

图 6-8 相平面分析

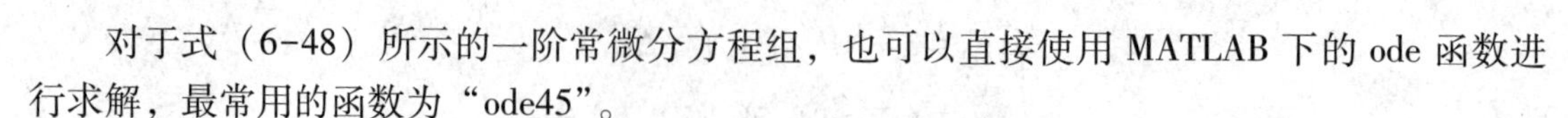

对于式（6-48）所示的一阶常微分方程组，也可以直接使用 MATLAB 下的 ode 函数进行求解，最常用的函数为“ode45”。

- 核心算法：ode45 表示采用四阶-五阶 Runge-Kutta 算法，用四阶方法提供候选解，用五阶方法控制误差，是一种自适应变步长的常微分方程数值解法。
- 调用格式：[t，y]=ode45（@odefun，tspan，y0）
- 使用方法：先定义一个函数型 m 文件；再定义一个命令型 m 文件用 ode45 求解方程。

【算例 6-7】 应用 ode45 求解二阶常微分方程

$$y''-\mu(1-y^2)y'+y=0$$

解： 令 $y_1=y$，$y_2=y'$通过变量替换，将二阶常微分方程转化为一阶常微分方程组，即

$$\begin{cases} y_1'=y_2 \\ y_2'=\mu(1-y_1^2)y_2-y_1 \end{cases}$$

不失一般性，给定参数 $\mu=1$，初始条件 $y_0=1$，$y_0'=1$，则通过 ode45 函数计算得到的结果如图 6-9 所示。

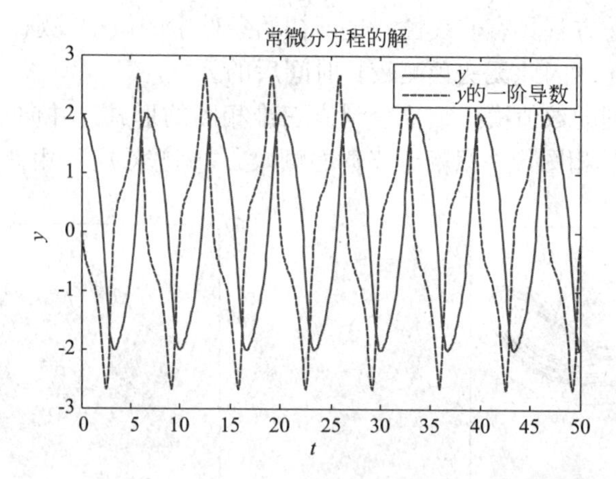

图 6-9　应用 ode45 计算二阶微分方程得到的动态响应

【算例 6-8】 两自由度系统振动微分方程。已知双质量-弹簧-阻尼系统（见图 6-10），两质量块分别受到外部激振力，不计摩擦和其他形式的阻尼。

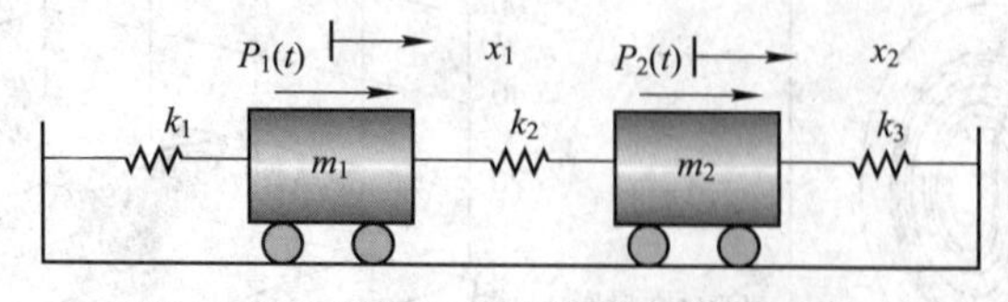

图 6-10　两自由度振动系统的物理模型

解：

第 1 步：受力分析如图 6-11 所示。

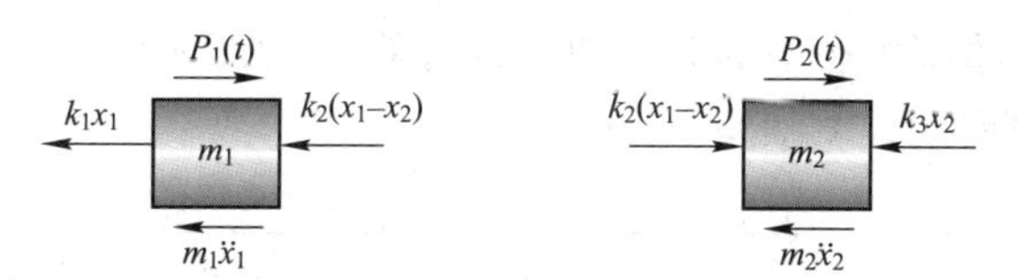

图 6-11 两个振动体的受力分析

第 2 步：建立振动常微分方程组

$$\begin{cases} m_1x_1''+k_1x_1+k_2(x_1-x_2)=P_1(t) \\ m_2x_2''-k_2(x_1-x_2)+k_3x_2=P_2(t) \end{cases}$$

给定初始条件

$$\begin{cases} x_1(t_0)=x_{10},x_1'(t_0)=x_{10}' \\ x_2(t_0)=x_{20},x_2'(t_0)=x_{20}' \end{cases}$$

第 3 步：通过变量替换，令 $y_1=x_1$，$y_2=x_1'$，$y_3=x_2$，$y_4=x_2'$，将由 2 个二阶常微分方程组成的方程组转化为 4 个一阶常微分方程构成的方程组，即

$$\begin{cases} y_1'=y_2 \\ y_2'=\dfrac{1}{m_1}[P_1(t)-k_1y_1-k_2(y_1-y_3)] \\ y_3'=y_4 \\ y_4'=\dfrac{1}{m_2}[P_2(t)+k_2(y_1-y_3)-k_3y_3] \end{cases}$$

初始条件：$y_1(t_0)=x_{10},y_2(t_0)=x_{10}',y_3(t_0)=x_{20},y_4(t_0)=x_{20}'$。

第 4 步：通过 ode45 函数进行计算，得到的整个时间历程上的时间曲线如图 6-12 所示。

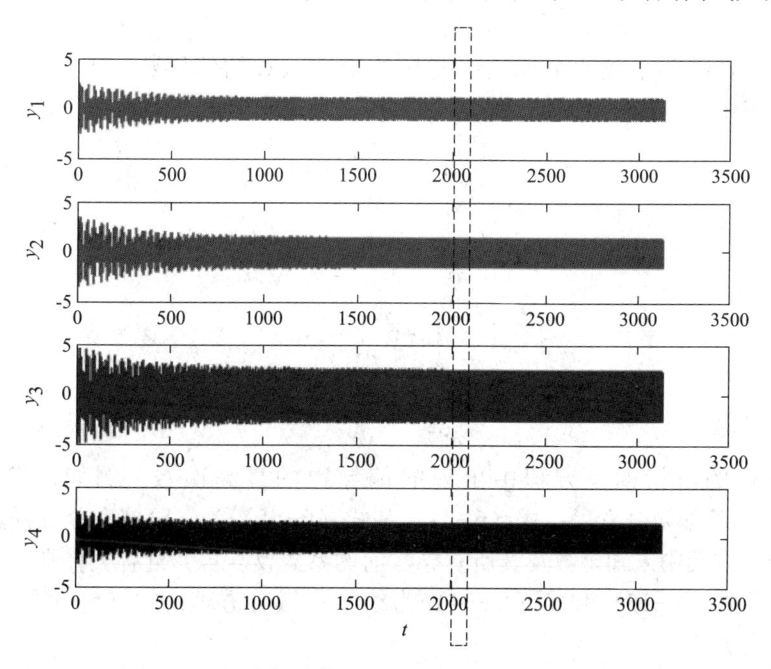

图 6-12 两个振动体在整个时间历程上的时间曲线

将虚线框中框定的系统稳态下的时间曲线进行放大，如图 6-13 所示，可知稳态下的时间曲线呈现出明显的单周期运动状态。

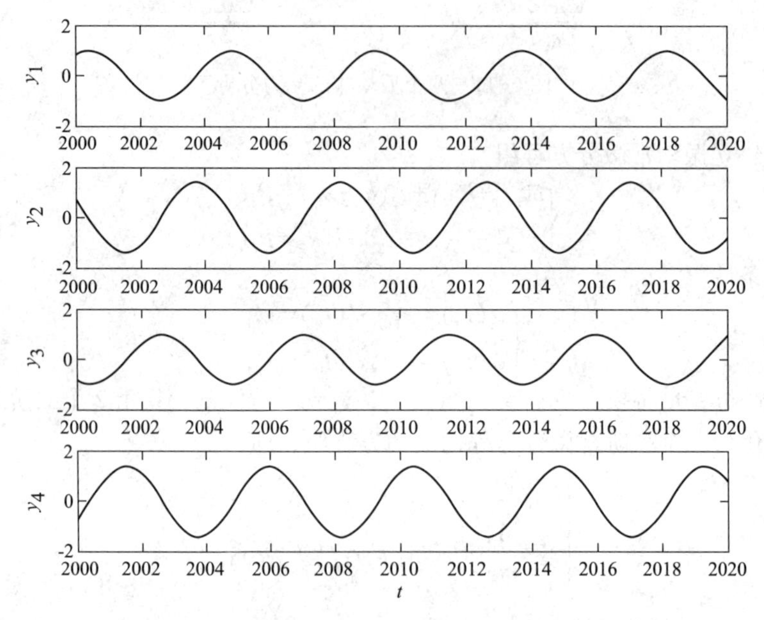

图 6-13　两个振动体在稳定状态下的时间曲线

6.2　常见偏微分方程的数值求解

如果方程中含有两个或两个以上自变量的未知函数的偏导数，则称之为偏微分方程(partial differential equation，PDE)，如

$$\frac{\partial^2 u}{\partial x^2}+2xy\frac{\partial^2 u}{\partial y^2}+u=1 \tag{6-53}$$

$$\frac{\partial^3 u}{\partial x^2\partial y}+x\frac{\partial^2 u}{\partial y^2}+8u=5y \tag{6-54}$$

$$\left(\frac{\partial^2 u}{\partial x^2}\right)^2+6\frac{\partial^3 u}{\partial x\partial y^2}=x \tag{6-55}$$

$$\frac{\partial^2 u}{\partial x^2}+xu\frac{\partial u}{\partial y}=x \tag{6-56}$$

偏微分方程的阶指的是方程中出现的偏导数的最高次数。例如，式（6-53）和式（6-56）为二阶偏微分方程；式（6-54）和式（6-55）为三阶偏微分方程。

如果偏微分方程中未知函数及其所有导数前的系数仅与自变量有关，则称之为线性偏微分方程。例如，式（6-53）和式（6-54）为线性偏微分方程；式（6-55）和式（6-56）为非线性偏微分方程。

由于二阶线性偏微分方程在工程中应用最为广泛，因此本书重点讨论此类方程的求解方法。

考虑两个自变量的二阶线性偏微分方程的一般形式为

$$Au_{xx}+Bu_{xy}+Cu_{yy}=F(x,y,u,u_x,u_y) \tag{6-57}$$

其中 $u=u(x,\ y)$，$u_{xx}=\dfrac{\partial^2 u}{\partial x^2}$，$u_{xy}=\dfrac{\partial^2 u}{\partial x\partial y}$，$u_{yy}=\dfrac{\partial^2 u}{\partial y^2}$，$u_x=\dfrac{\partial u}{\partial x}$，$u_y=\dfrac{\partial u}{\partial y}$。根据二阶导数项系数 A，B 和 C 的取值，方程（6-57）可分为 3 类，由以下判别式加以判断：

$$D=B^2-4AC \tag{6-58}$$

（1）若 $D<0$，则方程为椭圆型。典型的椭圆型方程如拉普拉斯方程（二维空间上的稳态方程）

$$\frac{\partial^2 T}{\partial x^2}+\frac{\partial^2 T}{\partial y^2}=0 \quad (\text{其中 } A=1,B=0,C=1\Rightarrow D=-4) \tag{6-59}$$

（2）若 $D=0$，则方程为抛物型。典型的抛物型方程如热传导方程（一维空间上与时间相关的方程）

$$k^2\frac{\partial^2 T}{\partial x^2}=\frac{\partial T}{\partial t} \quad (\text{其中 } A=k^2,B=0,C=0\Rightarrow D=0) \tag{6-60}$$

（3）若 $D>0$，则方程为双曲型。典型的双曲型方程如波动方程（一维空间上与时间相关的方程）

$$c^2\frac{\partial^2 y}{\partial x^2}-\frac{\partial^2 y}{\partial t^2}=0 \quad (\text{其中 } A=c^2,B=0,C=-1\Rightarrow D=4c^2) \tag{6-61}$$

需要特别指出的是：方程的导数项系数 $A(x,\ y)$，$B(x,\ y)$ 和 $C(x,\ y)$ 均为自变量的函数，其取值依赖于 x 和 y，那么同一个方程随其变化可以属于不同类型的偏微分方程，这取决于方程在定义域中的位置。

对于不同类型的偏微分方程，解的性质不同，求解方法也有差异。为简单起见，当前仅讨论只属于某一类偏微分方程的问题，对于随定义域不同属于不同类型的方程，按其所属定义域分片求解即可。

求解偏微分方程的数值方法包括有限差分法、有限元法、有限体积法、边界元法、谱方法等。本书主要以有限差分法为例，针对 3 种典型偏微分方程介绍相关基本方法和基本概念。

6.2.1　椭圆型方程

【引例 6-5：受热平板上的温度分布】 图 6-14 所示的受热矩形平板，平板的边界保持着不同的温度，热量从高温部分向低温部分流动，由边界条件确立了导致热量从热边界向冷边界流动的势能，经过足够长的时间，该平板的温度分布达到稳态。

该问题可用以下的椭圆型偏微分方程描述：

$$\frac{\partial^2 T}{\partial x^2}+\frac{\partial^2 T}{\partial y^2}=0 \tag{6-62}$$

此即拉普拉斯方程。若存在热源，方程可以表示为

$$\frac{\partial^2 T}{\partial x^2}+\frac{\partial^2 T}{\partial y^2}=f(x,y) \tag{6-63}$$

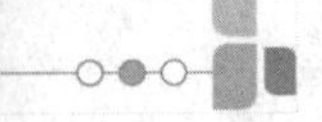

也被称为泊松方程，其中$f(x, y)$为热源函数。

对于式（6-62）所示的拉普拉斯方程，常用差分法进行数值求解，求解过程如下。

第1步：将平板视为由离散点组成的网格（见图6-14），在每一个点处用有限差分来近似代替偏导数

$$\begin{cases}\dfrac{\partial^2 T}{\partial x^2}=\dfrac{T_{i+1,j}-2T_{i,j}+T_{i-1,j}}{(\Delta x)^2}\\[2ex]\dfrac{\partial^2 T}{\partial y^2}=\dfrac{T_{i,j+1}-2T_{i,j}+T_{i,j-1}}{(\Delta y)^2}\end{cases}\tag{6-64}$$

两式所对应的误差分为$O[(\Delta x)^2]$和$O[(\Delta y)^2]$，也即网格尺寸越小，误差越小。

第2步：将式（6-64）代入拉普拉斯方程（6-62），可得

$$\frac{T_{i+1,j}-2T_{i,j}+T_{i-1,j}}{(\Delta x)^2}+\frac{T_{i,j+1}-2T_{i,j}+T_{i,j-1}}{(\Delta y)^2}=0\tag{6-65}$$

对于等间距正方形网格，有$\Delta x=\Delta y$，则方程（6-65）化为

$$T_{i+1,j}+T_{i-1,j}-4T_{i,j}+T_{i,j+1}+T_{i,j-1}=0\tag{6-66}$$

关系式（6-66）对于平板上的所有内点都成立，称为拉普拉斯差分方程。

第3步：考虑最简单的边界条件，也即固定边界处的温度值，称为“狄利克雷边界条件”。举例说明如下：假设某受热平板的狄利克雷边界条件如图6-15所示。

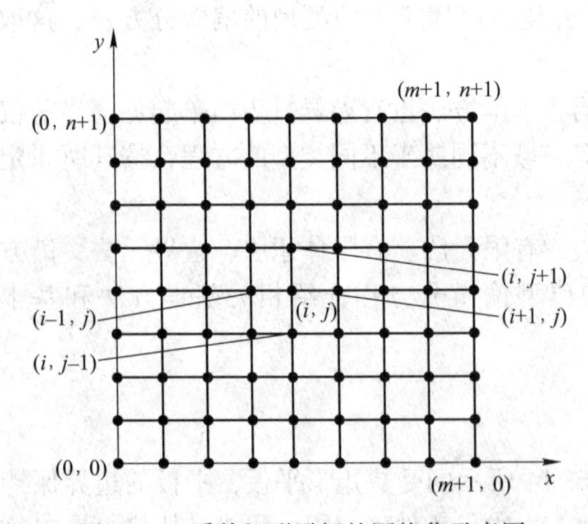

图6-14　受热矩形平板的网格化示意图

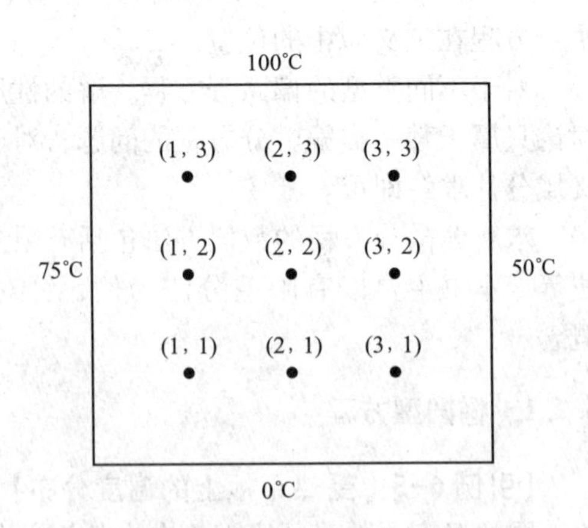

图6-15　狄利克雷边界条件示意图

取$\Delta x=\Delta y$，则根据式（6-66）可知点（1，1）处的平衡关系式为

$$T_{21}+T_{01}-4T_{11}+T_{12}+T_{10}=0\tag{6-67}$$

将$T_{01}=75$，$T_{10}=0$代入式（6-67），可将式（6-67）表示为

$$4T_{11}-T_{12}-T_{21}=75\tag{6-68}$$

类似地，写出其他内点的平衡关系式，得到下面的联立方程组，其中含有9个未知数和9个方程，求解即可得到各点的温度分布。

$$\begin{bmatrix} 4 & -1 & 0 & -1 & 0 & 0 & 0 & 0 & 0 \\ -1 & 4 & -1 & 0 & -1 & 0 & 0 & 0 & 0 \\ 0 & -1 & 4 & 0 & 0 & -1 & 0 & 0 & 0 \\ -1 & 0 & 0 & 4 & -1 & 0 & -1 & 0 & 0 \\ 0 & -1 & 0 & -1 & 4 & -1 & 0 & -1 & 0 \\ 0 & 0 & -1 & 0 & -1 & 4 & 0 & 0 & -1 \\ 0 & 0 & 0 & -1 & 0 & 0 & 4 & -1 & 0 \\ 0 & 0 & 0 & 0 & -1 & 0 & -1 & 4 & -1 \\ 0 & 0 & 0 & 0 & 0 & -1 & 0 & -1 & 4 \end{bmatrix} \begin{bmatrix} T_{11} \\ T_{21} \\ T_{31} \\ T_{12} \\ T_{22} \\ T_{32} \\ T_{13} \\ T_{23} \\ T_{33} \end{bmatrix} = \begin{bmatrix} 75 \\ 0 \\ 50 \\ 75 \\ 0 \\ 50 \\ 175 \\ 100 \\ 150 \end{bmatrix} \tag{6-69}$$

显然，利用上述数值方法求解拉普拉斯方程时，所涉及的方程组规模通常都会比式（6-69）大很多，若网格尺寸为 10×10，就会得到 100 个方程构成的线性代数方程组，可以参考 5. 1. 2 节关于线性代数方程组的求解方法，最常用的是 Gauss-Seidel 数值迭代法，将其应用于偏微分方程即为李布曼方法（Liebmann’s method）。

在李布曼方法中，将式（6-66）表示为

$$T_{i,j}=\frac{T_{i+1,j}+T_{i-1,j}+T_{i,j+1}+T_{i,j-1}}{4} \tag{6-70}$$

然后，按照 $j=1$ 到 n 和 $i=1$ 到 m 的顺序进行迭代求解，由于式（6-66）对角占优，所以该过程最终会收敛到一个稳态解。有时，为加快收敛速度，采取在每次迭代之后应用以下公式对迭代点进行修正，即

$$T_{i,j}^{\text{new}}=\lambda T_{i,j}^{\text{new}}+(1-\lambda)T_{i,j}^{\text{old}} \tag{6-71}$$

其中 $T_{i,j}^{\text{new}}$ 和 $T_{i,j}^{\text{old}}$ 分别为 $T_{i,j}$ 在当前迭代和前一次迭代中的值，λ 为加权因子（$1\leqslant\lambda\leqslant2$）。迭代过程反复进行，直到定义域内所有点的误差满足给定的迭代终止条件，即

$$|(\varepsilon_{\text{a}})_{i,j}|=\left|\frac{T_{i,j}^{\text{new}}-T_{i,j}^{\text{old}}}{T_{i,j}^{\text{new}}}\right|\times100\%<\varepsilon_{\text{s}} \tag{6-72}$$

显然上述方法能够有效地应用于规则边界下无热源问题的求解，下面讨论另外两个问题。

（1）存在热源形式的泊松方程。

对于式（6-63）所示的泊松方程，可以将每点处的热源值加以考虑，得到差分近似表达式为

$$\frac{T_{i+1,j}-2T_{i,j}+T_{i-1,j}}{(\Delta x)^2}+\frac{T_{i,j+1}-2T_{i,j}+T_{i,j-1}}{(\Delta y)^2}=f(x_i,y_j) \tag{6-73}$$

（2）不规则的边界条件。

对于图 6-16 所示的不规则边界，可将关系式（6-65）修正以下的加权形式进行求解：

$$\frac{2}{(\Delta x)^2}\left[\frac{T_{i-1,j}-T_{i,j}}{\alpha_1(\alpha_1+\alpha_2)}+\frac{T_{i+1,j}-T_{i,j}}{\alpha_2(\alpha_1+\alpha_2)}\right]+\frac{2}{(\Delta y)^2}\left[\frac{T_{i,j-1}-T_{i,j}}{\beta_1(\beta_1+\beta_2)}+\frac{T_{i,j+1}-T_{i,j}}{\beta_2(\beta_1+\beta_2)}\right]=0 \tag{6-74}$$

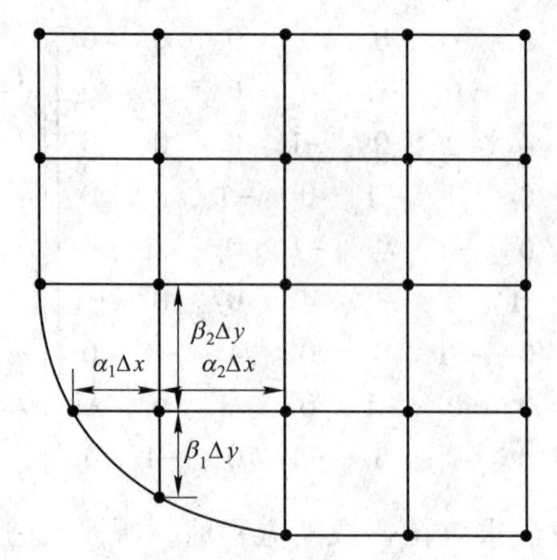

图 6-16　不规则的狄利克雷边界条件示意图

【讨论】

对于矩形平板和简单边界条件的情况，上述方法简单直接，但是在实际的工程问题中，问题常常要复杂很多，如矩形平板由不同的材料组成、非狄利克雷边界条件或混合边界条件、边界不规则等问题，因此椭圆型偏微分方程的通用求解软件是比较复杂的。第一种方法是网格细化，将离边界最近的节点假设为边界点，则分析中不用考虑式（6-74）的加权参数，虽然引入了误差，但网格如果足够精细，由此引起的偏差可以忽略，但随着联立方程个数的增加，计算负载和成本也会相应增加，因此需要综合权衡选取合适的网格尺寸；另外一种方法则是与有限差分法完全不同的方法，即有限元法。

6.2.2　抛物型方程

【引例 6-6：一维细杆的热传导问题】　图 6-17 所示的细长绝热杆，不仅考虑稳态情形下杆上各点的温度分布，还要考虑单位时间周期 Δt 内微分体积单元内存储的总热量，根据热量守恒可得热平衡关系：输入量减去输出量等于存储量。

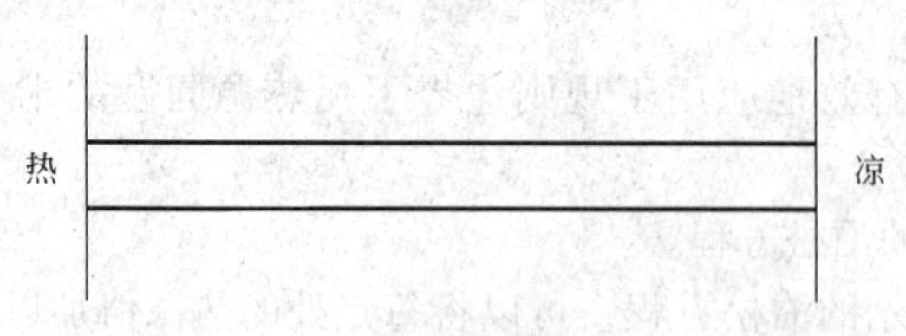

图 6-17　一维细杆的热传导示意图

该问题可用以下的抛物型偏微分方程描述为

$$k\frac{\partial^2 T}{\partial x^2}=\frac{\partial T}{\partial t} \tag{6-75}$$

此即一维热传导方程。

和椭圆型偏微分方程一样，抛物型方程可采用有限差分法代替偏导数的方法求解，但是与椭圆型偏微分方程不同的是，必须同时考虑时间域和空间域两方面的变化，随时间变化的属性给方程的求解带来许多新的问题，尤其是稳定性问题。这里主要介绍两种基本解法：显式法和隐式法。

1. 显式法

求解热传导方程，不仅需要逼近空间的二阶导数，还需要逼近时间的一阶导数，前者的逼近方式与拉普拉斯方程相同，使用中心有限差分，只是将下标的二维空间点改为一维空间点，用上标表示时间点，即

$$\frac{\partial^2 T}{\partial x^2}=\frac{T_{i+1}^{\tau}-2T_i^{\tau}+T_{i-1}^{\tau}}{(\Delta x)^2} \tag{6-76}$$

用前向有限差分逼近时间导数，即

$$\frac{\partial T}{\partial t}=\frac{T_i^{\tau+1}-T_i^{\tau}}{\Delta t} \tag{6-77}$$

将式（6-76）和式（6-77）代入代求方程（6-75），得

$$k\frac{T_{i+1}^{\tau}-2T_i^{\tau}+T_{i-1}^{\tau}}{(\Delta x)^2}=\frac{T_i^{\tau+1}-T_i^{\tau}}{\Delta t} \tag{6-78}$$

求解可得

$$T_i^{\tau+1}=T_i^{\tau}+\frac{k\cdot\Delta t}{(\Delta x)^2}(T_{i+1}^{\tau}-2T_i^{\tau}+T_{i-1}^{\tau}) \tag{6-79}$$

在杆的每一个内点处，构造上述方程。这是一个显式格式，可以根据该点及其相邻结点的当前数据计算下一时刻的函数值，这实际上是等价于用 Euler 方法求解常微分方程组。若知道初始时刻的温度分布函数，利用式（6-79）即可计算下一时刻的分布。

【讨论：收敛性与稳定性】

- 收敛性：当 Δt 和 Δx 趋向于 0 时，有限差分法的解趋向于方程的真解。
- 稳定性：在计算过程中，任何一步所产生的误差不是被放大，而是被逐步缩小。

数学家 Carnahan 证明：显式法收敛和稳定条件是 $\lambda=\frac{k\cdot\Delta t}{(\Delta x)^2}\leqslant\frac{1}{2}$，也即要求时间步长满足

$$\Delta t\leqslant\frac{1}{2}\frac{(\Delta x)^2}{k} \tag{6-80}$$

此外，当 $\lambda\leqslant 1/2$ 时所得结果的误差可能并不增大，而是振荡的；取 $\lambda\leqslant 1/4$ 时可保证不振荡；当 $\lambda=1/6$ 时截断误差最小。可见，通过缩小时间步长可以保证显式法的收敛与稳定，但是也给显式法提出了严格的限制。

举例说明如下：假如将空间步长 Δx 减半，以提高对空间二阶导数的逼近精度，那么时间步长必须变为原来的四分之一才能保证格式的收敛性和稳定性，从而执行同样计算所需的时间步数变为原来的 4 倍，而且由于 Δx 的减半使总的计算结点数增加了一倍，每一时间步中所需计算的结点变为原来的两倍。因此，对于一维热传导问题，Δx 减半导致计算量变为原来的 8 倍，计算负载增大。下面介绍一些不受这种严格限制的方法。

2. 隐式法

在隐式法中，空间导数是用下一时间层 $\tau+1$ 上的数据逼近，也即将式（6-76）改写为

$$\frac{\partial^2 T}{\partial x^2}=\frac{T_{i+1}^{\tau+1}-2T_i^{\tau+1}+T_{i-1}^{\tau+1}}{(\Delta x)^2} \tag{6-81}$$

将时间差分式（6-77）和改写后的空间差分式（6-81）代入抛物偏微分方程（6-75），得

$$k\frac{T_{i+1}^{\tau+1}-2T_i^{\tau+1}+T_{i-1}^{\tau+1}}{(\Delta x)^2}=\frac{T_i^{\tau+1}-T_i^{\tau}}{\Delta t} \tag{6-82}$$

整理，可得

$$-\lambda T_{i-1}^{\tau+1}+(1+2\lambda)T_i^{\tau+1}-\lambda T_{i+1}^{\tau+1}=T_i^{\tau} \tag{6-83}$$

其中 $\lambda=\frac{k\cdot\Delta t}{(\Delta x)^2}$。除第一个和最后一个内点外，方程式（6-83）适用所有的内点，将第一个和最后一个内点处的方程进行修改以反映边界条件。

若给定细杆端点处的温度，则左端点$(i=0)$处的边界条件为

$$T_0^{\tau+1}=f_0(t^{\tau+1}) \tag{6-84}$$

其中$f_0(t^{\tau+1})$为描述边界（左端点）温度随时间变化的函数，将其代入式（6-83），得到第一个内点$(i=1)$处的差分方程为

$$(1+2\lambda)T_1^{\tau+1}-\lambda T_2^{\tau+1}=T_1^{\tau}+\lambda f_0(t^{\tau+1}) \tag{6-85}$$

同理，在最后一个内点（$i=m$）处的差分方程可以写为

$$-\lambda T_{m-1}^{\tau+1}+(1+2\lambda)T_m^{\tau+1}=T_m^{\tau}+\lambda f_{m+1}(t^{\tau+1}) \tag{6-86}$$

其中$f_{m+1}(t^{\tau+1})$为描述右端点边界温度随时间变化的函数。

对所有内点，联立方程（6-85）、（6-86）和（6-83），即可得到含有 m 个未知数的 m 个线性代数方程，求解该三对角型线性方程组即可得到相应时间层一维杆上各点的值。

【讨论】 需要注意的是，尽管该隐式法能够满足收敛性和稳定性要求，但考虑到其时间差分仅具有一阶精度，时间步长仍不能取得过大。因此对于大多数时变问题，该方法的效率不会比显式法提高太多，该方法的优势主要体现在于确定时间层上对稳态问题的求解。

此外，热传导方程也可以推广到高于一维空间。在二维空间和三维空间下，方程形式分别为

$$k\left(\frac{\partial^2 T}{\partial x^2}+\frac{\partial^2 T}{\partial y^2}\right)=\frac{\partial T}{\partial t} \tag{6-87}$$

$$k\left(\frac{\partial^2 T}{\partial x^2}+\frac{\partial^2 T}{\partial y^2}+\frac{\partial^2 T}{\partial z^2}\right)=\frac{\partial T}{\partial t} \tag{6-88}$$

该方程可用作描述受热物体的温度分布随时间变化的数学模型，相应地将空间域的二阶差分格式和时间域的一阶差分格式代入方程，将其转化为线性代数方程组进行联立求解。

6.2.3 双曲型方程

双曲型偏微分方程主要用于描述振动、波动现象与相应的运动过程，可用来描述弦的微小横向振动的弦振动方程是最早得到系统研究的一个偏微分方程。

【引例 6-7：弦的振动问题】 一根两端固定，用张力 T_0拉紧的弦（见图 6-18），弦的线密度为 ρ，请分析弦的横向振动。

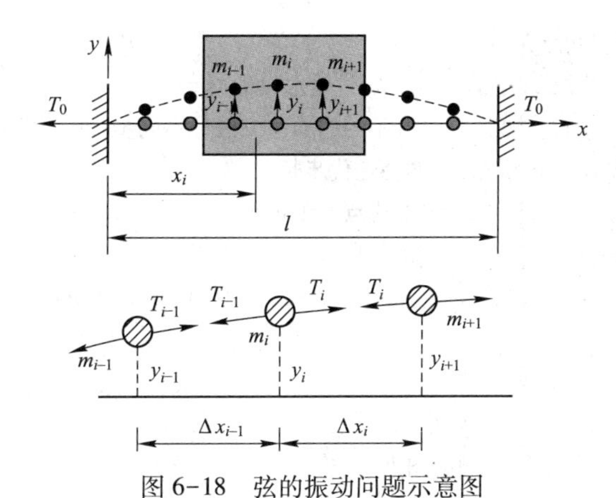

图 6-18　弦的振动问题示意图

该问题可用以下双曲型偏微分方程描述：

$$c^2 \frac{\partial^2 y}{\partial x^2} - \frac{\partial^2 y}{\partial t^2} = 0 \tag{6-89}$$

此即波动方程，$c=\sqrt{T_0/\rho}$ 为波沿弦长度方向传播的速度，可用分离变量法求解如下。

首先，根据弦的横向振动特点将振动位移分解为

$$y(x,\ t) = Y(x)\ T(t) \tag{6-90}$$

其中：$Y(x)$ 表示弦的振型，仅为空间变量 x 的函数；$T(t)$ 表示弦的振动规律，仅为时间变量 t 的函数。

然后，将式（6-90）代入偏微分方程（6-89），可得

$$c^2 T(t) \frac{\mathrm{d}^2 Y(x)}{\mathrm{d}x^2} = Y(x) \frac{\mathrm{d}^2 T(t)}{\mathrm{d}t^2} \tag{6-91}$$

将空间变量和时间变量进行分离，式（6-91）可改写为

$$\frac{c^2}{Y(x)} \frac{\mathrm{d}^2 Y(x)}{\mathrm{d}x^2} = \frac{1}{T(t)} \frac{\mathrm{d}^2 T(t)}{\mathrm{d}t^2} \tag{6-92}$$

上述方程两边分别依赖于变量 x 和 t，令式（6-92）两边都等于$-p^2$，即得

$$\frac{\mathrm{d}^2 T}{\mathrm{d}t^2} + p^2 T = 0 \tag{6-93}$$

$$\frac{\mathrm{d}^2 Y}{\mathrm{d}x^2} + \frac{p^2}{c^2} Y = 0 \tag{6-94}$$

最后，该双曲型偏微分方程求解问题转化为求解两个二阶常微分方程的形式，利用常微分方程的求解方法即可求得。

6.3　微分方程数值求解的 MATLAB 程序实现

【M6-1】步长的影响（算例 6-1）。

```
>> clear % 清除变量区的历史数据
```

```
>> y(1,1)=1; % 设置初始条件
>> StepSize=[0.5,0.25,0.1,0.01];% 设置迭代步长
>> Colours=['g','m','b','k'];% 设置不同的颜色以区分不同步长的计算结果
>> for j=1:length(StepSize)% 循环迭代步长
>>     x=0:StepSize(j):4;% 设置迭代点 x 的取值
>>     for i=1:length(x)-1 % 开始迭代
>>         y(1,i+1)=y(1,i)+(-2* x(i)^3+12* x(i)^2-20* x(i)+8.5)* StepSize(j); % 
迭代结构
>>     end
>>     plot(x,y,Colours(j))% 绘制结果
>>     hold on % 将结果继续绘制前图上
>> end
>> % 绘制精确解
>> xn=[0 0.5 1.0 1.5 2.0 2.5 3.0 3.5 4.0];
>> yn=[1 3.21875 3.0 2.21875 2 2.71875 4 4.71875 3];
>> plot(xn,yn,'ro')
```

【M6-2】Euler 公式求解蝴蝶效应（算例 6-6）。

```
>> % 通过 Euler 公式求 lorenz 系统的时间序列
>> clear;% 清除已有变量
>> T=30;% 模拟时间段
>> x=0.506;y=1.3;z=1.6;% 第一组初始条件
>> dt=0.005;% 步长
>> N1=T/dt;% 第一次模拟步数
>> a=10;c=28;b=8/3;% 系统参数设置
>> x_p=0.506127;y_p=1.3;z_p=1.6;% 第二组初始条件
>> dt_p=0.005;% 步长
>> x1(1)=x;y1(1)=y;z1(1)=z;% 存储第一组初始条件
>> x2(1)=x_p;y2(1)=y_p;z2(1)=z_p;% 存储第二组初始条件
>> N2=T/dt_p;% 第二次模拟步数
>> t=0:dt:T;% 第一组时间向量
>> tp=0:dt_p:T;% 第二组时间向量
>> % 模拟 lorenz 系统的时间序列
>> for i=1:N1
>>     % 对第一组初值条件进行模拟
>>     t(i+1)=i* dt;
>>     x1(i+1)=x1(i)-a* (x1(i)-y1(i))* dt;
>>     y1(i+1)=y1(i)+(c* x1(i)-y1(i)-x1(i)* z1(i))* dt;
>>     z1(i+1)=z1(i)+(x1(i)* y1(i)-b* z1(i))* dt;
>>     % 对第二组初值条件进行模拟
>>     tp(i+1)=i* dt_p;
>>     x2(i+1)=x2(i)-a* (x2(i)-y2(i))* dt_p;
```

```
>>       y2(i+1)=y2(i)+(c* x2(i)-y2(i)-x2(i)* z2(i))* dt_p;
>>       z2(i+1)=z2(i)+(x2(i)* y2(i)-b* z2(i))* dt_p;
>> end
>> % 对两组模拟结果进行绘图比较
>> figure
>> plot(t,x1,'r-',tp,x2,'b-')
>> % 绘制 lorenz 相图
>> figure
>> % 将一个图分为 2 行 2 列的 4 个子图
>> subplot(2,2,1)
>> plot(x1,y1,'r-')
>> hold on
>> plot(x2,y2,'b-')
>> axis square
>> subplot(2,2,2)
>> plot(x1,z1,'g-')
>> axis square
>> subplot(2,2,3)
>> plot(y1,z1,'k-')
>> axis square
>> subplot(2,2,4)
>> plot3(x1,y1,z1,'m-')
```

【M6-3】应用 ode45 求解一阶微分方程组（算例 6-7）。

```
>> % 应用 ode45 求解一阶微分方程组
>> [t,y]=ode45(@ odefun_ex,[0,1000],[10;10]);
>> % 模拟结果后处理,绘图
>> figure;
>> subplot(2,1,1);
>> % 绘制时间序列,取模拟数据的后 50% 进行展示,以消除干扰数据
>> plot(t(round(end* 0.5):end),y(round(end* 0.5):end,1),'r-',t(round(end* 0.5):
end),y(round(end* 0.5):end,2),'b--');
>> title('常微分方程的解');
>> xlabel('t');
>> ylabel('y');
>> legend('y1','y2')
>> subplot(2,1,2);
>> % 绘制相图
>> plot(y(round(end* 0.5):end,1),y(round(end* 0.5):end,2));
>> title('相图');
>> xlabel('y1');
>> ylabel('y2');
```

```
>> % differential equations
>> function dydt=odefun_ex(t,y)
>> u=1;
>> dydt=[y(2);
>>       u* (1-y(1)^2)* y(2)-y(1)];
>> end
```

【M6-4】两自由度系统振动微分方程的求解（算例 6-8）。

```
>> clear;% 清除已有变量
>> global k m c omega F1 % 设置全局变量,子函数不传参直接调用主函数 global 变量
>> k=1;% 刚度
>> m=1;% 质量
>> c=0.01;% 阻尼
>> omega=sqrt(2* k/m);% 外激励的角速度
>> % omega=sqrt(3* k/(2* m));
>> F1=1;% % 外激励的力的幅值
>> % 第一组初始条件
>> y1_0=0;y2_0=0;y3_0=0;y4_0=0;
>> % 第二组初始条件
>> % y1_0=1;y2_0=0;y3_0=1;y4_0=0;
>> % 第三组初始条件
>> % y1_0=1;y2_0=0;y3_0=-1;y4_0=0;
>> % 模拟时间
T=1000* pi;
>> % 设置相对误差
>> opt=odeset('RelTol',1e-10);
>> % 调用 ode45
>> [t,y]=ode45(@ eg3,[0,T],[y1_0,y2_0,y3_0,y4_0],opt);
>> % 绘图
>> figure;
>> subplot(4,1,1);
>> plot(t,y(:,1),'r-');
>> subplot(4,1,2);
>> plot(t,y(:,2),'m-');
>> subplot(4,1,3);
>> plot(t,y(:,3),'b-');
>> subplot(4,1,4);
>> plot(t,y(:,4),'k-');
>> figure
>> subplot(2,2,1);
>> plot(y(:,1),y(:,2),'r-');
>> axis square
```

```
>> subplot(2,2,2);
>> plot(y(:,3),y(:,4),'b-');
>> axis square
>> subplot(2,2,3);
>> plot(y(end-1000:end,1),y(end-1000:end,2),'r-');
>> axis square
>> subplot(2,2,4);
>> plot(y(end-1000:end,3),y(end-1000:end,4),'b-');
>> axis square

>> function out1=eg3(t,y)
>> % 参数设置
>> global k m c omega F1
>> k1=k;k2=k;k3=2* k;m1=m;m2=2* m;
>> % k1=k;k2=4* k;k3=k;m1=m;m2=m;
>> k11=k1+k2;k12=-k2;k21=-k2;k22=k2+k3;
>> % 4 个一阶微分方程构成的方程组
>> out1=[y(2);
>>      -k11/m1* y(1)-k12/m1* y(3)-c/m1* y(2)+F1/m1* sin(omega* t);
>>      y(4);
>>      -k21/m2* y(1)-k22/m2* y(3)];
```

习题

1. 采用显式 Euler 公式求解下述常微分方程初值问题，取步长 $h=0.2$。

(1) $\begin{cases} y'=-y+t+1 \ (0\leqslant t\leqslant 1) \\ y_0=1 \end{cases}$

(2) $\begin{cases} y'=e^t+y \ (0\leqslant t\leqslant 1) \\ y_0=1 \end{cases}$

2. 采用四阶 Runger-Kutta 公式求解下述常微分方程初值问题，取步长 $h=0.5$。

$$\begin{cases} y'=\dfrac{1}{t}(y^2+y) \quad (1\leqslant t\leqslant 3) \\ y_0=-2 \end{cases}$$

3. 采用四阶 Runger-Kutta 公式求解下述常微分方程初值问题，取步长 $h=0.5$。

$$\begin{cases} y'=yt^3-1.5y \quad (0\leqslant t\leqslant 2) \\ y_0=1 \end{cases}$$

4. 从一垂直的圆柱形箱排水，若打开底部的阀门，则水会从箱中排出。当水箱是满的时候，水流得很快，随着箱内蓄水的减少，水流越来越慢。排水过程箱内水位线下降的速

率为

$$\frac{dy}{dt}=-k\sqrt{y}$$

其中 k 是与排水孔的形状及箱和排水孔的横截面积有关的常数，y(m)表示水深，t(min)表示时间。若 $k=0.06$，初始时刻水位为 3 m，试确定需经过多长时间才能将箱中的水排干。取时间步长为 0.5 min，应用 Euler 方法求解，并编写计算机程序。

5. 假设空气阻力与速度的平方成正比，则下落物体如跳伞者的速度模型可通过下面的微分方程表示：

$$\frac{dv}{dt}=g-\frac{c_d}{m}v^2$$

其中 v(m/s)是速度，t(s)为时间，g(m/s^2)为地球表面的重力加速度（取 9.81），c_d(kg/m)为阻力系数，m(kg)为质量。若阻力系数为 0.225 kg/m，试求出质量为 90 kg 的物体的下落速度和距离。假设初始高度为 1 km，试分别利用 Euler 法和四阶 Runge-Kutta 法计算确定物体经过多长时间落地。

6. 假设从地球表面向上抛出一个物体，并且物体仅受到向下的重力作用。在这些条件下，根据受力平衡可推出

$$\frac{dv}{dt}=-g\frac{R^2}{(R+x)^2}$$

其中 v(m/s) 为向上的速度，t(s) 为时间，x(m) 为由地球表面上测得的高度，g(m/s^2)为地球表面的重力加速度（取值为 9.81），R (m) 为地球的半径（取值为 6.37×10^6）。已知 $v=dx/dt$，$v_0=1\,400$ m/s，试用 Euler 方法确定物体能达到的最大高度。

7. 求解下列二阶常微分方程初值问题，取 $h=0.1$。

$$\begin{cases}\dfrac{d^2y}{dt^2}-t+y=0 \quad (0\leqslant t\leqslant 4)\\ y_0'=0;\ y_0=2\end{cases}$$

8. 下列二阶常微分方程的初值问题

$$\begin{cases}\dfrac{d^2x}{dt^2}+5x\dfrac{dx}{dt}+(x+7)\sin(\omega t)=0\\ \dfrac{dx}{dt}(t=0)=1.5;\ x(t=0)=6\end{cases}$$

(1) 将方程分解为两个一阶常微分方程。

(2) 设 $\omega=1$，在 $t=0$ 到 15 的区间内求解所得的一阶常微分方程组，并绘制结果图。

9. 弹簧-质量-阻尼系统的运动用下述常微分方程描述

$$m\frac{d^2x}{dt^2}+c\frac{dx}{dt}+kx=0$$

其中 x(m)为质量块的位移，t(s)为时间，m(kg)为质量，c(N · s/m)为阻尼系数。

取 $m=20$ kg，$k=20$ N/m，c 取 3 个不同的值：5，40 和 200。初始速度为 0，初始位移为 1，在时间区间 $0\leqslant t\leqslant 15$ s，利用数值方法求解上述方程，并将 3 个阻尼系数下的位移-时

间关系绘制在一起进行比较。

10. 参见图 6-14，正方形平板受热，试采用李布曼方法求下述两种不同的边界条件下平板的温度分布，在求解过程中，取加权因子为 1.2，迭代的终止条件为 $\varepsilon_s = 1\%$。

（1）板的上边界温度增大到 150 ℃，左边界绝热。

（2）板的上边界温度增大到 150 ℃，左边界温度降低到 60 ℃。

11. 泊松方程的三维形式可表示为

$$\frac{\partial^2 T}{\partial x^2}+\frac{\partial^2 T}{\partial y^2}+\frac{\partial^2 T}{\partial z^2}=f(x,y,z)$$

求解单位立方体上的温度分布，已知边界条件为 0，$\Delta x=\Delta y=\Delta z=1/6$，$f=-10$。

第 7 章　数值计算在工程问题中的典型应用

7.1　管道流量的回归计算

【问题描述】　通过管道的液体流量与管道的直径和斜率有关，可用以下的公式表示

$$Q=a_0D^{a_1}S^{a_2} \tag{7-1}$$

由正交实验测得数据见表 7-1，对直径为 2.5，斜率为 0.025 的管道流量进行预测。

表 7-1　管道流量问题实验数据

实验	直径(D)	斜率(S)	流量(Q)
1	1	0.001	1.4
2	2	0.001	8.3
3	3	0.001	24.2
4	1	0.01	4.7
5	2	0.01	28.9
6	3	0.01	84.0
7	1	0.05	11.1
8	2	0.05	69.0
9	3	0.05	200.0

【问题分析】　这是一个已知数据结构且可以转化为线性回归形式的二维非线性回归问题。首先，需要通过回归计算进行参数辨识，得到 3 个待定系数 a_0，a_1，a_2 的值；然后，代入给定的工况条件（管道直径和斜率），计算即可得到相应的流量预测值。

【问题求解】　利用 3.2.4 节所学“非线性回归”相关知识，求解过程如下。

第 1 步：对经验公式（7-1）两边取以 10 为底的对数，可得

$$\lg Q=\lg a_0+a_1\lg D+a_2\lg S \tag{7-2}$$

第 2 步：令自变量 $x=\lg D$ 和 $y=\lg S$，因变量 $z=\lg Q$，则上式转换为

$$z=A_0+a_1x+a_2y \tag{7-3}$$

其中 $A_0=\lg a_0$，变换后的实验数据点见表 7-2。

表 7-2　管道流量问题实验数据的变换

实验	x	y	z
1	0	−3	0. 146 1
2	0. 301 0	−3	0. 919 1
3	0. 477 1	−3	1. 383 8
4	0	−2	0. 672 1
5	0. 301 0	−2	1. 460 9
6	0. 477 1	−2	1. 924 3
7	0	−1. 301 0	1. 045 3
8	0. 301 0	−1. 301 0	1. 838 8
9	0. 477 1	−1. 301 0	2. 301 0

第 3 步：选取二维线性回归函数

$$w(x,y,A_0,a_1,a_2)=a_1x+a_2y+A_0 \tag{7-4}$$

第 4 步：计算数据点的误差并求取误差平方和

$$J=\sum_{i=1}^{9}\varepsilon_i^2=\sum_{i=1}^{9}(a_1x_i+a_2y_i+A_0-z_i)^2 \tag{7-5}$$

第 5 步：将表 7-2 中数据代入式（7-5），并使用极值求误差最小

$$\begin{cases}\dfrac{\partial J}{\partial A_0}=9A_0+2.334a_1-18.903a_2-11.691=0\\ \dfrac{\partial J}{\partial a_1}=2.334A_0+0.954a_1-4.903a_2-3.945=0\\ \dfrac{\partial J}{\partial a_2}=-18.903A_0-4.903a_1+44.079a_2+22.207=0\end{cases} \tag{7-6}$$

第 6 步：运用 Gauss 消元法求解三元一次方程组（7-6），得到待定系数值

$$A_0=1.7480;\ a_1=2.6158;\ a_2=0.5368 \tag{7-7}$$

相应地可得 $a_0=10^{A_0}=55.97$，数学模型（7-1）即为

$$Q=55.97D^{2.6158}S^{0.5368} \tag{7-8}$$

第 7 步：根据式（7-8）对直径 D 为 2.5，斜度 S 为 0.025 的管道流量进行预测，可得

$$Q=55.97\times2.5^{2.6158}\times0.025^{0.5368}=84.91$$

此外，所得模型（7-8）还可以用于其他物理量的计算。例如，斜率 S 是热耗 h_L 和管道长度 L 的函数，即

$$S=\frac{h_L}{L} \tag{7-9}$$

将式（7-9）代入式（7-8），可以得到求解热耗 h_L 的关系式（Hazen-Williams 方程）

$$h_L=\frac{L}{1805}Q^{1.86}D^{4.87} \tag{7-10}$$

【程序代码】

```
>> clear;
```

```
>> D=[1,2,3,1,2,3,1,2,3];
>> S=[0.001,0.001,0.001,0.01,0.01,0.01,0.05,0.05,0.05];
>> Q=[1.4,8.3,24.2,4.7,28.9,84,11.1,69,200];
>> n=length(D);
>> for i=1:n
>>     X(i)=log10(D(i));
>>     Y(i)=log10(S(i));
>>     Z(i)=log10(Q(i));
>> end
>> syms A0 a1 a2
>> for i=1:n
>>     eb(i)=a1* X(i)+a2* Y(i)+A0-Z(i);
>> end
>> J=0;
>> for i=1:n
J=J+eb(i)^2;
>> end
>> dJ1=diff(J,A0);
>> dJ2=diff(J,a1);
>> dJ3=diff(J,a2);
>> C1=vpa(coeffs(dJ1),6);
>> C2=vpa(coeffs(dJ2),6);
>> C3=vpa(coeffs(dJ3),6);
>> b=[-C1(1);-C2(1);-C3(1)];
>> A=[C1(4),C1(3),C1(2);C2(4),C2(3),C2(2);C3(4),C3(3),C3(2)];
>> Ans=inv(A)* b;
>> D_s=2.5;
>> S_s=0.025;
>> Q_s=10^Ans(1)* D_s^Ans(2)* S_s^Ans(3)
```

7.2 加工硬化过程变形抗力的回归计算

【问题描述】 在图 7-1 所示的金属板带冷连轧过程中，随着冷变形程度的累积增加，被轧材料的强度和硬度指标都显著提高，但塑性和韧性有所下降，这种现象称为“加工硬化”现象。

为了能够准确计算和预测连轧过程各机架的负荷分配与工艺参数，需要得到不同轧材在加工过程中变形抗力 σ(MPa)随厚度 h(mm)的变化规律，如经验公式

$$\sigma=\sigma_0\left(1+\frac{2}{\sqrt{3}}B\ln\frac{H}{h}\right)^n \tag{7-11}$$

图 7-1　金属冷连轧过程示意图

其中 σ_0 表示板坯的初始变形抗力，H 表示板坯来料厚度。B 和 n 为待定的参数。

现场试验的产品规格参数：$\sigma_0=431.31$ MPa，$H=2.010$ mm，试验过程数据如图 7-2 和表 7-3 所示。

```
0 6115154100   pc_send(): 0 |   67.63   40.43   23.50   13.50    0.00
0 6115154100   pc_send(): 1 |  140.04   90.04   52.49   26.63    0.00
0 6115154100   pc_send(): 2 |  150.00  117.08   66.44   31.88    0.00
0 6115154100   pc_send(): 3 |  155.00  155.00   76.31   30.78    0.00
0   ---------------------------------------------------------------------------------
0   stripdata prof= -30.0 [mym] ( -1.5) h_entry/h_exit= 2.010/0.196 [mm] width= 0.869 [m] alloy: DQ2360I5
0   ---------------------------------------------------------------------------------
0   material_data  ms0 = 419.42 [N/mm2] msi = 431.31 [N/mm2] mse = 0.8284 [-] short_time RM 1 / FL 1
0   ---------------------------------------------------------------------------------
0   strip:     6115154100     <ack> M 3 R 0 1|        2|        3|        4|        5|  s_roll|    coiler
0   ---------------------------------------------------------------------------------
0   reduction type          --          3|        3|        3|        3|        3|
0   reduction value         --     27.000|   28.000|   22.000|   22.000|   23.000|
0   strip thickness         mm      2.010|    1.185|    0.680|    0.453|    0.301|   0.196|
0   tension              N/mm2       70.0|    125.0|    150.0|    150.0|    155.0|    55.0|
0   add.tension          N/mm2           |     67.6|    140.0|    150.0|    155.0|        |   0.2/20.0
0   tension abs             kN      122.3|    128.7|     88.7|     59.0|     40.6|     9.4|     9.4
0   reduction            [o/o]       41.1|     42.6|     33.4|     33.4|     35.0|
0   yield str       [kN/mm/mm]      588.9|    796.7|    922.7|   1009.2|   1067.9|
0   roll force              kN       9740|     9701|     7911|     6406|     8081|
0   forward slip             -      1.030|    1.037|    1.015|    1.006|    1.036|
0   stand speed (abs)      m/s        4.3|      7.4|     11.4|     17.2|     25.7|
0   stand speed (rel)    m/min        257|      444|      682|     1034|     1544|  v_master    1.00
0   strip speed          m/min        265|      461|      692|     1041|     1600|
0   spindel torque         kNm         98|      104|       52|       26|       24|
0   motor power             kW       1722|     3160|     2583|     2290|     3008|
0   friction                    0.0520552|0.0445650|0.0334917|0.0307757|0.0302372|
```

图 7-2　某产品规格现场实测数据

表 7-3　某产品规格现场试验变形抗力与厚度关系数据表

机架	1	2	3	4	5
厚度（h）	1.185	0.680	0.453	0.301	0.196
变形抗力（σ）	588.9	796.7	922.7	1 009.21	1 067.91

【问题分析】　这是一个已知数据结构的一维非线性回归问题。首先，需要通过回归计算进行参数辨识，得到两个待定系数 B 和 n 的值；然后，代入需计算的厚度以估计其相应的变形抗力。

【问题求解】　利用 3.2.4 节所学“非线性回归”相关知识，求解过程如下。

第 1 步：对经验公式（7-11）两边取自然对数，可得

$$\ln\frac{\sigma}{\sigma_0}=n\ln\left(1+\frac{2}{\sqrt{3}}B\ln\frac{H}{h}\right) \tag{7-12}$$

第 2 步：令自变量 $x=\frac{2}{\sqrt{3}}\ln\frac{H}{h}$，因变量 $y=\ln\frac{\sigma}{\sigma_0}$，则上式转换为

$$y=n\ln(1+Bx) \tag{7-13}$$

变换后的实验数据点见表 7-4。

表 7-4　变换后的试验数据点

机架	1	2	3	4	5
自变量 x	0.610 1	1.251 5	1.720 5	2.192 5	2.687 9
因变量 y	0.311 5	0.613 7	0.760 5	0.850 1	0.906 6

第 3 步：式（7-13）是不能转化为线性回归形式的非线性回归，设回归函数为

$$w(x,n,B)=n\ln(1+Bx) \tag{7-14}$$

第 4 步：同样运用最小二乘法的误差准则，计算数据点的误差并求取误差平方和

$$J=\sum_{i=1}^{5}\varepsilon_i^2=\sum_{i=1}^{5}[w(x_i)-y_i]^2 \tag{7-15}$$

第 5 步：将表 7-4 中数据代入式（7-15），并使用极值求误差最小，得到一组非线性方程组

$$\begin{cases}\dfrac{\partial J}{\partial n}=n\sum\limits_{i=1}^{5}[\ln(1+Bx_i)]^2-\sum\limits_{i=1}^{5}y_i\ln(1+Bx_i)=0\\ \dfrac{\partial J}{\partial B}=n^2\sum\limits_{i=1}^{5}\dfrac{x_i\ln(1+Bx_i)}{1+Bx_i}-n\sum\limits_{i=1}^{5}\dfrac{x_iy_i}{1+Bx_i}=0\end{cases} \tag{7-16}$$

第 6 步：应用第 5.3.2 节的牛顿-瑞普逊法求解上述关于待定系数 B 和 n 的非线性方程组，可得待定系数值

$$B=1.137\ 2;\ n=0.670\ 7 \tag{7-17}$$

则预测该产品规格在冷连轧加工硬化过程中变形抗力的数学模型式（7-11）变为

$$\sigma=431.31\left(1+1.313\ 1\times\ln\frac{2.010}{h}\right)^{0.670\ 7} \tag{7-18}$$

预测回归曲线如图 7-3 所示。

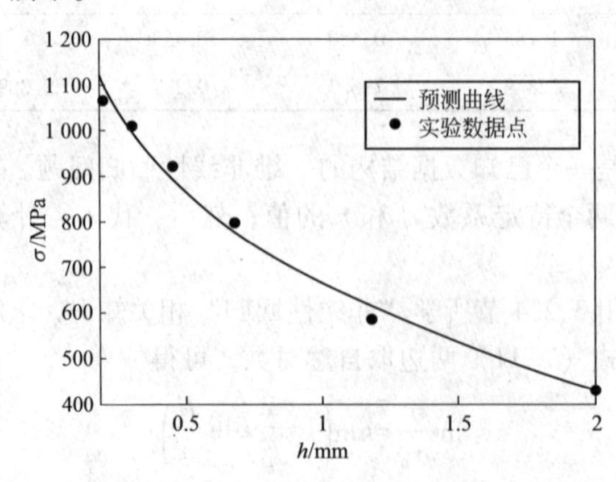

图 7-3　加工硬化过程中变形抗力的回归预测图

【程序代码】

（1）比较回归预测曲线与实验点。

```
>> clear;
>> global x y sig0 h0
>> sig0=431.3;
>> h0=2.01;
>> x=[2.01,1.185,0.68,0.453,0.301,0.196];
>> y=[431.3,588.9,796.7,922.7,1009.2,1067.9];
>> Hh=2.01:-0.01:0.17;
>> for i=1:length(Hh)
>>     Sig(i)=M7_2_2(Hh(i));
>> end
>> plot(Hh,Sig,'r-',x,y,'b* ');
```

（2）回归参数计算。

```
>> function Sig=M7_2_2(hd)
>> global x y sig0 h0
>> for i=1:length(x)
>>     Y(i)=log(y(i)/sig0);
>>     X(i)=2/sqrt(3)* log(h0/x(i));
>> end
>> beta0=[0.5,1];
>> [beta,r,J]=nlinfit(X,Y,@ M7_2_3,beta0);
>> n=beta(1);
>> B=beta(2);
>> Sig=sig0* exp(n* log(1+B* 2/sqrt(3)* log(h0/hd)));
```

（3）定义非线性回归函数。

```
>> function yhat=M7_2_3(beta,X)
>> yhat=beta(1)* log(1+beta(2).* X);
```

7.3　做功问题的数值积分计算

【问题描述】　许多工程问题中都包含功的计算，通用公式为：功=力×距离。中学物理的学习中给出了作用力在移动过程中保持不变的情况；根据高等数学的定积分知识，能够计算作用力为位移函数的情况，此时功可表示为

$$W=\int_{x_0}^{x_n}F(x)\,\mathrm{d}x \tag{7-19}$$

如果 $F(x)$ 形式简单且容易找到其原函数，利用式（7-19）即可以求得所做的功；若难

以找到 $F(x)$ 的原函数，则难以使用式（7-19）进行求功计算。考虑更复杂一点，如果作用力与移动方向的夹角也是随位置变化的函数，功的表达式可进一步修正为

$$W=\int_{x_0}^{x_n} F(x)\cos\left[\theta(x)\right]\mathrm{d}x \tag{7-20}$$

但实际问题通常要复杂得多，例如：

（1）$F(x)$ 和 $\theta(x)$ 的具体形式已知，但难以找到 $F(x)\cos\left[\theta(x)\right]$ 的原函数形式；

（2）$F(x)$ 和 $\theta(x)$ 的具体形式未知，实验测得一系列数据点。

对于上述情况，数值积分方法成为求功计算的主要途径。

如图 7-4 所示，物体在力的拖动下，从 x_0 移动到 x_n 的过程中，力的大小及角度都是变化的，试计算所做的功。

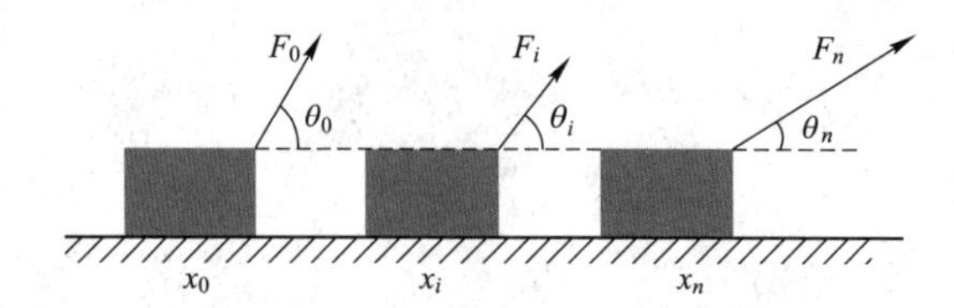

图 7-4　物体在力作用下的移动过程示意图

【问题分析】　这是一个利用实验数据点求做功的数值积分问题。首先，根据已知数据点计算各点处作用力在移动方向上的分量（见表 7-5），然后利用不同的数值求积公式计算做功。

表 7-5　做功计算问题的数据表

i	0	1	2	3	4	5	6
x_i/m	0	5	10	15	20	25	30
F_i/N	0.0	9.0	13.0	14.0	10.5	12.0	5.0
θ_i/rad	0.5	1.4	0.75	0.90	1.30	1.48	1.50
$F_i\cos\theta_i$/N	0.000 0	1.529 7	9.512 0	8.702 5	2.808 7	1.088 1	0.353 7

【问题求解】　利用第 4.1.4 节所学的“复化求积公式”进行求解，求解过程如下。

（1）根据复化梯形公式，数据点分为 6 个子区间，区间步长 $h=5$，可得

$$T=\frac{h}{2}\left[f(x_0)+2\sum_{i=1}^{5}f(x_i)+f(x_6)\right]=119.089\ 3 \tag{7-21}$$

（2）将数据点分为 3 个子区间 $[x_0,\ x_2]$，$[x_2,\ x_4]$ 和 $[x_4,\ x_6]$，区间步长 $h=10$，则根据复化辛普森公式可得

$$S=\frac{h}{6}[f(x_0)+4f(x_1)+2f(x_2)+4f(x_3)+2f(x_4)+4f(x_5)+f(x_6)]=117.127\ 2 \tag{7-22}$$

【程序代码】

```
>> clear;
>> dx=5;
>> x=0:5:30;
>> f=[0;9;13;14;10.5;12;5]
>> st=[0.5;1.4;0.75;0.9;1.3;1.48;1.5];
>> for i=1:length(x)
>>     w(i)=f(i)* cos(st(i));
>> end
>> subplot(3,1,1);
>> plot(x,f,'r-o');
>> subplot(3,1,2);
>> plot(x,st,'b-d');
>> subplot(3,1,3)
>> plot(x,w,'k-* ');
>> T=dx/2* (w(1)+2* w(2)+2* w(3)+2* w(4)+2* w(5)+2* w(6)+w(7));
>> S=dx* 2/6* (w(1)+4* w(2)+2* w(3)+4* w(4)+2* w(5)+4* w(6)+w(7));
```

7.4 多自由度系统的固有特性分析

【问题描述】 在工程实际中，许多振动问题是非常复杂的，无法用单自由度的模型和方法进行分析，需要简化成多自由度系统才能反映实际问题的物理本质，而固有特性分析是对工程振动问题加以分析、控制和利用的基础。

理想化的弹簧-质量-阻尼系统是描述工程振动问题的主要模型，其统一的微分方程形式可表示为

$$\boldsymbol{M}\ddot{\boldsymbol{X}}+\boldsymbol{C}\dot{\boldsymbol{X}}+\boldsymbol{K}\boldsymbol{X}=\boldsymbol{P} \tag{7-23}$$

其中 $\ddot{\boldsymbol{X}}$，$\dot{\boldsymbol{X}}$，$\boldsymbol{X}$ 分别表示加速度、速度和位移列向量；$\boldsymbol{P}$ 表示载荷列向量；$\boldsymbol{M}$，$\boldsymbol{C}$，$\boldsymbol{K}$ 分别为质量矩阵、阻尼矩阵和刚度矩阵，通常由系统本身的结构参数决定。

忽略阻尼对固有特性的影响，通过求解 $\boldsymbol{M}^{-1}\boldsymbol{K}$ 的特征值相应得到 n 自由度系统的各阶固有圆频率 $p_i(i=1,\ 2,\ \cdots,\ n)$(rad/s)或固有频率 f_i(Hz)，则有

$$f_i=\frac{p_i}{2\pi} \tag{7-24}$$

然后将 p_i 代入

$$(\boldsymbol{K}-p_i^2\boldsymbol{M})\boldsymbol{A}^{(i)}=0 \tag{7-25}$$

求解该线性方程组，得到向量 $\boldsymbol{A}^{(i)}$ 即为与第 i 阶固有频率 p_i 对应的主振型或模态。

以图 7-5 所示的六辊冷轧机垂直振动为例，利用牛顿第二运动定律或拉格朗日方程可以建立描述该系统的无阻尼自由振动微分方程

$$
\begin{aligned}
&m_1\ddot{x}_1+k_1x_1+k_2(x_1-x_2)=0\\
&m_2\ddot{x}_2-k_2(x_1-x_2)+k_3(x_2-x_3)=0\\
&m_3\ddot{x}_3-k_3(x_2-x_3)+k_4(x_3-x_4)=0\\
&m_4\ddot{x}_4-k_4(x_3-x_4)+K_p(x_4-x_5)=0\\
&m_5\ddot{x}_5+k_7(x_5-x_6)-K_p(x_4-x_5)=0\\
&m_6\ddot{x}_6+k_8(x_6-x_7)-k_7(x_5-x_6)=0\\
&m_7\ddot{x}_7+k_9(x_7-x_8)-k_8(x_6-x_7)=0\\
&m_8\ddot{x}_8+k_{10}x_8-k_9(x_7-x_8)=0
\end{aligned}
\tag{7-26}
$$

其中 $K_p=k_5k_6k_p/(k_5k_6+k_5k_p+k_6k_p)$ 表示轧制界面的等效弹塑性刚度，与工作辊弹性压扁及轧件塑性变形有关，是与变形抗力、界面润滑状况、压下率、张力和速度等轧制工艺参数密切相关的可变刚度。对于确定的轧辊状态、轧件规格和轧制工艺，K_p 是确定的值。

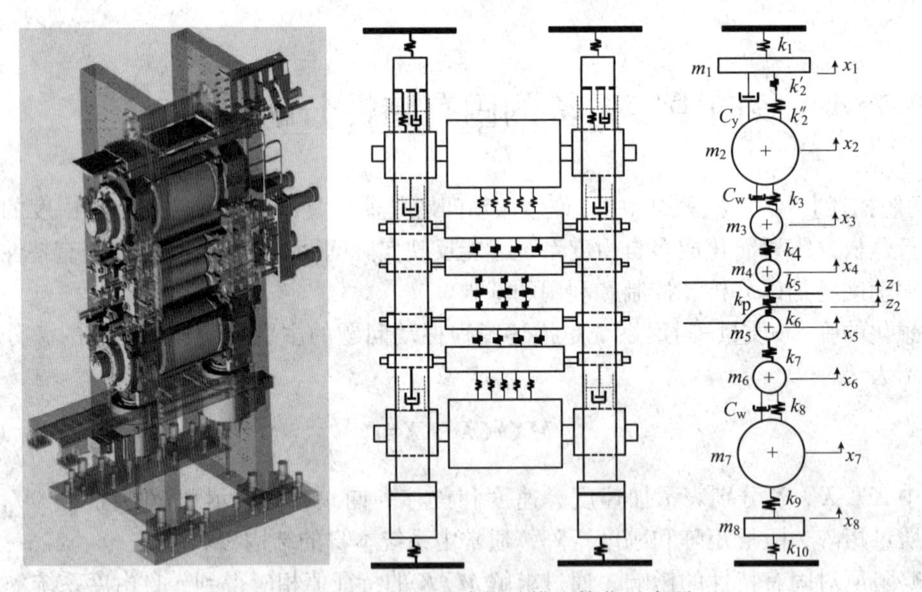

图 7-5　六辊冷轧机垂直振动模型简化示意图

【问题分析】　要讨论该多自由系统的固有特性：首先需要给定相应参数，并写出其质量矩阵 $\boldsymbol{M}$ 和刚度矩阵 $\boldsymbol{K}$；然后通过 $\boldsymbol{M}^{-1}\boldsymbol{K}$ 的特征值确定固有频率；最后利用式（7-25）列出相应的线性方程组并求解，即得到系统的主振型。

【问题求解】

第 1 步：该多自由度系统微分方程对应的质量矩阵和刚度矩阵分别为

$$
\boldsymbol{M}=\begin{bmatrix} m_1 & 0 & 0 & 0 & 0 & 0 & 0 & 0 \\ 0 & m_2 & 0 & 0 & 0 & 0 & 0 & 0 \\ 0 & 0 & m_3 & 0 & 0 & 0 & 0 & 0 \\ 0 & 0 & 0 & m_4 & 0 & 0 & 0 & 0 \\ 0 & 0 & 0 & 0 & m_5 & 0 & 0 & 0 \\ 0 & 0 & 0 & 0 & 0 & m_6 & 0 & 0 \\ 0 & 0 & 0 & 0 & 0 & 0 & m_7 & 0 \\ 0 & 0 & 0 & 0 & 0 & 0 & 0 & m_8 \end{bmatrix} \tag{7-27}
$$

$$
\boldsymbol{K}=\begin{bmatrix} k_1+k_2 & -k_2 & 0 & 0 & 0 & 0 & 0 & 0 \\ -k_2 & k_2+k_3 & -k_3 & 0 & 0 & 0 & 0 & 0 \\ 0 & -k_3 & k_3+k_4 & -k_4 & 0 & 0 & 0 & 0 \\ 0 & 0 & -k_4 & k_4+K_p & -K_p & 0 & 0 & 0 \\ 0 & 0 & 0 & -K_p & K_p+k_7 & -k_7 & 0 & 0 \\ 0 & 0 & 0 & 0 & -k_7 & k_7+k_8 & -k_8 & 0 \\ 0 & 0 & 0 & 0 & 0 & -k_8 & k_8+k_9 & -k_9 \\ 0 & 0 & 0 & 0 & 0 & 0 & -k_9 & k_9+k_{10} \end{bmatrix} \tag{7-28}
$$

第 2 步：给定某典型轧制规格下计算参数见表 7-6 和表 7-7。

表 7-6　六辊冷轧机振动系统的质量参数　　单位：10^3 kg

质量单元	m_1	m_2	m_3	m_4	m_5	m_6	m_7	m_8
等效质量	80.8	25.8	6.5	4.8	4.8	6.5	24.5	63.6

表 7-7　六辊冷轧机振动系统的刚度参数　　单位：10^9 N/m

刚度单元	k_1	k_2	k_3	k_4	K_p	k_7	k_8	k_9	k_{10}
等效刚度	41.1	2.40	270	53	10	53	270	2.56	46.3

第 3 步：将表 7-6 参数代入式（7-27）得到质量矩阵 $\boldsymbol{M}$，将表 7-7 参数代入式（7-28）得到刚度矩阵 $\boldsymbol{K}$，求得 $\boldsymbol{M}^{-1}\boldsymbol{K}$ 的特征值为 p_i^2，进而计算得到各阶固有频率 f_i（见表 7-8）。

表 7-8　六辊冷轧机垂直振动的固有频率

	f_1	f_2	f_3	f_4	f_5	f_6	f_7	f_8
固有频率/Hz	40.2	108.7	118.5	140.2	528.0	608.6	1 236.2	1 241.1

第 4 步：将各阶固有圆频率代入(7-25)，可以得到 n 个不同的线性代数方程组，求解这些线性方程组，可以得到主振型见表 7-9，振型图如图 7-6 所示。

表 7-9　与各阶固有频率相对应的主振型

	f_1	f_2	f_3	f_4	f_5	f_6	f_7	f_8
固有频率/Hz	40.2	108.7	118.5	140.2	528.0	608.6	1 236.2	1 241.1
主振型	-0.062 2	-0.377 7	-1.000 0	-0.010 5	0.000 5	0.000 3	-0.000 1	0.000 0
	-0.994 3	-0.911 9	0.526 3	0.083 7	-0.188 7	-0.144 6	0.210 3	-0.029 9
	-0.996 5	-0.876 0	0.512 0	0.078 3	0.008 1	0.056 1	-1.000 0	0.143 8
	-1.000 0	-0.642 9	0.404 4	0.043 5	1.000 0	0.978 3	0.232 9	-0.043 5
	-0.987 9	0.736 7	-0.273 7	-0.157 1	0.973 3	-1.000 0	0.023 6	0.233 5
	-0.979 9	0.965 9	-0.387 9	-0.183 9	-0.002 1	-0.049 1	-0.145 0	-1.000 0
	-0.976 8	1.000 0	-0.405 1	-0.185 7	-0.193 0	0.154 8	0.032 5	0.221 8
	-0.055 8	0.133 5	-0.076 1	1.000 0	0.000 8	-0.000 4	-0.000 0	-0.000 1

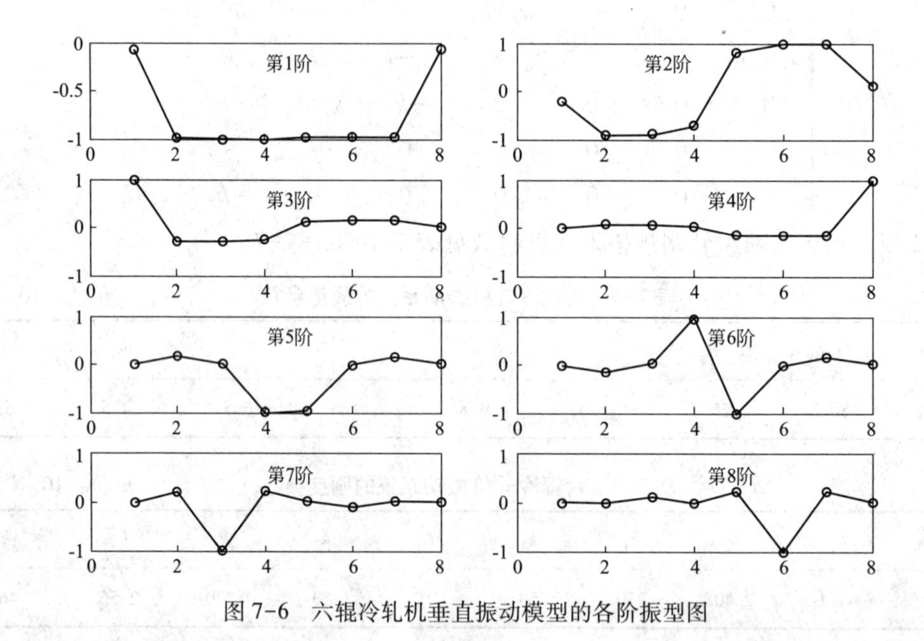

图 7-6　六辊冷轧机垂直振动模型的各阶振型图

对于这里所讨论的 8 自由度系统，其质量矩阵和刚度矩阵中已具有较多的零元素。对于航空、航天、车辆及桥梁等工程系统，常常需要建立有限元模型进行固有特性分析，有限元模型划分了多少网格，就有多少自由度，因此其刚度和质量矩阵具有高阶性、稀疏性和近似奇异性，如 5.1.1 节所述，Gauss 消元法不再适用求解，必须采用数值迭代法进行求解。

【程序代码】

```
>> clear;
>> m1=8.08e4;m2=2.58e4;m3=6.5e3;m4=4.8e3;
>> m5=4.8e3;m6=6.5e3;m7=2.45e4;m8=6.36e4;
>> k1=4.11e10;k2=2.4e9;k3=2.7e11;k4=5.3e10;
>> k7=5.3e10;k8=2.7e11;k9=2.56e9;k10=4.63e10;
```

```
>> Kp=1e10;
>> M=zeros(8,8);
>> M(1,1)=m1;M(2,2)=m2;M(3,3)=m3;M(4,4)=m4;
>> M(5,5)=m5;M(6,6)=m6;M(7,7)=m7;M(8,8)=m8;
>> K=zeros(8,8);
>> K(1,1)=k1+k2;K(1,2)=-k2;
>> K(2,1)=-k2;K(2,2)=k2+k3;K(2,3)=-k3;
>> K(3,2)=-k3;K(3,3)=k3+k4;K(3,4)=-k4;
>> K(4,3)=-k4;K(4,4)=k4+Kp;K(4,5)=-Kp;
>> K(5,4)=-Kp;K(5,5)=Kp+k7;K(5,6)=-k7;
>> K(6,5)=-k7;K(6,6)=k7+k8;K(6,7)=-k8;
>> K(7,6)=-k8;K(7,7)=k8+k9;K(7,8)=-k9;
>> K(8,7)=-k9;K(8,8)=k9+k10;
>> Mp=inv(M)* K;
>> [V,D]=eig(Mp);
>> [OME2,S]=sort(diag(D));
>> f=sqrt(OME2)./(2* pi)
>> for i=1:8
>>     R(:,i)=V(:,S(i));
>>     YY(:,i)=R(:,i)/max(abs(R(:,i)));
>> end
>> figure;
>> for i=1:8
>>     subplot(4,2,i);
>>     plot(1:8,YY(:,i),'ro-');
>> end
```

7.5 管道中流体阻力摩擦因子计算

【问题描述】 在工程和科学的许多领域中，确定流体通过管道和罐体是一个常见的问题。在机械和航空工程中，典型的应用包括液流和气流通过冷却系统的情况。

流体在管道中的流动阻力用摩擦因子 f 来表征。对于湍流，摩擦因子满足下述方程

$$g(f)=\frac{1}{\sqrt{f}}+2.0\lg\left(\frac{\varepsilon}{3.7D}+\frac{2.51}{Re\sqrt{f}}\right)=0 \tag{7-29}$$

该公式中 ε(m)是粗糙度，D(m)是直径，Re 是雷诺数，其计算公式为

$$Re=\frac{\rho VD}{\mu} \tag{7-30}$$

其中 $\rho(\mathrm{kg/m^3})$ 是流体密度，$V(\mathrm{m/s})$ 是流体速度，$\mu(\mathrm{N\cdot s/m^2})$ 是动力黏度。

假设某流体管道，给定参数见表7-10，请确定流体通过管道时的摩擦因子。

表 7-10 摩擦因子计算的流体-管道参数

参数	粗糙度	直径	密度	速度	动力黏度
取值	$0.001\ 5\times10^{-3}$	0.005	1.23	40	1.79×10^{-5}

【问题分析】 流体在管道中摩擦因子 f 的计算即非线性方程（7-29）的求解。首先给定一系列不同的 f 值，得到对应的函数值 $g(f)$，通过 $g(f)$ 图形估计一个迭代初始点，然后利用牛顿切线法对该非线性方程进行求解。

【问题求解】 应用牛顿切线法求解该非线性方程，求解过程如下。

第 1 步：给定摩擦因子 f 的取值范围[0.01，0.06]，绘制函数 $g(f)$ 曲线，如图 7-7 所示。

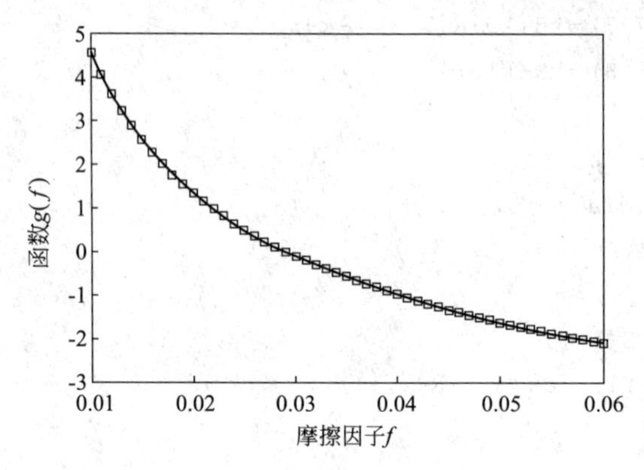

图 7-7 摩擦因子满足的函数关系图

由图 7-7 可知，近似确定迭代初始值 $f_0=0.03$。

第 2 步：根据牛顿切线法的迭代格式，需要得到 $g(f)$ 的导函数，即

$$g'(f)=-\frac{1}{2}f^{-3/2}-\frac{2.51f^{-3/2}}{Re\left(\frac{\varepsilon}{3.7D}+\frac{2.51}{Re\sqrt{f}}\right)\ln 10} \tag{7-31}$$

进而得到牛顿切线法的迭代格式

$$f_{k+1}=f_k-\frac{g(f_k)}{g'(f_k)} \tag{7-32}$$

第 3 步：将初始估计值 $f_0=0.03$ 代入式（7-32）开始进行迭代，取计算精度 $\varepsilon=0.000\ 001$，则计算结果见表 7-11，可见迭代收敛非常迅速。

表 7-11 求解摩擦因子的牛顿切线法迭代过程

迭代次数	摩擦因子	误差
1	0.028 941 4	0.001 058 56
2	0.028 967 8	0.000 026 35
3	0.028 967 8	0.000 000 02

【程序代码】

(1) 图解法绘制函数曲线，确定迭代初始点。

```
>> clear;
>> Rou=1.23;
>> V=40;
>> Miu=1.79e-5;
>> D=0.005;
>> Ebs=0.0015e-3;
>> Re=Rou* V* D/Miu;
>> f=0.01:0.001:0.06;
>> for i=1:length(f)
>>     g(i)=1/sqrt(f(i))+2* log10(Ebs/3.7/D+2.51/Re/sqrt(f(i)));
>> end
>> plot(f,g,'k-s');
```

(2) 利用牛顿切线法进行数值迭代求解非线性方程。

```
>> clear;
>> Rou=1.23;
>> V=40;
>> Miu=1.79e-5;
>> D=0.005;
>> Ebs=0.0015e-3;
>> Re=Rou* V* D/Miu;
>> N=50;
>> f=zeros(N+1,1);
>> f(1)=0.03;
>> eb=0.000001;
>> for i=1:N
>>     i
>>     g(i)=1/sqrt(f(i))+2* log10(Ebs/3.7/D+2.51/Re/sqrt(f(i)));
>>     gp(i)=-1/2* f(i)^(-3/2)-2.51* f(i)^(-3/2)/Re/log(10)/(Ebs/3.7/D+2.51/
Re/sqrt(f(i)));
>>     f(i+1,1)=f(i,1)-g(i)/gp(i);
>>     M(i,1)=i;
>>     M(i,2)=f(i+1,1);
>>     M(i,3)=abs(f(i+1,1)-f(i,1));
>>     if M(i,3)<eb
>>         fz=f(i+1,1);
>>         break
>>     end
>> end
```

7.6　范德波尔振子系统的动态响应分析

【问题描述】　范德波尔(Van der Pol，VDP)振荡器是荷兰物理学家范德波尔在1927年发现的真空管放大器的极限环振荡现象，能够用于描述非线性有阻尼的自激振动。自激振动系统能将非振动的能源通过系统本身的反馈调节吸收进来，以补充被损耗的能量，心脏振荡是典型的自激系统例子。

VDP方程的形式可表述为

$$\frac{\mathrm{d}^2x}{\mathrm{d}t^2}-\alpha(1-x^2)\frac{\mathrm{d}x}{\mathrm{d}t}+x=0 \tag{7-33}$$

【问题分析】　当$\alpha=0$时，VDP方程(7-33)退化为最简单的二阶常系数齐次微分方程，用于描述单自由度无阻尼系统的自由振动，可以用解析法求解，但VDP方程没有解析解，必须运用恰当的数值方法。首先，将式(7-33)转化为2个一阶微分方程构成的方程组；然后，运用Euler法或Runge-Kutta法进行求解；最后，对计算结果进行绘图和分析。

【问题求解】　运用Runge-Kutta法对常微分方程进行求解，计算过程如下。

第1步：令$x_1=x$，$x_2=\dot{x}$，可将式(7-33)转化为2个一阶微分方程构成的方程组

$$\begin{aligned}\dot{x}_1&=f_1(x_1,x_2)=x_2\\ \dot{x}_2&=f_2(x_1,x_2)=\alpha(1-x_1^2)x_2-x_1\end{aligned} \tag{7-34}$$

第2步：运用第6.1.3节所学习的四阶Runge-Kutta法可以对式(7-34)进行求解，计算格式为

$$\begin{cases}x_{1,k+1}=x_{1,k}+\dfrac{h}{6}[(K_{1,1}^{(k)}+2K_{1,2}^{(k)}+2K_{1,3}^{(k)}+K_{1,4}^{(k)})]\\ x_{2,k+1}=x_{2,k}+\dfrac{h}{6}[(K_{2,1}^{(k)}+2K_{2,2}^{(k)}+2K_{2,3}^{(k)}+K_{2,4}^{(k)})]\end{cases} \tag{7-35}$$

其中各个系数表达式为

$$\begin{cases}K_{1,1}^{(k)}=f_1(x_{1,k},x_{2,k})\\ K_{1,2}^{(k)}=f_1(x_{1,k}+\dfrac{h}{2}K_{1,1}^{(k)},x_{2,k}+\dfrac{h}{2}K_{1,1}^{(k)})\\ K_{1,3}^{(k)}=f_1(x_{1,k}+\dfrac{h}{2}K_{1,2}^{(k)},x_{2,k}+\dfrac{h}{2}K_{1,2}^{(k)})\\ K_{1,4}^{(k)}=f_1(x_{1,k}+hK_{1,3}^{(k)},x_{2,k}+hK_{1,3}^{(k)})\end{cases} \tag{7-36}$$

$$\begin{cases}K_{2,1}^{(k)}=f_2(x_{1,k},x_{2,k})\\ K_{2,2}^{(k)}=f_2(x_{1,k}+\dfrac{h}{2}K_{2,1}^{(k)},x_{2,k}+\dfrac{h}{2}K_{2,1}^{(k)})\\ K_{2,3}^{(k)}=f_2(x_{1,k}+\dfrac{h}{2}K_{2,2}^{(k)},x_{2,k}+\dfrac{h}{2}K_{2,2}^{(k)})\\ K_{2,4}^{(k)}=f_2(x_{1,k}+hK_{2,3}^{(k)},x_{2,k}+hK_{2,3}^{(k)})\end{cases} \tag{7-37}$$

需注意该方程为不显含自变量 t 的自治方程，因此（7-36）和（7-37）中不含自变量形式。

第 3 步：给定 VDP 方程的控制参数 $\alpha=0.2$，迭代初始值 $x_{1,0}=x_0=2$；$x_{2,0}=\dot{x}_0=2$，初始时刻 $t_0=0$，迭代时间步长 $h=0.01$。根据式（7-35）、（7-36）和（7-37）进行迭代计算，得到系统的动态响应如图 7-8 所示。

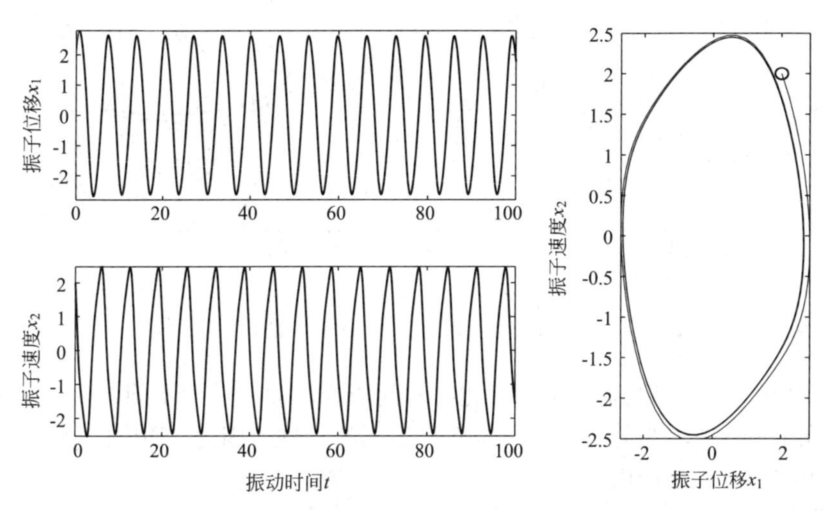

图 7-8　基于四阶 Runge-Kutta 法数值迭代的计算结果

第 4 步：在同样的控制参数与初始条件下，运用 MATLAB 的 ode45 直接求解得到系统的动态响应如图 7-9 所示。

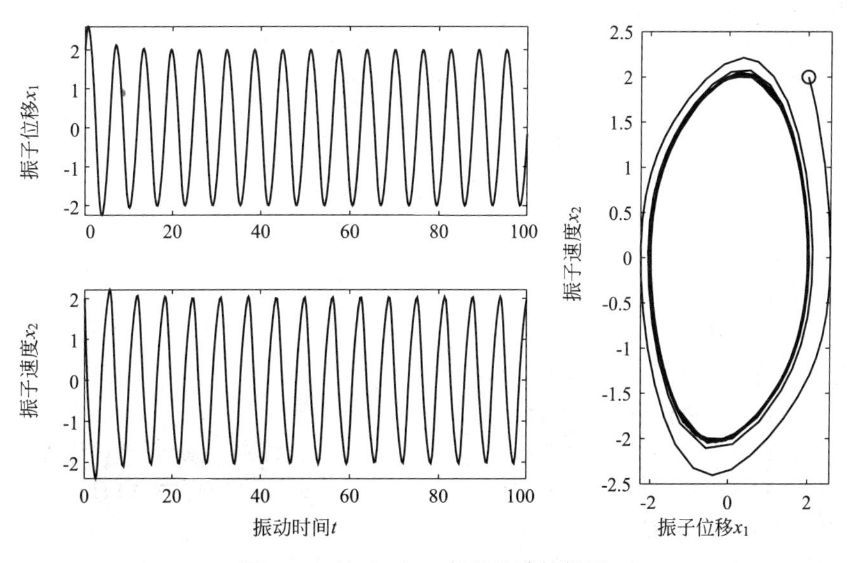

图 7-9　基于 ode45 函数的计算结果

比较图 7-9 与图 7-8，可见用四阶 Runge-Kutta 法得到的计算结果与 ode45 函数直接计算的结果一致，且由于运用四阶 Runge-Kutta 法计算时可以自由控制时间步长，在计算中选取的计算步长为 0.01，因此可以看到其向极限环的收敛更快。

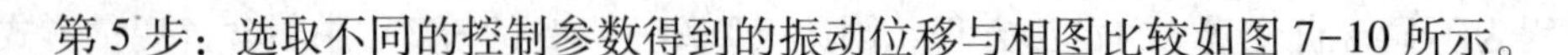

第5步：选取不同的控制参数得到的振动位移与相图比较如图7-10所示。

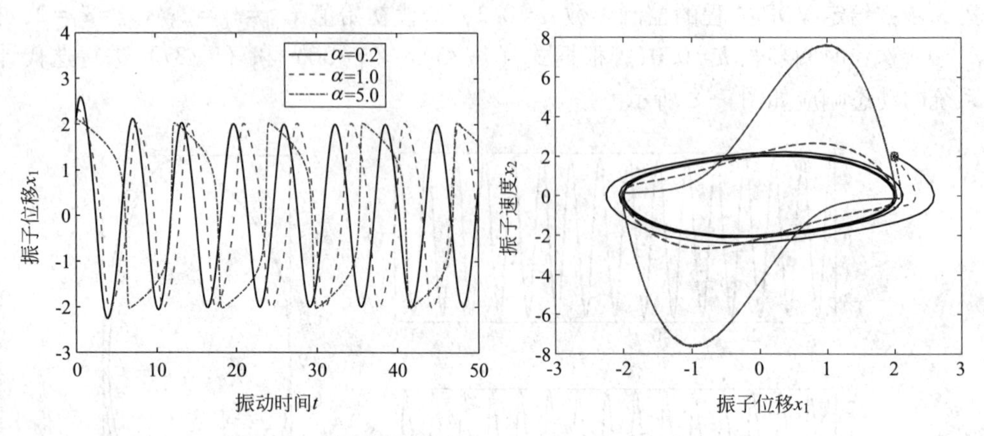

图7-10　不同控制参数下VDP振动的动态响应比较

由图7-10可见，随着控制参数的变化，时间历程的曲线波形不同，相图也不同，但振荡幅值维持稳定，这一点是与线性谐振器截然不同的特性，因此VDP非线性振子这一性质在实际工程中得到广泛的应用。

【程序代码】

（1）利用四阶Runge-Kutta迭代法进行求解。

```
>> clear;
>> x1=2;x2=2;t0=0;
>> dt=0.01;
>> eb=0.2;
>> X1(1)=x1;
>> X2(1)=x2;
>> T(1)=t0;
>> n=100;
>> N=n/dt+1;
>> for i=1:N-1
>>     K_11(i)=X2(i);
>>     K_12(i)=X2(i)+dt/2* K_11(i);
>>     K_13(i)=X2(i)+dt/2* K_12(i);
>>     K_14(i)=X2(i)+dt* K_13(i);
>>     X1(i+1)=X1(i)+dt/6* (K_11(i)+2* K_12(i)+2* K_13(i)+K_14(i));
>>     Xk1_1=X1(i);Xk1_2=X2(i);
>>     K_21(i)=eb* (1-Xk1_1^2)* Xk1_2-Xk1_1;
>>     Xk2_1=X1(i)+dt/2* K_21(i);Xk2_2=X2(i)+dt/2* K_21(i);
>>     K_22(i)=eb* (1-Xk2_1^2)* Xk2_2-Xk2_1;
>>     Xk3_1=X1(i)+dt/2* K_22(i);Xk3_2=X2(i)+dt/2* K_22(i);
>>     K_23(i)=eb* (1-Xk3_1^2)* Xk3_2-Xk3_1;
>>     Xk4_1=X1(i)+dt* K_23(i);Xk4_2=X2(i)+dt* K_23(i);
```

```
>>    K_24(i)=eb* (1-Xk4_1^2)* Xk4_2-Xk4_1;
>>    X2(i+1)=X2(i)+dt/6* (K_21(i)+2* K_22(i)+2* K_23(i)+K_24(i));
>> end
>> figure;
>> subplot(2,3,1:2)
>> plot(0:dt:n,X1,'k-');
>> subplot(2,3,4:5)
>> plot(0:dt:n,X2,'k-');
>> subplot(2,3,3:3:6);
>> plot(X1,X2,'k-',x1,x2,'ro')
```

（2）利用 MATALB 的 ode45 函数进行时间历程求解。

```
>> clear;
>> global eb
>> eb=0.2;
>> x1=2;x2=2;
>> n=100;
>> [t,x]=ode45(@ von,[0,n],[x1,x2]);
>> figure;
>> subplot(2,3,1:2)
>> plot(t,x(:,1),'k-');
>> subplot(2,3,4:5)
>> plot(t,x(:,2),'k-');
>> subplot(2,3,3:3:6);
>> plot(x(:,1),x(:,2),'k-',x1,x2,'ro')

>> function out1=von(t,x) % 定义 VDP 方程
>> out1=[x(2);
>>       -x(1)+eb* (1-x(1)^2)* x(2)];
```

（3）利用 MATALB 的 ode45 函数进行不同控制参数下时间历程的比较。

```
>> clear;
>> global eb
>> eb=0.2;
>> x1=2;x2=2;
>> n=50;
>> [t1,X1]=ode45(@ von,[0,n],[x1,x2]);
>> figure;
>> plot(t1,X1(:,1),'k-');
>> eb=1;
>> [t2,X2]=ode45(@ von,[0,n],[x1,x2]);
>> hold on;
>> plot(t2,X2(:,1),'r--');
```

```
>> hold off;
>> eb=5;
>> [t3,X3]=ode45(@ von,[0,n],[x1,x2]);
>> hold on;
>> plot(t3,X3(:,1),'b-.');
>> hold off;

>> function out1=von(t,x) % 定义 VDP 方程
>> out1=[x(2);
>>       -x(1)+eb* (1-x(1)^2)* x(2)];
```

(4) 利用 MATALB 的 ode45 函数进行不同控制参数下相图的比较。

```
>> clear;
>> global eb
>> eb=0.2;
>> x1=2;x2=2;
>> n=50;
>> [t1,X1]=ode45(@ von,[0,n],[x1,x2]);
>> figure;
>> plot(X1(:,1),X1(:,2),'k-',x1,x2,'k* ');
>> eb=1;
>> [t2,X2]=ode45(@ von,[0,n],[x1,x2]);
>> hold on;
>> plot(X2(:,1),X2(:,2),'r--',x1,x2,'ro');
>> hold off;
>> eb=5;
>> [t3,X3]=ode45(@ von,[0,n],[x1,x2]);
>> hold on;
>> plot(X3(:,1),X3(:,2),'b-.',x1,x2,'bs');
>> hold off;

>> function out1=von(t,x) % 定义 VDP 方程
>> out1=[x(2);
>>       -x(1)+eb* (1-x(1)^2)* x(2)];
```

参 考 文 献

[1] CHAPRA，CANALE. 工程数值方法 .6 版 . 于艳华，等译 . 北京：清华大学出版社，2010.
[2] 郑勋烨 . 计算方法及 MATLAB 实现 . 北京：国防工业出版社，2015.
[3] 吕同富，康兆敏，方秀男 . 数值计算方法 .2 版 . 北京：清华大学出版社，2013.
[4] 马东升，董宁 . 数值计算方法 .3 版 . 北京：机械工业出版社，2015.
[5] 应用数值分析 . 吕淑娟，译 . 北京：机械工业出版社，2006.
[6] GERAID，WHEATIEY. 应用数值分析 .7 版 . 白峰杉，译 . 北京：高等教育出版社，2006.
[7] 张明 . 应用数值分析 .4 版 . 北京：石油工业出版社，2012.
[8] 刘玲，葛福生 . 数值计算方法 . 北京：科学出版社，2005.
[9] 褚衍东，常迎香，张建刚 . 数值计算方法 . 北京：科学出版社，2016.
[10] 林成森 . 数值计算方法 .2 版 . 北京：科学出版社，2005.
[11] 倪勤，王正盛，刘皞 . 数值计算方法 . 北京：高等教育出版社，2012.
[12] 丁丽娟，程杞元 . 数值计算方法 . 北京：高等教育出版社，2011.